高等职业教育教材

Office
2024办公软件应用案例教程

苏学涛 柳 芳 陈晓峰 主 编
张玉强 万 辉 王景怡 高翠红 副主编

Office 2024
BANGONG RUANJIAN
YINGYONG
ANLI JIAOCHENG

化学工业出版社
·北京·

内 容 简 介

本书为任务驱动型教材，主要内容包括 Office 概述、Word 2024 基本操作、Excel 2024 基本操作、PowerPoint 2024 基本操作、综合应用篇五部分，包含 18 个项目，分别是初识 Office、通知文档的制作、招生简章的制作、个人简历的制作、工作流程图的制作、专业宣传彩页的制作、设计项目任务书的编制、宿舍信息登记表的制作、班级通信录的制作、期末考试成绩表的制作、教师节贺卡的制作、工资汇总表的制作、教学课件的制作、工作简报的制作、主题班会的制作、设计说明的制作、校园文化展示的制作、集成文档的创建。

本书内容翔实，结构清晰，具有很强的实用性和可操作性，适用于职业院校信息类、文化艺术类专业学生使用，也可作为各类社会培训学校教材，以及广大初、中级电脑用户的自学参考书。

图书在版编目（CIP）数据

Office 2024 办公软件应用案例教程 / 苏学涛，柳芳，陈晓峰主编. -- 北京 ：化学工业出版社，2025. 9.
（高等职业教育教材）. -- ISBN 978-7-122-48226-6

Ⅰ. TP317.1

中国国家版本馆 CIP 数据核字第 2025N0T989 号

责任编辑：高　钰　郝英华　　　　　文字编辑：蔡晓雅
责任校对：杜杏然　　　　　　　　　装帧设计：刘丽华

出版发行：化学工业出版社
　　　　　（北京市东城区青年湖南街 13 号　邮政编码 100011）
印　　装：三河市君旺印务有限公司
787mm×1092mm　1/16　印张 13¼　字数 311 千字
2025 年 9 月北京第 1 版第 1 次印刷

购书咨询：010-64518888　　　　　售后服务：010-64518899
网　　址：http://www.cip.com.cn
凡购买本书，如有缺损质量问题，本社销售中心负责调换。

定　　价：45.00 元
版权所有　违者必究

前言

　　无论是撰写一份逻辑严谨、格式规范的商务合同，还是制作一份分析精准、数据翔实的市场调研报告，或是设计一场极具视觉冲击力、内容精彩的项目展示演示文稿，Office办公软件都扮演着至关重要的角色，成为人们实现高效办公的关键工具。

　　本书旨在帮助读者全面且深入地掌握 Office 2024 办公软件的核心功能，提升办公效率与竞争力。本书采用任务驱动模式，以解决实际问题为核心，通过 18 个精心编排的项目和 56 个具体任务，将 Office 办公软件的复杂知识体系融合到实际操作中。

　　以 Word 为例，讲述了 Word 工作窗口的基础操作，如文本的输入、编辑、格式调整，介绍了特殊符号与日期的精准插入，以及项目符号和编号的合理设置，这些技能在日常办公的文件起草、通知发布中极为常用。在 Excel 部分，引导读者熟悉 Excel 界面，学会数据的录入、整理与表格样式的美化，这在人事管理、数据统计等领域应用广泛。在PowerPoint 部分，让读者掌握幻灯片的创建、布局设计、排版以及项目符号和编号的运用，助力教育工作者打造生动有趣的教学内容。

　　在完成任务的过程中，读者不仅能熟练掌握软件操作技巧，更能将理论知识与实际应用紧密结合，实现从"知其然"到"知其所以然"的跨越。这种教学模式能全面提升读者的办公能力，为未来的学习和工作筑牢根基。希望本书能成为你开启高效办公大门的钥匙，助力你在数字化办公领域不断开拓进取。

　　本书由苏学涛、柳芳、陈晓峰主编，张玉强、万辉、王景怡、高翠红副主编，编写团队汇聚了多位专业素养深厚、教学经验丰富的老师。其中，张玉强老师撰写了项目一的内容；柳芳老师撰写了项目二至项目七的内容；万辉老师撰写了项目八、项目十一、项目十二的内容；陈晓峰老师撰写了项目九、项目十的内容；王景怡老师撰写了项目十三至项目十五的内容；苏学涛老师不仅撰写了项目十六的内容，还肩负起全书的统稿工作；邓杉、段立霞老师撰写了项目十七的内容，高翠红老师撰写了项目十八的内容。

　　要特别鸣谢青岛八百里网络科技有限公司展现出了极高的支持力度，公司李凯、苗涛两位专业人士深度参与到本书的整体策划及编写思路的制定与实施过程中，凭借其丰富的行业实践经验，为编写团队提供了诸多宝贵意见和建议。

　　本书配有 PPT 课件及本书对应的实例源文件，如有需要，请发电子邮件至 cipedu@163.com 获取，或登录 www.cipedu.com.cn 免费下载。

　　限于作者水平，书中难免有不足之处，恳请读者不吝指正。

编　者

目录

第一篇
Office 概述
001

项目一　初识 Office　002
任务一　Office 简介　002
任务二　安装与卸载 Office　007
任务三　启动与退出 Office　009
任务四　Office 文档的常用设置　012

第二篇
Word 2024 基本操作
016

项目二　通知文档的制作　017
任务一　Word 工作窗口初识　017
任务二　Word 文件的操作　021
任务三　视图方式的设置　026
任务四　文本的编辑（一）　029

项目三　招生简章的制作　032
任务一　文本的编辑（二）　032
任务二　段落设置　037

项目四　个人简历的制作　043
任务一　表格的创建　043
任务二　表格的修改　047
任务三　表格文本的编辑　054

项目五　工作流程图的制作　057
任务一　流程图绘制　057
任务二　流程图美化　060
任务三　流程图链接和文本创建　061
任务四　SmartArt 图像的运用　064

项目六　专业宣传彩页的制作　068
任务一　页面设置与美化　068
任务二　图片插入与美化　073

项目七　设计项目任务书的编制　078
任务一　样式与格式的设置　078
任务二　页眉、页脚和页码的设置　082
任务三　目录的创建　086

第三篇
Excel 2024 基本操作
089

项目八　宿舍信息登记表的制作	// 090
任务一　Excel 2024 界面初识	// 091
任务二　简单表格的制作	// 094
任务三　表格样式的设置	// 097
项目九　班级通信录的制作	// 100
任务一　工作表的基本操作	// 100
任务二　工作簿的基本操作	// 105
项目十　期末考试成绩表的制作	// 109
任务一　数据输入的格式	// 109
任务二　表格样式的设置	// 112
项目十一　教师节贺卡的制作	// 115
任务一　教师节贺卡的设计	// 116
任务二　图表的创建与编辑	// 117
项目十二　工资汇总表的制作	// 121
任务一　数据的计算	// 122
任务二　数据的管理	// 124
任务三　打印页面的基本设置	// 129
任务四　打印页面的特殊设置和打印输出设置	// 132

第四篇
PowerPoint 2024
基本操作
136

项目十三　教学课件的制作	// 137
任务一　PowerPoint2024 界面初识	// 137
任务二　幻灯片的基本操作	// 139
任务三　PowerPoint2024 视图的设置	// 145
任务四　文本段落格式的设置	// 149
任务五　项目符号和编号的设置	// 153
项目十四　工作简报的制作	// 156
任务一　图片的编辑	// 156
任务二　表格的编辑	// 160
任务三　图表的编辑	// 163
任务四　艺术字的编辑	// 166
项目十五　主题班会的制作	// 170
任务一　演示文稿主题的设置	// 170
任务二　演示文稿背景的设置	// 174
任务三　幻灯片母版的设置	// 176
项目十六　设计说明的制作	// 180
任务一　有声幻灯片的制作	// 180
任务二　3D 对象与动画的创建	// 184
项目十七　校园文化展示的制作	// 188
任务一　幻灯片动画效果的制作	// 188

任务二　超链接的创建　// 191

任务三　演示文稿的放映　// 192

任务四　演示文稿的发布与打印　// 195

第五篇
综合应用篇
198

项目十八　**集成文档的创建**　// 199

任务一　文档中 Excel 数据的链接　// 199

任务二　演示幻灯片转为 Word 文档　// 201

任务三　获奖证书的打印　// 202

参考文献　// 205

第一篇
Office概述

○○ —————— ○○ ○ ○○ ——————————————————

　　Microsoft Office 是微软公司开发的办公软件套装，应用广泛。它包含：Word，用于文字处理，可轻松排版、编辑文档；Excel，擅长数据处理与分析，能制作复杂图表；PowerPoint，用于演示文稿制作，打造精彩幻灯片；此外还有 Outlook 等组件。其功能丰富且操作便捷，能满足多样化的办公需求，是提升工作效率的得力工具。

项目一

初识Office

【教学目标】

专业能力：了解 Office 2024 软件；初步认识及设置 Office 软件。

社会能力：了解 Office 2024 各种软件的学习背景，收集软件之间的共同点，掌握软件的设置技巧，提高学生综合运用、精确运用相关软件的能力。

方法能力：提高资料收集整理和自主学习能力，并重视创造性思维的建立。

【学习目标】

知识目标：掌握 Office 2024 软件的基本操作。

技能目标：能够正确对 Office 2024 软件进行安装卸载、启动退出、文档的常用设置等操作。

素质目标：提高收集资料能力、实践能力，培养学生高效完成工作设置并解决问题的能力。

【教学建议】

（1）教师活动

① 教师将前期收集的各类型 Office 2024 软件案例进行展示，提高学生对 Office 2024 软件的直观认识。同时，运用多媒体课件、教学视频等多种教学手段，讲授 Office 2024 软件如何安装卸载、启动退出及文档的常用设置。

② 教师通过对优秀作品的展示，让学生感受如何运用 Office 2024 软件制作优秀的作品。

（2）学生活动

① 学生按照上课要求，对 Office 2024 软件的安装、卸载，启动、退出，常用命令设置进行操作，并让学生分组进行现场展示和讲解，训练学生的语言表达能力和沟通协调能力。

② 学生在教师的组织和引导下完成相关学习任务，进行自评、互评、教师点评等。

任务一　Office 简介

一、问题导入

掌握办公自动化技术，不但对在校学生提高就业竞争力非常重要，而且对已经参加工作的人来说，也是一个不可缺少的竞争优势。办公自动化不是做简单的表格、演示文稿和进行文字处理，而是需要多种软件的协作，快速地解决问题。本任务主要介绍 Word 2024、Excel 2024、PowerPoint 2024 和 Outlook 2024 等软件的基础知识以及各个软件界面的内容等。

二、任务讲解

1. 认识 Word 2024

Word 是微软公司开发的一个文字处理器应用程序。作为 Office 套件的核心程序，Word 提供了许多易于使用的文档创建工具，同时也提供了丰富的功能集供创建复杂的文档使用。使用 Word 应用中文本格式化操作或图片处理，可以使简单的文档变得比纯文本更具吸引力。使用 Word 2024，可以实现文本的编辑、排版、审阅和打印等功能，如图 1-1 所示。

启动 Word 2024 后，首先显示的是软件启动画面，接下来打开的窗口便是操作界面。该操作界面主要由标题栏、功能区、文档编辑区（编辑窗口）和状态栏等部分组成，如图 1-2 所示。

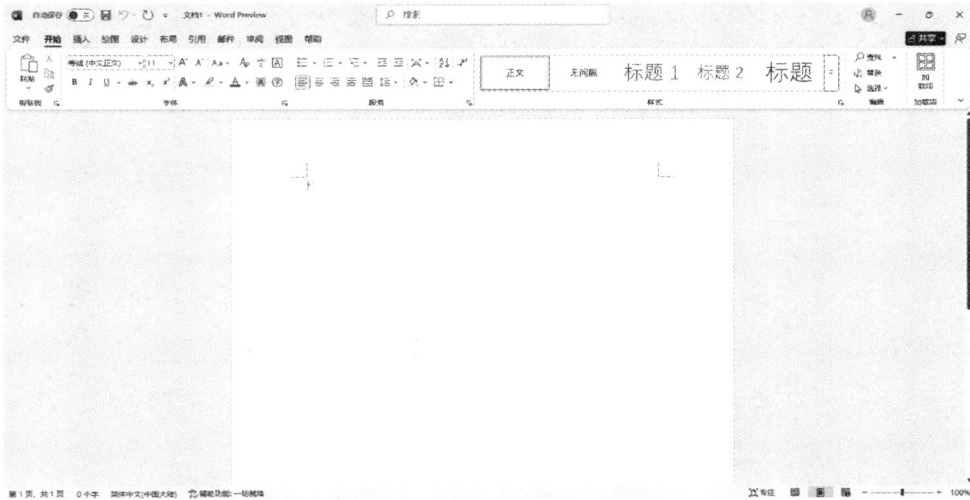

图 1-1　Word 2024 工作界面

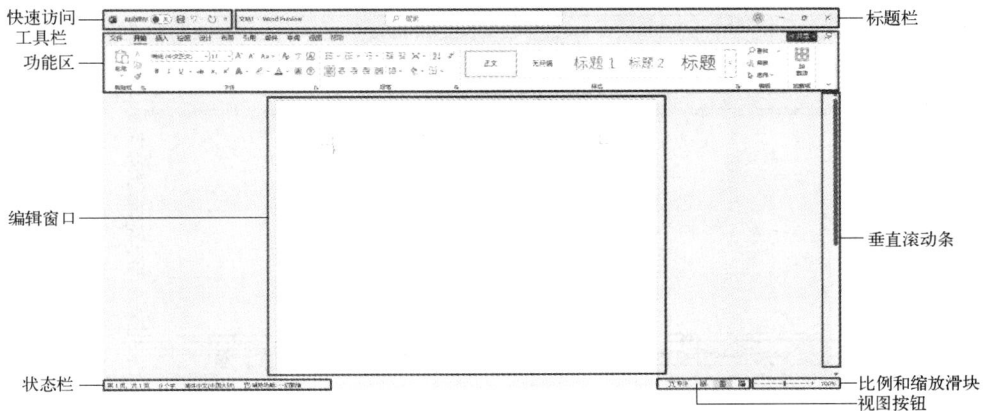

图 1-2　Word 2024 工作界面分区

2. 认识 Excel 2024

Excel 是微软办公套装软件的一个重要组成部分，它可以进行各种数据的处理、统计分析和辅助决策操作，广泛地应用于管理、统计、财经、金融等众多领域。

用户可以使用 Excel 创建工作簿（电子表格集合）并设置工作簿格式，以便分析数据并做出更明智的业务决策。特别是用户可以使用 Excel 跟踪数据，生成数据分析模型，编写公式对数据进行计算，以多种方式透视数据，并以各种具有专业外观的图表来显示数据。Excel 可用于预算分析、账单和销售报表制作、计划跟踪、日历创作等。如图 1-3 所示为 Excel 2024 工作界面。

启动 Excel 2024 后，即可进入其操作界面，如图 1-4 所示。与 Word 2024 的操作界面相比较，Excel 2024 操作界面中许多组成部分与之相同，且功能和用法相似。

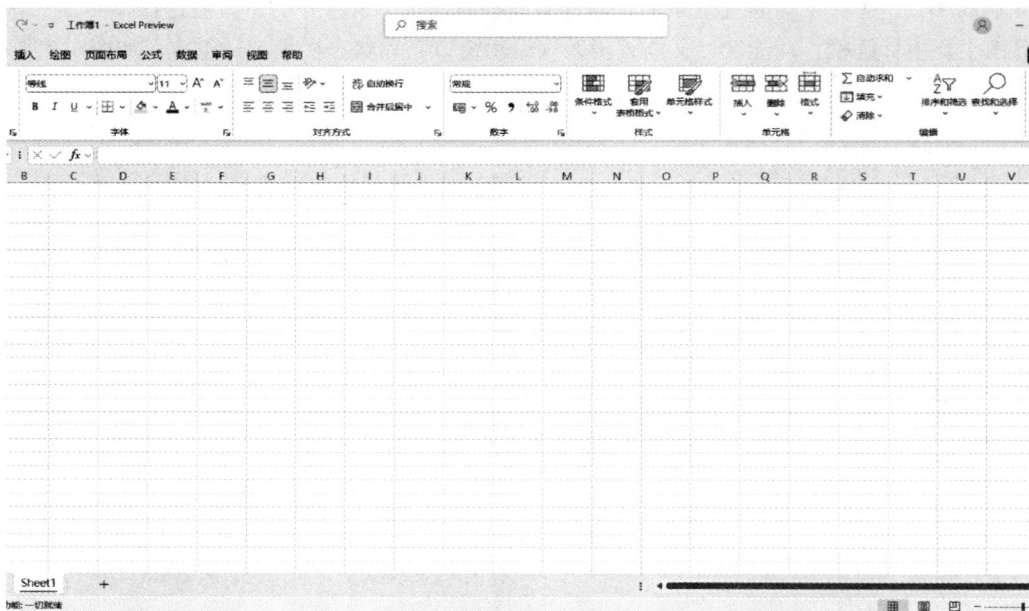

图 1-3　Excel 2024 工作界面

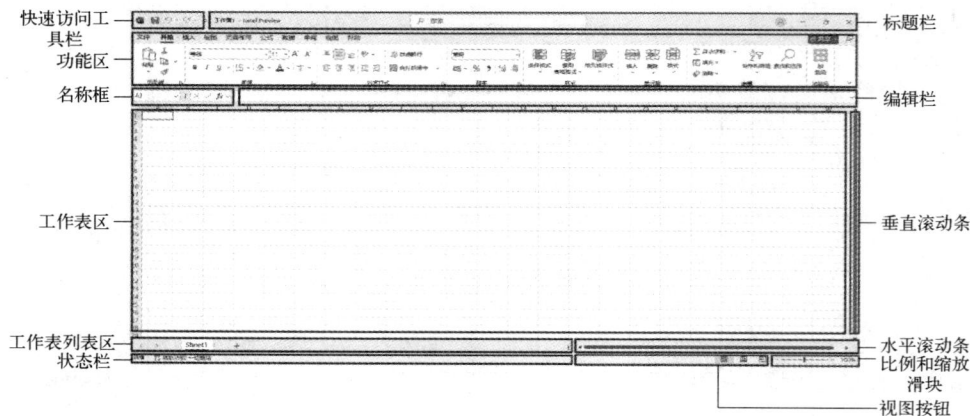

图 1-4　Excel 2024 工作界面分区

3. 认识 PowerPoint 2024

PowerPoint（PPT）是微软公司的演示文稿软件，用户可以在投影仪或者计算机上进行演示，也可以将演示文稿打印出来，制作成胶片，以便应用到更广泛的领域中。演示文稿中的每一页叫作幻灯片，每张幻灯片都是演示文稿中既相互独立又相互联系的内容。使用 PowerPoint 2024，可以使会议、展示或授课等活动变得更加直观、丰富。

一套完整的 PPT 文件一般包含片头动画、PPT 封面、前言、目录、过渡页、图表页、图片页、文字页、封底、片尾动画等；所采用的素材有文字、图片、图表、动画、声音、影片等。PPT 正成为人们工作生活的重要组成部分，在工作汇报、企业宣传、产品推介、婚礼庆典、项目竞标、管理咨询等领域都有应用。

启动 PowerPoint 2024 后看到的窗口便是它的操作界面，如图 1-5 所示，该操作界面与 Office 2024 其他组件的操作界面相似，不同的是界面中含有幻灯片/大纲窗格和备注区，以后分别进行介绍。

图 1-5　PowerPoint 2024 工作界面

4. Office 其他组件

Office 2024 办公软件中包含 Word 2024、Excel 2024、PowerPoint 2024、Outlook 2024、Access 2024、Publisher 2024、InfoPath 2024 和 OneNote 2024 等组件。

（1）认识 Access 2024

Access 是微软把数据库引擎的图形用户界面和软件开发工具结合在一起的一个数据库管理系统，是 Microsoft Office 的系统程序之一。Access 2024 界面如图 1-6 所示。

软件开发人员和数据架构师可以使用 Microsoft Access 开发应用软件，"高级用户"可以使用它来构建软件应用程序。和其他办公应用程序一样，Access 支持 Visual Basic 宏语言，它是一个面向对象的编程语言，可以引用各种对象，包括 DAO（数据访问对象）、ActiveX 数据对象，以及许多其他的 ActiveX 组件。可视对象用于显示表和报表，它们的方法和属性是在 VBA 编程环境下，VBA 代码模块可以声明和调用 Windows 操作系统函数。

（2）认识 Outlook 2024

Outlook 的功能很多，可以用来收发电子邮件、管理联系人信息、记日记、安排日程、分配任务等，是 Microsoft Office 套装软件的组件之一。Outlook 2024 界面如图 1-7 所示。

图 1-6　Access 2024 界面

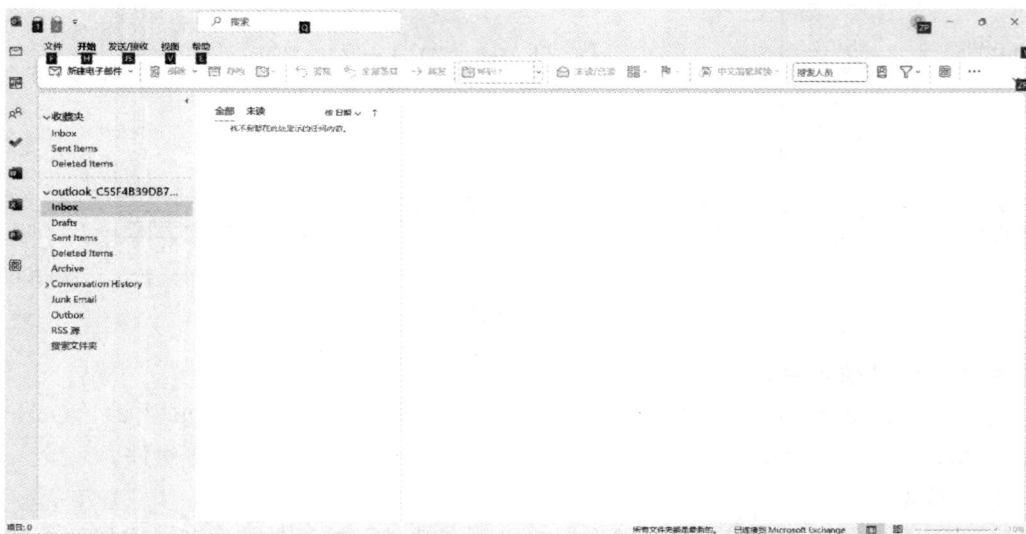

图 1-7　Outlook 2024 界面

使用 Outlook 收发电子邮件十分方便。通常用户在某个网站注册了自己的电子邮箱后，要收发电子邮件，需登录该网站，进入电邮网页，输入账户名和密码，然后进行电子邮件的收、发、写操作。使用 Outlook Express 后，这些顺序便一步跳过。只要打开 Outlook Express 界面，Outlook Express 程序便自动与你注册的网站电子邮箱服务器联机工作，接收你的电子邮件。

发信时，可以使用 Outlook Express 创建新邮件，通过网站服务器联机发送。另外，Outlook Express 在接收电子邮件时，会自动把发信人的电邮地址存入"通讯簿"，供以后调用。还有，当用户点击网页中的电邮超链接时，会自动弹出写邮件界面，该新邮件已自动设置好了收信人的电邮地址和你的电邮地址，用户只要写上内容，点击"发送"即可。

三、任务小结

本任务介绍了 Office 办公软件的基础知识、相关组件和区别。通过对 Office 办公软件的初步了解，以 Office 2024 为基础，可以实现文档的编辑、排版和审阅，表格的设计、排序、筛选和计算，演示文稿的设计和制作，以及电子邮件的收发等。

四、拓展提升

① 通过网络收集资料，对 Office 软件进行初步认知。
② 掌握 Word、Excel、PowerPoint 工作界面的异同。

任务二 安装与卸载 Office

一、问题导入

Office 2024 是办公使用的工具集合，主要包括 Word 2024、Excel 2024、PowerPoint 2024 和 Outlook 2024 等。本任务主要介绍它的安装与卸载。

二、任务讲解

在使用 Office 2024 之前，首先需要掌握 Office 2024 的安装操作。安装 Office 2024 之前，计算机硬件和软件的配置要达到如图 1-8 所示的要求。

处理器	1GHz 或更快的 x86 或 x64 位处理器（采用 SSE2 指令集）
内存	1GB RAM（32 位）；2GB RAM（64 位）
硬盘	3.0 GB 可用空间
显示器	图形硬件加速需要 DirectX10 显卡和 1024 像素 ×576 像素的分辨率
操作系统	Windows 7 SP1、Windows 8.1、Windows 10 以及 Windows 10 Insider Preview
浏览器	Microsoft Internet Explorer 8、9 或 10；Mozilla Firefox 10.x 或更高版本；Apple Safari 5；或 Google Chrome 17.x
.NET 版本	3.5、4.0 或 4.5
多点触控	需要支持触摸的设备才能使用任何多点触控功能。但始终可以通过键盘、鼠标或其他标准输入设备或可访问的输入设备使用所有功能

图 1-8 计算机硬件及软件配置

电脑配置达到要求后就可以安装 Office 2024 软件了。不同版本的 Office 2024 软件的安装方法大体相同，通常将 Office 2024 的安装盘放入光驱后，会自动弹出安装向导，然后根据提示进行安装即可。如果电脑上已有安装文件，找到该文件并双击文件图标，在接下来弹出的安装向导对话框中根据提示进行安装即可。

系统要求：Windows10 或更高，64 位操作系统。

温馨提示： 如果系统中有别的 Office 版本的话要卸载，否则安装不了，并且安装前要把所有杀毒软件关掉。

下面以安装及激活 Office 2024 专业增强版为例，具体操作如下。

① 运行安装程序，将下载好的安装包解压并打开，如图 1-9 所示。

名称	名称	修改日期	类型
	Office	2024/10/27 19:39	文件夹
Crack	autorun	2024/9/4 2:23	安装信息
Setup	Setup	2024/9/4 4:26	应用程序

图 1-9　Office 2024 安装向导对话框

② 鼠标右击 Setup，选择以管理员身份运行。

③ 解压完成后将开始自动安装，如图 1-10 所示。

④ 耐心等待程序自动安装，完成后在对话框中单击"关闭"按钮即可，如图 1-11 所示。

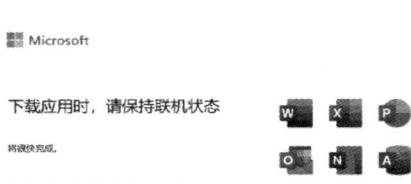

图 1-10　Office 2024 正在安装对话框

图 1-11　Office 2024 安装完毕对话框

⑤ 安装完成之后，进行软件激活。输入产品密钥，进行产品激活，如图 1-12 所示。

图 1-12　Office 2024 激活对话框

当不需要 Office 2024 程序时，可以通过"Windows 设置"窗口卸载 Office 2024，具体操作如下：点击"开始"按钮，选择"设置"图标（通常是齿轮形状）。在"设置"窗口中，选择"应用"选项。在"应用和功能"部分，向下滚动查找 Microsoft Office 的条目。点击 Office，然后选择"卸载"按钮，跟随提示完成卸载过程。如图 1-13、图 1-14、图 1-15 所示。

三、任务小结

本任务介绍了 Office 软件的安装及卸载。我们应正确解决软件在安装及卸载过程中出现的各种问题，熟练掌握软件的安装、卸载等相关操作。

图 1-13　设置对话框

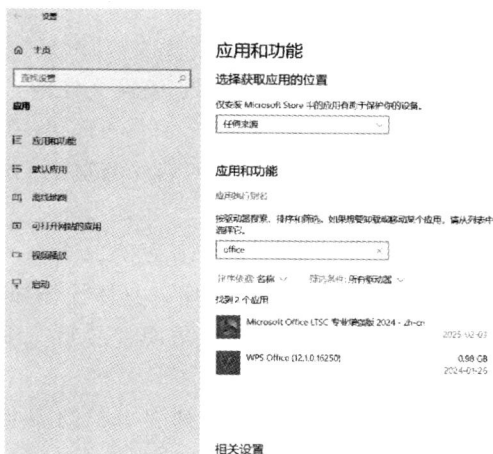

图 1-14　应用和功能对话框

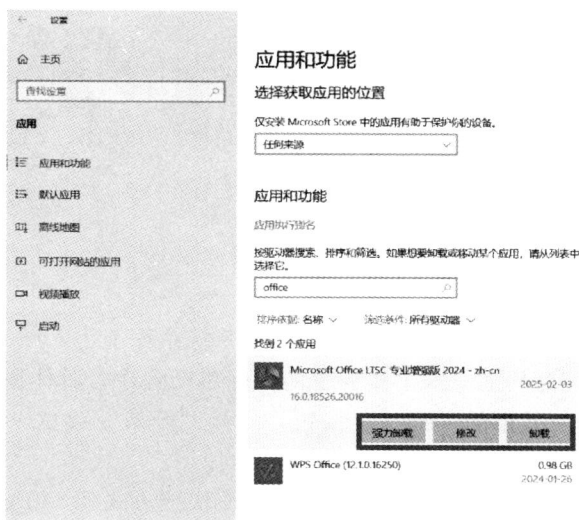

图 1-15　卸载对话框

四、拓展提升

① 正确安装及卸载 Office 2024。

② 对安装及卸载过程中出现的问题进行总结并试图自行解决。

任务三　启动与退出 Office

一、问题导入

前面我们曾提到的 Word 2024、Excel 2024、PowerPoint 2024 等软件，它们在启动及退出的时候是否有共同之处？

二、任务讲解

在学习使用 Office 2024 编辑文档前，需要先了解如何启动与退出程序。Office 的各个组件，如 Excel、Word、PowerPoint 等，启动与退出的方法基本相同。本节主要以 Word 2024 为例，介绍如何启动与退出 Office 2024。

1. 启动 Word 2024

方法一：在安装了 Office 2024 后，可以通过"开始"菜单的所有应用列表，启动 Office 2024 的各个组件程序，具体操作如下。

① 单击系统桌面左下角的"开始"按钮，打开"开始"菜单，单击"所有应用"命令，如图 1-16 所示。

② 在打开的所有应用列表中找到需要启动的 Office 2024 组件程序，如 Word，单击即可，如图 1-17 所示。

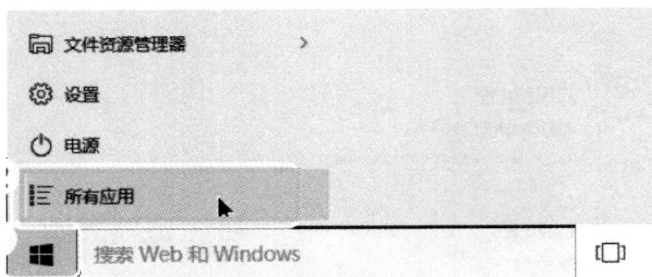

图 1-16 "开始"菜单

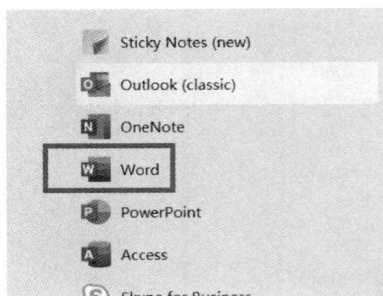

图 1-17 启动程序

方法二：在安装了 Office 2024 后，还可以在系统桌面上为 Office 2024 的各个组件程序创建快捷方式图标，然后通过双击桌面上的图标启动程序，具体操作如下。

① 单击系统桌面左下角的"开始"按钮，打开"开始"菜单，单击"所有应用"命令，如图 1-18 所示。

② 在打开的所有应用列表中找到需要创建桌面快捷方式的 Office 2024 组件程序，本例为 Word 2024，使用鼠标右键单击，在弹出的快捷菜单中单击"打开文件位置"命令，如图 1-19 所示。

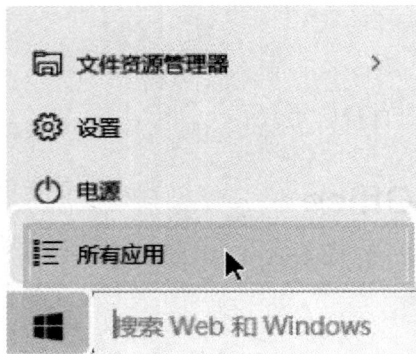

图 1-18 "开始"菜单

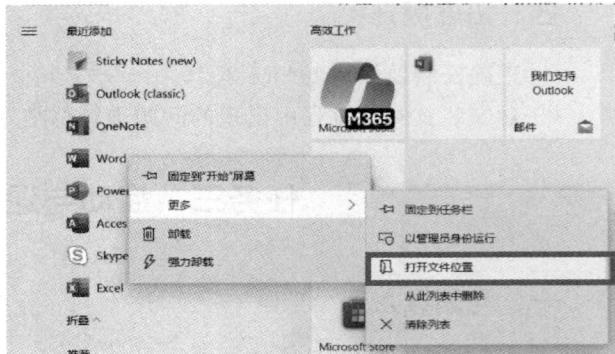

图 1-19 打开文件所在位置

③ 弹出文件夹窗口，使用鼠标右键单击 Word 图标，在弹出的快捷菜单中单击"创建快捷方式"命令，如图 1-20 所示。

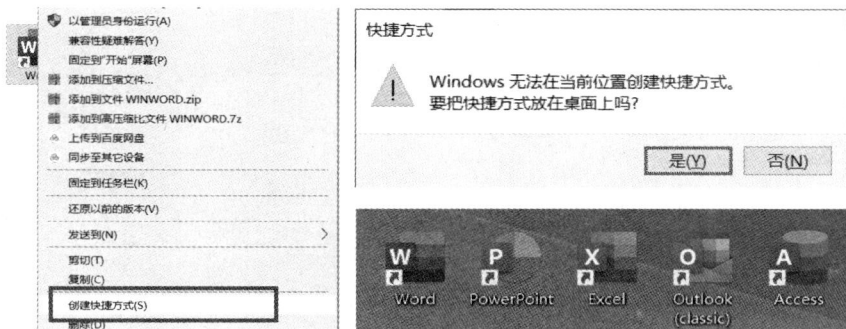

图 1-20　创建快捷方式

④ 弹出提示对话框，单击"是"按钮，返回系统桌面，即可看到创建的 Word 2024 桌面快捷方式图标，双击该图标，即可启动 Word 2024。

2. 退出 Office 应用程序

当不再使用 Office 2024 的某个组件时，可以退出该应用程序，以减少对系统内存的占用。与启动 Office 2024 一样，退出 Office 2024 各个组件的方法也大致相同。下面依然以 Word 2024 为例，讲解程序的退出方法。

方法一：单击程序窗口右上角的"关闭"按钮，即可关闭当前打开的文档，依次关闭所有打开的文档后，即可退出程序。

💡 **注意**：对于编辑后未保存的文档，关闭时将弹出提示对话框，询问是否保存，根据需要单击相应的按钮即可。

方法二：在标题栏空白处单击鼠标右键，在弹出的快捷菜单中单击"关闭"命令，即可关闭当前打开的文档，关闭所有打开的文档后，便可退出 Word 2024 程序，如图 1-21 所示。

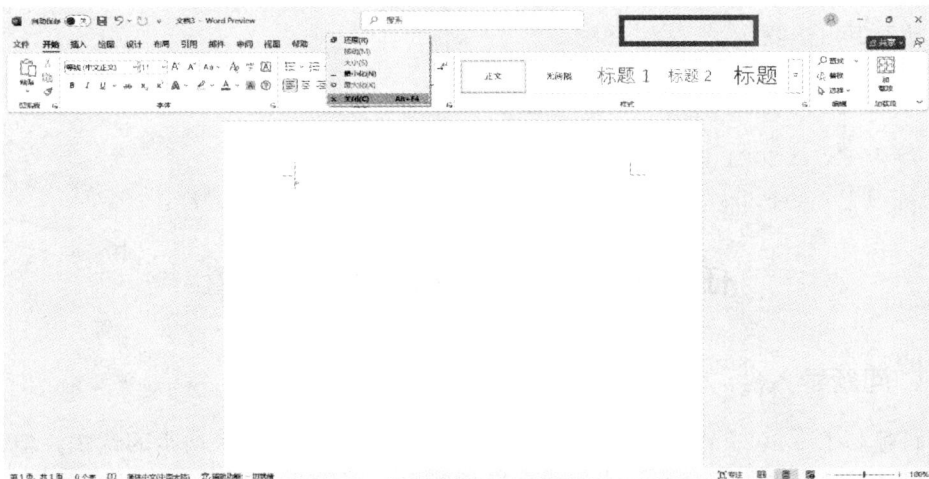

图 1-21　关闭文件对话框（一）

方法三：在 Word 窗口中切换到"文件"选项卡，然后单击左侧窗格中的"关闭"命令，也可以关闭当前打开的文档，关闭所有打开的文档后，即可退出 Word 2024 程序，如图 1-22 所示。

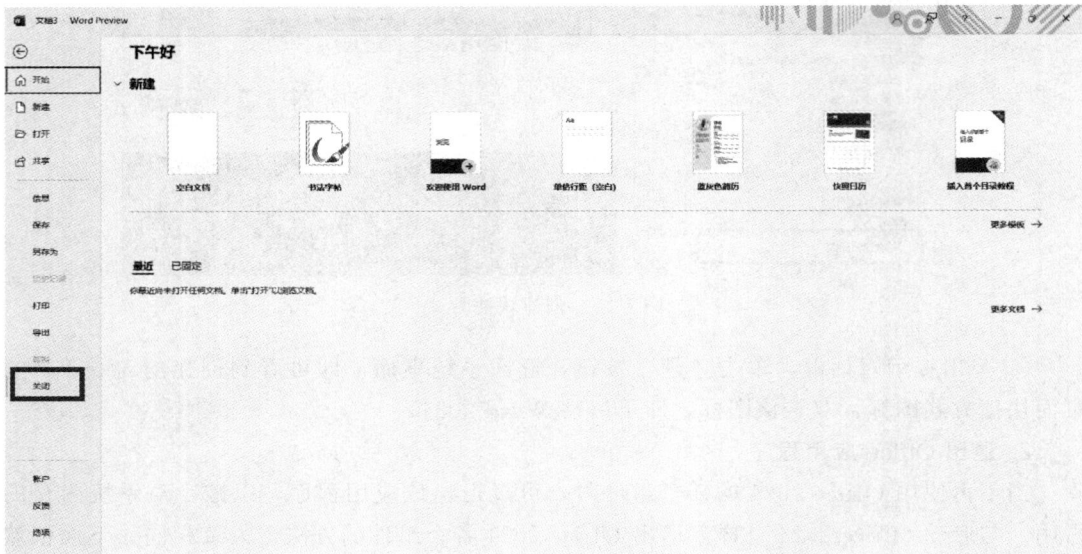

图 1-22　关闭文件对话框（二）

💡 **提示：**在系统任务栏中使用鼠标右键单击要关闭的 Office 2024 应用程序图标，在弹出的快捷菜单中，单击"关闭所有窗口"命令，即可一次性关闭所有打开的文档并退出该应用程序。

三、任务小结

本任务介绍了 Office 2024 的启动与退出基本内容，主要以 Word 2024 软件为例进行操作，要求我们除了熟练掌握 Word 2024 的启动及退出外，还要熟知 Office 2024 其他组件的启动及退出步骤。

四、拓展提升

① 练习 Excel 2024 办公软件的启动及退出。
② 练习 PowerPoint 2024 办公软件的启动及退出。

任务四　Office 文档的常用设置

一、问题导入

我们对 Office 2024 软件及其安装与卸载、启动与退出都有了初步的认识，但是大家有没有想过，如果电脑程序意外崩溃或者突然断电情况发生，我们制作的文件还有没有？如果有，它保存到哪儿了呢？

二、任务讲解

Word 2024、Excel 2024 和 PowerPoint 2024 都有文档自动恢复功能，通过该功能可以自动定时保存当前打开的文档，以便在程序意外崩溃或者突然断电等情况发生后，使用自动保存的文档来恢复没来得及保存的文档，避免丢失编辑进度，造成重大损失。

1. 文档自动恢复功能

在 Office 2024 中，用户可以对文档自动恢复功能进行设置，例如设置启用或禁用该功能、设置文档的自动保存时间间隔、设置自动恢复文件的保存位置等。以 Word 2024 为例，具体操作如下。

① 切换到"文件"选项卡，单击"选项"命令，如图 1-23 所示。

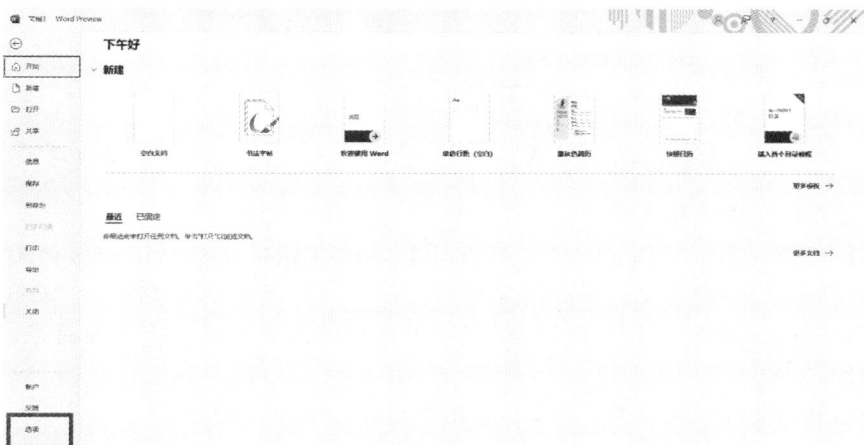

图 1-23 "选项"对话框

② 打开"Word 选项"对话框，切换到"保存"选项卡，在"保存文档"栏中，勾选"保存自动恢复信息时间间隔"复选框，即可启用文档自动恢复功能；取消勾选该复选框，则可禁用该功能，如图 1-24 所示。

③ 默认情况下，文档自动恢复功能为启用状态，在"保存自动恢复信息时间间隔"微调框中可以根据需要设置自动保存时间间隔；要更改自动恢复文件的保存位置，可以单击"自动恢复文件位置"文本框后的"浏览"按钮，如图 1-25 所示。

图 1-24 "保存"选项卡

图 1-25 "自动恢复文件位置"对话框

④ 弹出"修改位置"对话框，进入需要的文件保存路径，然后单击"确定"按钮，如图1-26所示。

⑤ 返回"Word选项"对话框，即可看到设置后的效果；完成所有设置后，单击"确定"按钮保存设置即可，如图1-27所示。

图1-26　"修改位置"对话框

图1-27　保存设置

2. 设置默认文档保存格式

在Office 2024中，默认情况下，将使用默认的文档格式和路径来保存文档。例如Word 2024的默认保存格式为"Word文档（*.docx）"，默认保存路径为"C:\Users*（账户名）\Documents\"。用户可以根据需要更改默认的文档保存格式和路径，以Word 2024为例，具体操作如下。

① 切换到"文件"选项卡，单击"选项"命令，如图1-23所示。

② 打开"Word选项"对话框，切换到"保存"选项卡，在"保存文档"栏中，打开"将文件保存为此格式"下拉列表，在其中可以选择文档的默认保存格式，如图1-28所示。

③ 勾选"默认情况下保存到计算机"复选框，可以启用默认的文档保存位置；要更改默认的文档保存位置，可以在"默认本地文件位置"文本框中直接输入路径进行更改，或单击文本框后的"浏览"按钮，如图1-29所示。

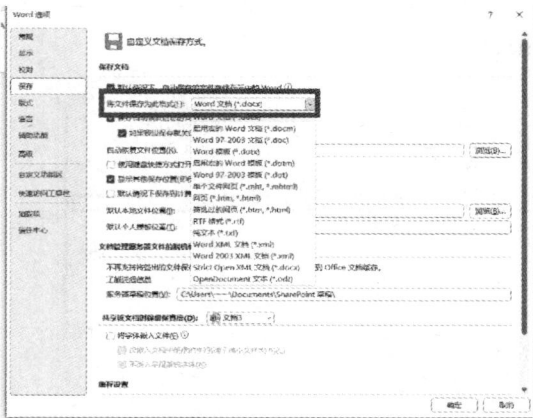

图1-28　"保存格式"对话框

图1-29　"文档保存位置"对话框

④ 弹出"修改位置"对话框，进入需要的文件保存路径，然后单击"确定"按钮，如图 1-30 所示。

图 1-30　"修改位置"对话框

⑤ 返回"Word 选项"对话框，即可看到设置后的效果；完成所有设置后，单击"确定"按钮保存设置，如图 1-31 所示。

图 1-31　保存设置

三、任务小结

本任务介绍了使用文档自动保存功能以及默认文档保存模式等基本设置命令，在平时的工作及学习过程中，避免因系统崩溃以及突然断电带来的特殊情况的发生，能够为我们的学习和工作提供更好的帮助。

四、拓展提升

① 软件操作之前设置良好的工作环境。
② 对文档自动保存的时间以及文档保存模式进行基本设置。

第二篇
Word 2024基本操作

Word 2024 是 Microsoft Office 的核心组件之一，专注于高效文档处理与专业排版，其核心功能主要是：文字处理与基础编辑、图文混排与视觉设计、专业页面布局。该篇围绕文档处理核心技能展开，通过六个递进式项目系统讲解办公文档的全流程制作。

项目二

通知文档的制作

【教学目标】

专业能力：了解 Word 2024 工作界面、操作界面、视图样式、文本操作等要素，能利用相关要素完成通知文档的制作。

社会能力：了解 Word 2024 软件相关背景。

方法能力：提高自主学习能力。

【学习目标】

知识目标：了解 Word 2024 工作界面、操作界面、视图样式、文本操作等要素。

技能目标：能进行文档综合操作，完成通知文档的制作。

素养目标：培养严谨、细致的学习态度。

【教学建议】

（1）教师活动

① 通过 Word 文档案例展示，提高学生对 Word 软件的直观认识。同时，运用多媒体课件、教学视频、课堂展示等多种教学手段，讲授 Word 2024 的学习要点和操作技巧。

② 课堂答疑、巡回指导。

（2）学生活动

① 在教师的组织和引导下完成软件的操作练习。

② 完成通知文档的制作。

任务一　Word 工作窗口初识

一、问题导入

在学习及应用 Word 软件的过程中，熟悉其操作界面是基础且至关重要的环节。本项目任务的目的在于引导学生全面了解 Word 的操作界面。通过细致阐释 Word 操作界面的各个构成要素及其功能，使学生更有效地运用这些工具，提高工作效率。

二、任务讲解

1. 认识 Word 2024 工作界面

工作界面是指人们在进行工作时使用的电脑或移动设备上的图形用户界面（graphical user interface，GUI）。它通常包括各种工具、菜单、按钮、文本框、图标和其他元素，以帮助用户完成特定的任务或工作流程。

简言之，工作界面（GUI）是一种用户与计算机之间的交互方式，它通过图形展示信息和操作元素，提高用户体验、增加可用性、提高工作效率、降低学习成本和提高可维护性。

提高用户体验：工作界面（GUI）通过图形化的方式展示信息和操作元素，使用户可以更直观地了解和操作系统或应用程序，提高用户的满意度和使用体验。

增加可用性：工作界面（GUI）提供易于理解和使用的界面元素，例如按钮、菜单、文本框等，使用户可以更轻松地进行交互和操作，增加系统或应用程序的可用性。

提高工作效率：工作界面（GUI）提供快速访问操作系统或应用程序，例如快捷键、工具栏等，使用户可以更快速地完成任务和操作，提高效率和生产力。

降低学习成本：工作界面（GUI）提供易于理解和使用的界面元素，使用户可以更快速地学习和掌握系统或应用程序的使用方法，降低学习成本和培训成本。

提高可维护性：工作界面（GUI）提供统一的界面元素和布局方式，使系统或应用程序的维护更加容易，提高可维护性和可扩展性。

Office 从 2010 版开始便引入了"开始窗"。Word 开始窗是 Microsoft Word 应用程序中的一个功能，它提供了一个集中式的位置，可以让用户轻松地访问最近打开的文档、模板、主题和其他常用功能。Word 开始窗通常在用户打开 Word 应用程序时自动显示，也可以通过单击"文件"选项卡或应用程序图标来打开，如图 2-1 所示。

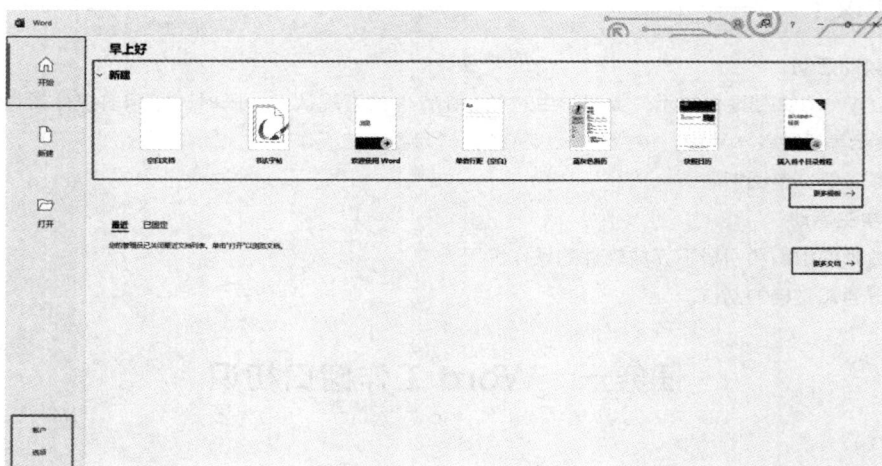

图 2-1　Word 2024 的"开始窗"

通过 Word 开始窗，用户可以更轻松地访问和管理 Word 中的文档和常用功能，从而提高工作效率和生产力。

最近：显示最近打开的文档列表，用户单击其中的文档，系统即会打开这一文档并进入文档编辑页面。

更多模板：登录互联网后，单击"更多模板"，跳转至"搜索联机模板"，即可搜索 Microsoft 或第三方提供的文档模板。

模板选择：指用户可以选择一个预定义的文档模板来创建新的文档。Word 2024 提供了许多不同类型的模板，如简历、报告、信函、合同、传单等，用户可根据需要选择其中一个模板来创建新的文档。

2. Word 2024 操作界面

打开 Office 2024 后，首先显示的是软件启动画面，无论是打开原有文档，还是新建一个文档，Office 即可进入相应的操作界面。以 Word 2024 为例，操作界面的组成部分如图 2-2 所示。

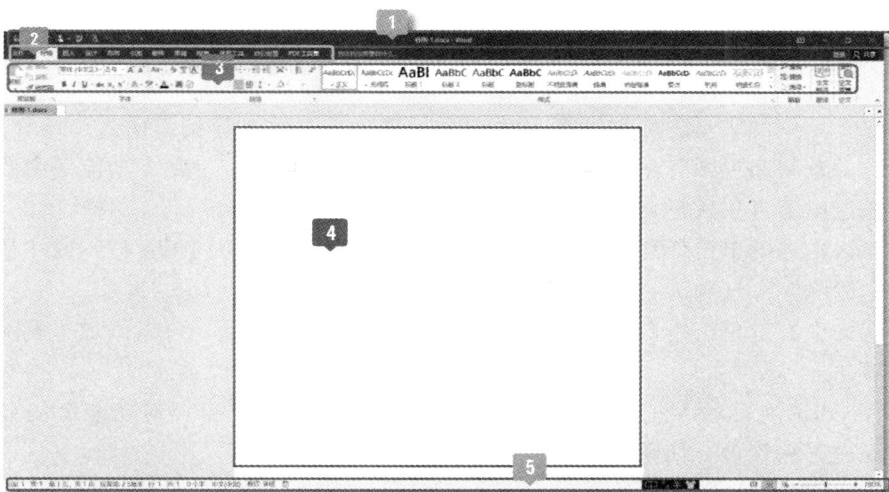

图 2-2　Word 2024 的"操作界面"
1—标题栏；2—菜单栏；3—工具栏；4—工作区；5—状态栏

（1）标题栏

在 Word 2024 中，标题栏位于窗口的最上方，用于显示每个文档的名称。从左到右依次为自定义快速访问工具栏 ![按钮]、正在操作的文档的名称 样例-1.docx、程序的名称 Word、功能区显示选项按钮 ![按钮] 和窗口控制按钮 ![按钮]。

快速访问工具栏：包含了一些常用的命令和选项，例如保存、撤销、重做、打印、导出和共享等功能。

文件名和路径：显示当前打开文档的名称和所在路径，可以通过单击文件名或路径来打开文件夹或切换到其他文档。

功能区显示选项按钮：可让用户自定义是否显示功能区（即菜单栏）。

窗口控制按钮：包括最小化、最大化、还原、关闭按钮，用于控制软件窗口的大小和关闭程序。

（2）菜单栏

Word 2024 菜单栏已经被替换为功能区，它位于软件窗口的顶部，包含了文件、开始、插入、设计、布局、引用、邮件、审阅和视图等主要选项卡，每个选项卡下面又包含了各种子菜单和命令。

文件：打开、保存、打印、导出和共享文档等功能。

开始：包含了文本格式、段落格式、样式、剪贴板、插入、图像、表格、对象和链接等选项。

插入：插入图片、图表、表格、形状、文本框、页眉页脚、日期和时间等选项。

设计：文档主题、页面布局、背景、页面颜色、字体主题、水印和页边距等选项。

布局：页面设置、缩放、换行、分栏、断页、行距、段间距、对齐和缩进等选项。

引用：目录、脚注和尾注、标注、索引、文献引用、邮件合并和跟踪更改等功能。

邮件：邮件信封、标签、邮件合并、跟踪和保护文档等选项。

审阅：拼写和语法检查、翻译、注释、修订和更改跟踪等功能。

视图：文档视图、阅读模式、缩放、窗口、宏、工具栏等选项。

（3）工具栏

Word 2024 中的工具栏亦被替换为功能区，包含了文件、开始、插入、设计、布局、引用、邮件、审阅和视图等主要选项卡下的子菜单和命令。Word 2024 功能区中的命令和选项可以通过以下方法进行自定义和设置。

在功能区中右键单击任意命令或选项，选择"添加到快速访问工具栏"或"从快速访问工具栏中删除"等选项。

在功能区中右键单击空白区域，选择"自定义功能区"选项，可以添加、删除或移动命令和选项。

在"Word 选项"对话框中选择"自定义功能区"选项卡，可以对功能区的显示和命令进行全局设置和管理，如图 2-3 所示。

（4）工作区

Word 2024 工作区是软件窗口中用于编辑文档的主要区域，主要包括文本编辑区和滚动条。

文本编辑区：用于输入、编辑和格式化文本内容，可以通过键盘、鼠标或其他输入设备来进行操作。

滚动条：用于在文档中上下或左右滚动，以便查看和编辑文档的不同部分。

需要注意的是 Word 2024 工作区的具体元素和功能可能会因不同的操作系统和安装方式而略

图 2-3　Word 2024 的"自定义功能区"

有不同。用户可以根据自己的需求和习惯进行自定义和设置，以便更加高效地完成文档编辑和格式设置的操作。

（5）状态栏

底部状态栏用于显示当前文档的信息和状态。

页眉页脚：位于文档顶部和底部的区域，可以插入页码、日期、作者、文档标题等信息，并进行格式设置和编辑。

文档信息：包括文档名称、作者、创建时间、修改时间和最后打开时间等信息。

缩放比例：用于控制文档的缩放比例，以便更好地查看和编辑文档的内容。

语言：用于设置文档的语言，以便进行拼写和语法检查等操作。

编辑模式：包括普通模式、大写锁定、插入模式和覆盖模式等选项，可以根据需要进行切换。

阅读模式：用于切换到全屏阅读模式，以便更好地查看文档的内容。

字数统计：用于统计文档的字数、段落数、行数和页数等信息。

三、任务小结

本任务重点介绍了 Word 工作界面，包括标题栏、菜单栏、工具栏、工作区和状态栏在内的关键部分。

四、拓展提升

请利用 Word 软件新建一个文档，尝试使用菜单栏和工具栏中的不同功能，如字体设置、段落设置、插入图片、插入表格等。在操作过程中，注意观察工作窗口的变化，特别是文档编辑区和状态栏的反馈。将你使用的功能、操作步骤以及工作窗口的变化记录在文档中，并附上操作后的文档截图。

任务二　Word 文件的操作

一、问题导入

在日常的学习和工作中，掌握 Word 文档处理技能至关重要。然而，对于初学者而言，可能会面临一系列操作挑战，例如文本、图像及表格的插入与编辑，文档格式与样式的设置，以及文档的保存、打印等。因此，本任务深入探讨 Word 文档处理的相关操作，旨在为用户解决上述一部分问题，提高工作效率。

二、任务讲解

1. 新建文档

通常，Word 2024 新建文档有以下方法。

（1）新建空白文档

① 单击"开始"按钮，单击"Word"按钮，启动"开始"，再单击"空白文档"选项新建一个名为"文档 1"的空白文档，如图 2-4 所示。

② 单击"文件"按钮，单击"新建"按钮，再单击"空白文档"选项新建一个名为"文档 2"的空白文档，如图 2-5 所示。

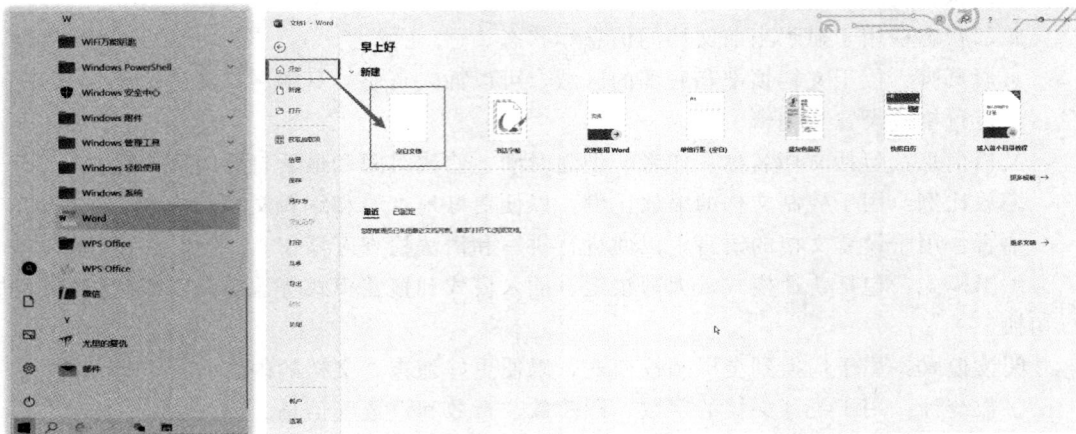

图 2-4　Word 2024 新建空白文档方法（一）

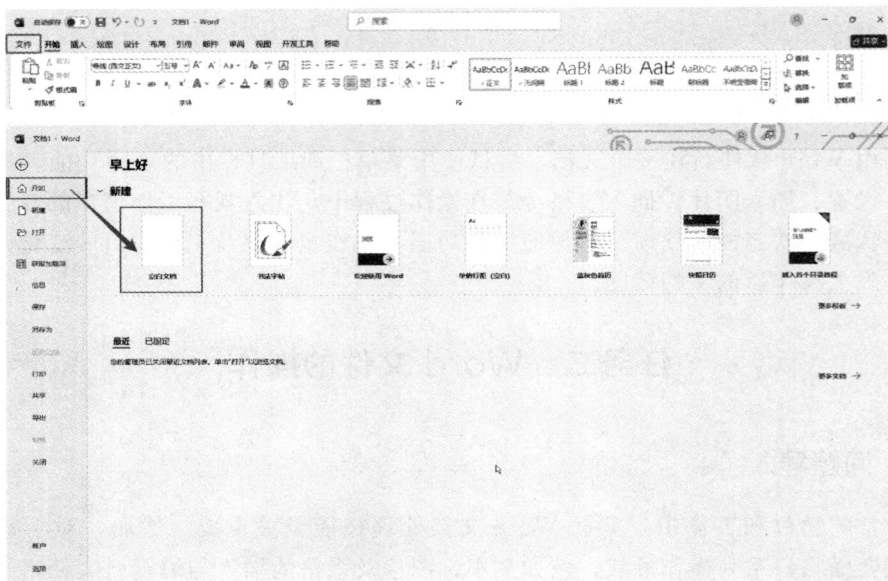

图 2-5　Word 2024 新建空白文档方法（二）

③ 单击"自定义快速访问工具栏"按钮，单击"新建"按钮，添加"新建空白文档"按钮。再单击"新建空白文档"按钮，新建一个名为"文档 3"的空白文档，如图 2-6 所示。

④ 按下"Ctrl"+"N"组合键即可创建一个新的空白文档。

（2）新建基于模板的文档

① 单击"文件"按钮，单击"新建"按钮，在"新建"列表框中选择已经安装好的模板。

② 若用户从已安装的模板中没有找到可用模板，可搜索联机模板，在"新建"文本框中输入模板名称，例如"个人简历"，然后单击"开始搜索"即可。搜索完成后，用户

可以单击调用需要的模板，如图 2-7 所示。

图 2-6　Word 2024 新建空白文档方法（三）

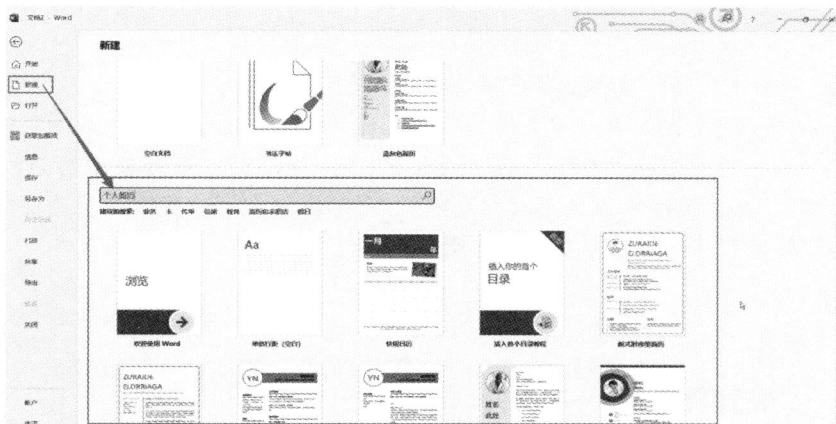

图 2-7　"新建基于模版的文档"对话框

2. 保存文档

在软件操作过程中，为了避免突发状况带来的损失，用户新建文档以后，应及时将其保存为本地文件。具体操作方法有以下几种。

① 单击"文件"按钮，在弹出的界面中选择"保存"选项，点击"这台电脑" 这台电脑 按钮或"浏览"按钮，指定路径，进行文件保存。

② 单击"文件"按钮，在弹出的界面中选择"另存为"选项，点击"这台电脑" 这台电脑 按钮或"浏览"按钮，指定路径，可完成已有文件的另存。

③ 单击标题栏中"保存" 按钮，在弹出的界面中选择"保存"或"另存为"选项，点击"这台电脑" 这台电脑 按钮或"浏览"按钮，指定路径，进行文件保存或另存，如图 2-8 所示。

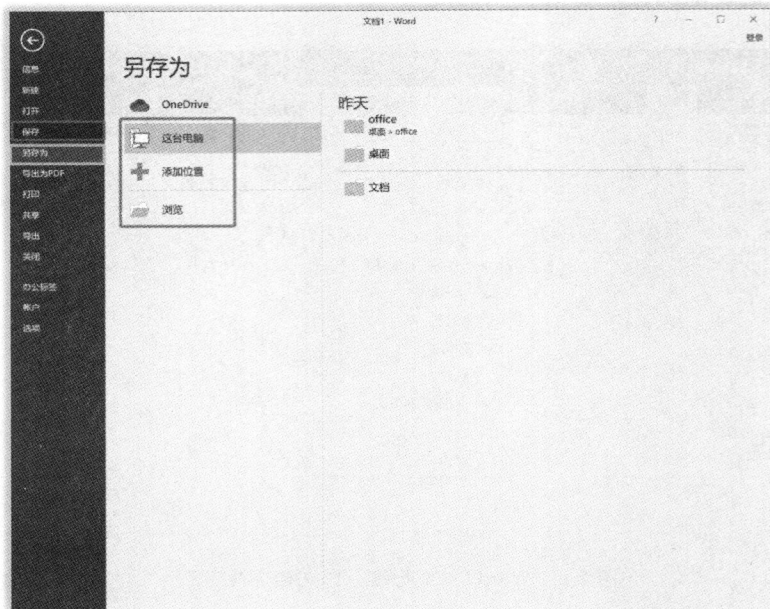

图 2-8　文档"另存为"对话框

④ 按下 "Ctrl"＋"S" 组合键即可完成文档保存。

文档自动保存的设置：单击"文件"按钮，在弹出的界面中选择"选项"按钮，弹出"Word 选项"对话框，点击"保存"选项卡，在"保存文档"组合框中可进行"将文件保存为此格式""保存自动恢复信息时间间隔""自动恢复文件位置"等复选框的设置。设置完毕单击"确定"按钮即可，如图 2-9 所示。

图 2-9　文档"自动保存设置"对话框

3. 打开文档

Word 2024 打开文档有以下几种方法。

① 在要打开的文档图标上双击鼠标左键，打开文档。

② 在要打开的文档图标上单击鼠标右键，从弹出的快捷菜单中选择"打开"菜单项，亦可打开文档，如图 2-10 所示。

4. 关闭文档

Word 2024 关闭文档有以下几种方法。

① 直接单击 Word 文档窗口标题栏最右侧的"关闭" ☒ 按钮，关闭文档。

② 在窗口标题栏空白处任意位置单击鼠标右键，弹出快捷菜单，从快捷菜单中选择"关闭"选项，即可关闭 Word 文档，如图 2-11 所示。

③ 按下"Alt"+"F4"组合键，即可关闭 Word 文档。

图 2-10　打开文档

④ 关闭当前文档与关闭所有文档。当同时打开多个 Word 文档时，文档会以标签的形式集中分布于绘图区域。此时，进行关闭文档操作时，应注意区别操作。如图 2-12，若需关闭文档 5，点击文档 5 关闭 文档5 ☒ 按钮，完成当前文档的关闭操作；标题栏最右侧的"关闭"按钮，为关闭所有 Word 文档，如图 2-13 所示。

图 2-11　关闭文档

图 2-12　"关闭文档 5"操作

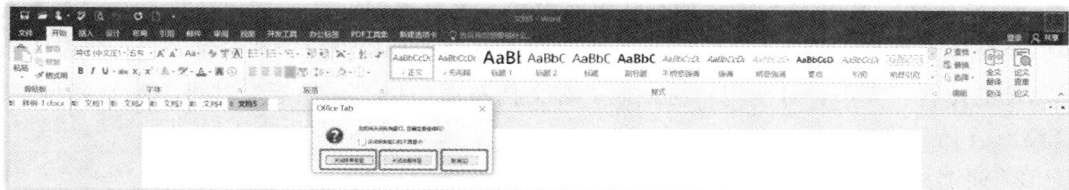

图 2-13　"关闭所有文档"操作

三、任务小结

本任务介绍了 Word 文档的基本操作，涵盖了创建与保存文档、打开与关闭文档等技能。

四、拓展提升

综合文件操作实战——会议通知文档管理。

1. 任务背景

假设你是某公司行政助理，需要使用 Word 2024 完成以下与会议通知相关的文件操作任务，综合运用任务二中学习的新建、保存、打开、关闭文档等技能，并结合自定义设置提升工作效率。

2. 任务要求

① 通过"开始窗"新建一个空白文档，命名为"会议通知初稿.docx"。

② 会议通知。

兹定于 202×年×月××日（周×）15：00 在公司第一会议室召开季度工作总结会议，请各部门负责人准时参加。

特此通知。

行政部

202×年×月××日

③ 将该文档保存至"本地磁盘 D:\办公文件\通知文档"（若文件夹不存在，请先新建）。

④ 将文档另存为"会议通知终稿.pdf"，确保格式正确。

任务三 视图方式的设置

一、问题导入

Word 2024 向用户提供了 5 种视图模式，分别为"阅读视图""页面视图""Web 版式视图""大纲视图""草稿视图"模式。

二、任务讲解

1. 页面视图

"页面视图"是 Word 2024 的默认视图方式，可最大程度还原打印结果。在"页面视图"中，主要包括页面边界、页眉、页脚、图形对象、分栏设置、列行等元素，以及文本和图像的位置、大小，可使用户更好地了解文档布局与格式，便于对其进行编辑和调整，如图 2-14 所示。

2. 阅读视图

在"阅读视图"启用后，菜单区、功能区等窗口被隐藏起来，用户可以通过"阅读视图"窗口上方的"文件""工具""视图"按钮进行相关的文档操作，并通过文档底端"页

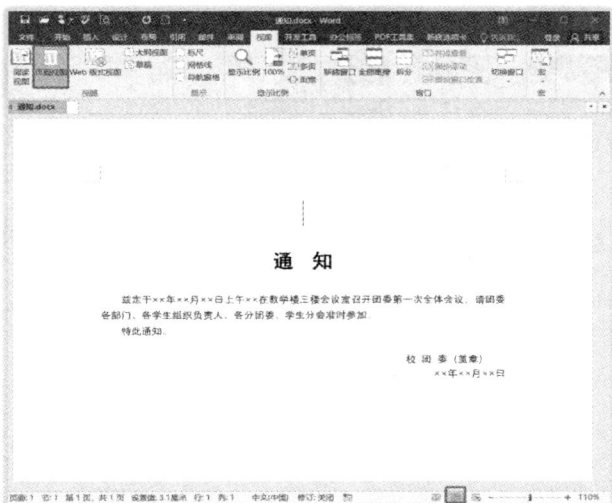

图 2-14 "页面视图"对话框

面视图" [图标] 按钮切换至默认视图，如图 2-15 所示。

3. Web 版式视图

"Web 版式视图"以网页的形式显示文档，用于创建网页和发送电子邮件。点击"视图"按钮，单击"Web 版式视图"按钮，或单击文档底端"Web 版式视图" [图标] 按钮，启用"Web 版式视图"，如图 2-16 所示。

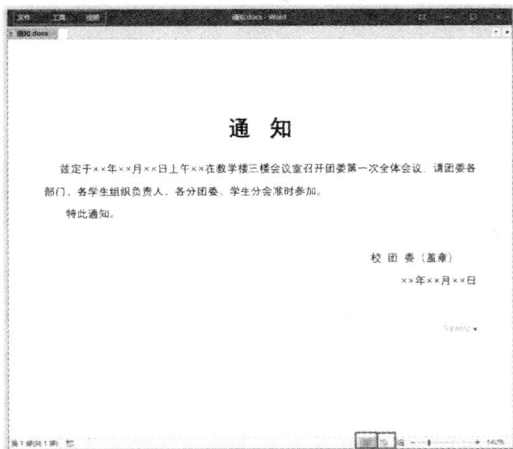

图 2-15 "阅读视图"窗口

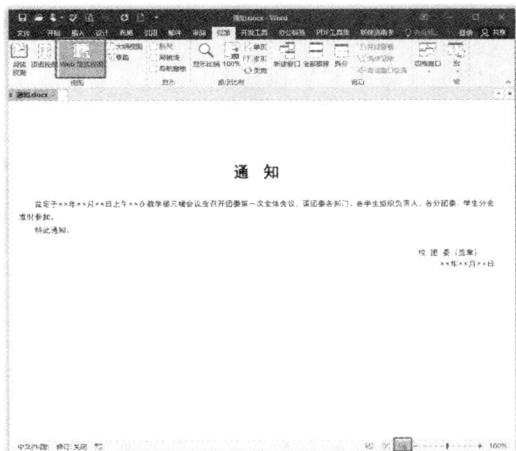

图 2-16 "Web 版式视图"窗口

4. 大纲视图

Word 2024 中"大纲视图"主要用于设置与浏览文档结构和梗概。点击"视图"按钮，单击"大纲视图"按钮 [大纲视图] ，启用"大纲视图"，如图 2-17 所示。

5. 草稿视图

"草稿视图"取消了页面边距、分栏、页眉、页脚和图片等元素，仅显示标题和正文，

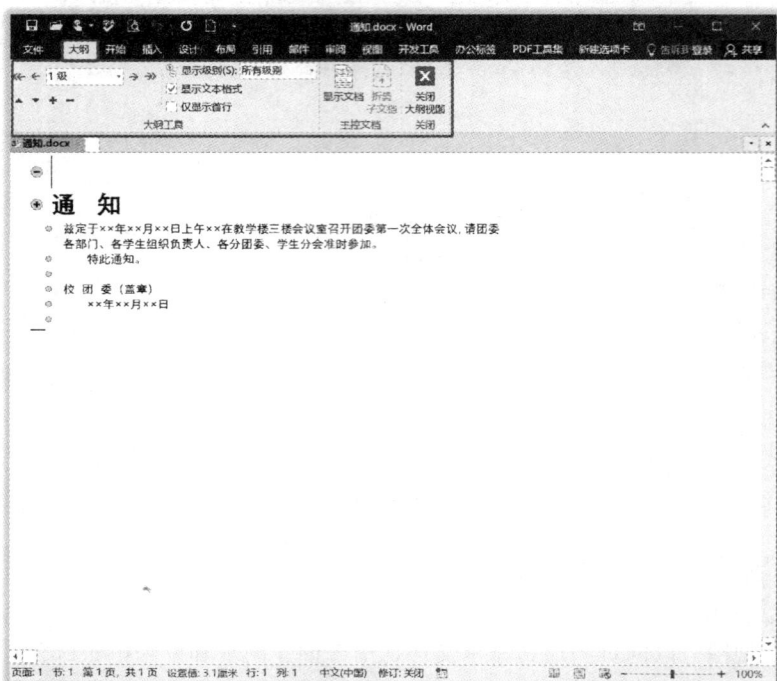

图 2-17 "大纲视图"窗口

可帮助用户更好地集中精力编辑和审阅文档。点击"视图"按钮，单击"草图"按钮 📄草稿，启用"草稿视图"。

三、任务小结

视图方式的设置是软件操作中的关键环节。通过调整视图模式，用户可以根据不同需求，灵活切换至阅读、页面、大纲或 Web 版式等视图。这些视图各有特色，有助于编辑、审阅和排版文档。熟练掌握视图切换技巧，能显著提升工作效率，确保文档内容呈现清晰、格式规范。

四、拓展提升

① 请根据所学内容，对视图方式进行设置。具体要求如下：打开一篇文档，将其设置为页面视图、阅读视图、Web 版式视图和大纲视图。描述在不同视图下，文档的显示效果有何不同，以及每种视图适用于哪些场景。

② 请结合个人学习和工作需求，设计一份包含多种视图方式的文档。要求如下：在文档中，分别设置不同的章节，每个章节采用不同的视图方式展示。例如，某些章节采用大纲视图以便于内容的组织和调整，某些章节采用页面视图以便于页面的设计和排版。同时，说明为何选择这些视图方式，并分享在设计和制作过程中的心得体会。

任务四　文本的编辑（一）

一、问题导入

Word 2024 是一款功能强大的文字处理软件，提供了许多文本操作功能，接下来将介绍如何在 Word 2024 文档中进行文本输入、文本选定、文本编辑等操作。本任务"文本的操作"以 Word 文档"通知 01.docx"为例。

二、任务讲解

1. 文本输入

① 打开本实例的原始文件"通知 01.docx"，然后切换到中文输入法。

② 在文档编辑区通知文档末尾处，按下电脑"Enter"键将光标移至下一行行首。

③ 在光标闪烁处输入"通知"全文内容即可。注：文本采用宋体五号字。如图 2-18 所示。

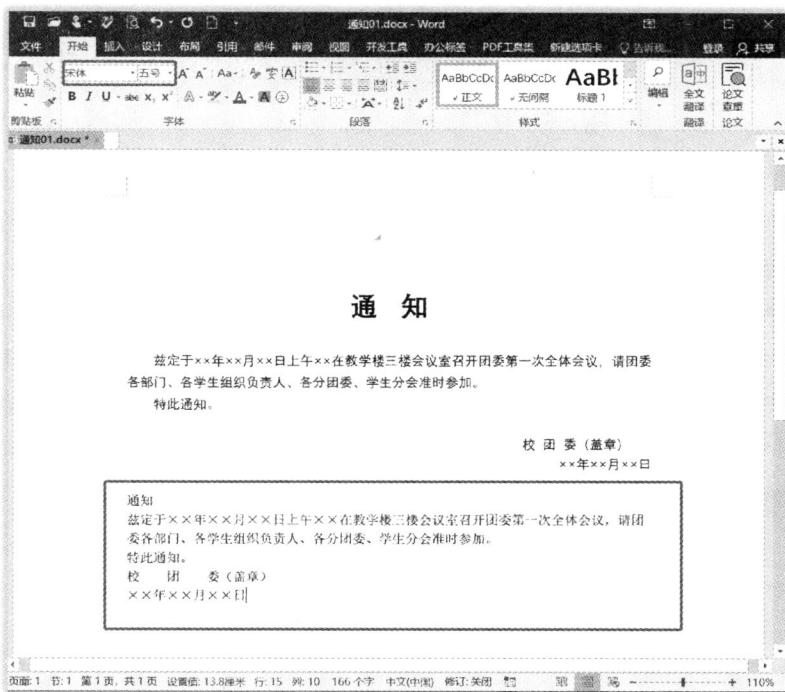

图 2-18　"文本输入"窗口

2. 文本选定

对 Word 文档中的文本进行编辑之前首先要选定该文本。"文本选定"是指将某一个、某几个、某一行、某几行、某一段、某几段文字选中作为编辑对象，被选中的文本呈灰色背景。文本选定主要有以下几种方法。

① 鼠标拖拉操作法：将光标移到要选定的字词开始位置，按下鼠标左键拖动光标，

直至移到需要选中的字词结束位置，释放左键即可。

② 鼠标按行选中法：将鼠标移至需选中的某行文字最左侧空白处，鼠标箭头会变为"反向倾斜型" ⟍，单击鼠标左键，该行即被选中，若单击后按住鼠标左键不松开，继续向下拖拉，则多行被选中；同上操作，选中单行文字后，松开鼠标左键，按下"Ctrl"键，待鼠标箭头变为"反向倾斜型" ⟍ ，单击鼠标左键即可实现单行加选，此操作可重复。

③ 全选法：按下"Ctrl"+"A"组合键，即可选中整篇文档；将鼠标移至文档最左侧空白处，待鼠标箭头变为"反向倾斜型" ⟍ ，连续单击鼠标左键 3 次，也可选中整篇文档。

3. 文本编辑

文本编辑一般包括字体与字号设置、复制与粘贴文本、剪切、查找和替换及删除文本等操作。本任务介绍字体与字号设置操作。

方法一：通过迷你工具栏进行设置。利用鼠标左键拖拉选中文本，松开鼠标左键，被选中的文字旁，即会弹出一个迷你工具栏，其中包括了字体、字号、字体加粗、倾斜、下划线、字体颜色、样式刷、段落选项、文字样式等复选项，调整相应选项，可实现字体与字号的设置，如图 2-19 所示。

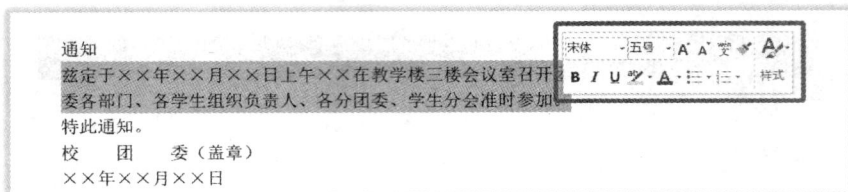

图 2-19 "字体与字号设置"迷你工具栏

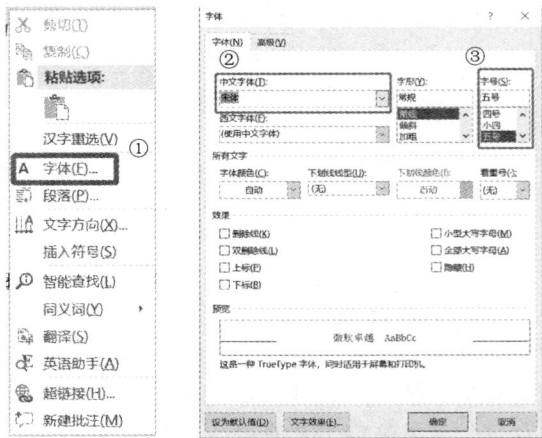

方法二：利用选项卡设置。选中需要调整的文本，点击"开始"按钮 开始 ，在"字体"选项卡将"通知"二字设置为宋体、二号，将正文设置为宋体、五号，如图 2-20 所示。

方法三：利用"字体"设置窗口设置。选中需要调整的文本，在选中的文档上点击鼠标右键，即会弹出"右键菜单"，在"右键菜单"中点击"字体"，系统即弹出"字体"设置窗口，调整相应参数，可实现字体、字号、文字颜色的设置，如图 2-21 所示。

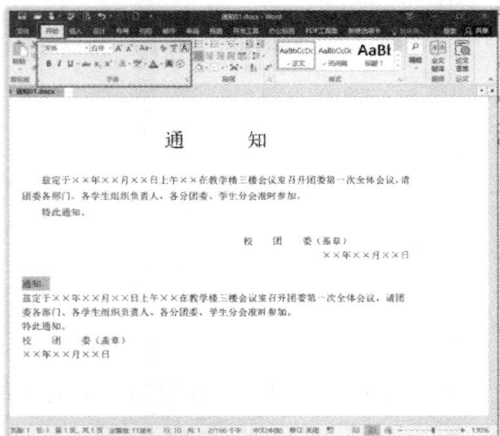

图 2-20 "字体与字号设置"工具栏　　　　图 2-21 "字体设置"窗口

三、任务小结

本任务介绍了文本的输入和选定操作，并对文本编辑中的字体与字号设置进行了学习。通过这些功能，我们可以制作文档并进行美化，提高办公效率。

四、拓展提升

请在 45 分钟内完成图 2-22 中"倡议书"的制作。要求：

① 标题宋体，二号，居中对齐。
② 称呼宋体，五号，左对齐。
③ 正文部分宋体，五号，两端对齐。
④ 落款，宋体，五号，右对齐。
⑤ 字体颜色：蓝色—深蓝渐变。

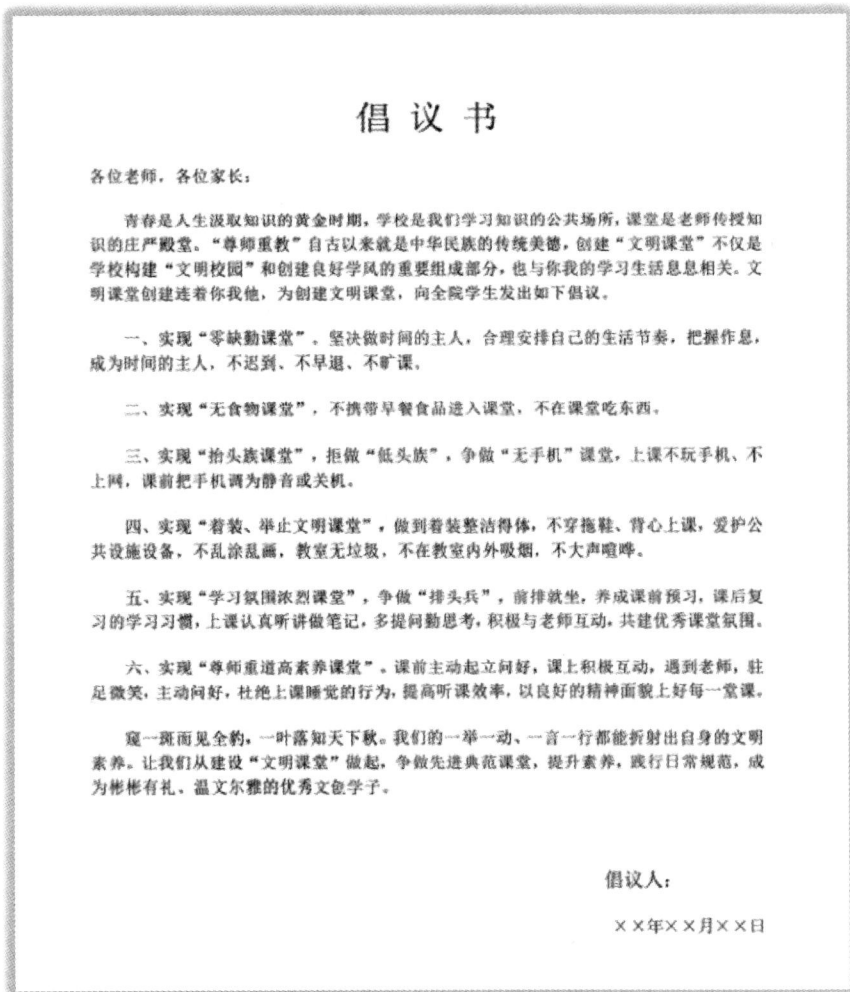

图 2-22　模板

项目三

招生简章的制作

【教学目标】

专业能力：了解 Word 2024 文本编辑的基本操作。

社会能力：培养专注力。

方法能力：提高信息处理能力。

【学习目标】

知识目标：熟悉文本编辑常用命令。

技能目标：能利用复制、粘贴、剪切、查找与替换、删除、段落设置等功能完成文本编辑。

素养目标：精益求精的工匠精神。

【教学建议】

（1）教师活动

① 运用多媒体课件、教学视频、课堂展示等多种教学手段，讲授文本编辑和段落设置学习要点和操作技巧。

② 课堂答疑、巡回指导。

（2）学生活动

① 在教师的组织和引导下完成软件的操作练习。

② 完成招生简章的综合实训。

任务一　文本的编辑（二）

一、问题导入

在进行文档处理工作时，文本编辑工作始终占据关键地位。你是否期望知晓怎样更为有效地规整段落样式，又或者怎样娴熟地运用查找替换功能来增进办公效率，此次任务将会逐一攻克此类文本编辑的进阶要点。

二、任务讲解

1. 复制文本

复制是指将选定的文本、图像或其他数据从一个位置复制到另一个位置，而不删除原始数据。

在 Word 2024 中，复制通常是通过"复制""粘贴"组合命令来完成操作的。用户可通过此命令将文本、图像、数据从一个应用程序复制到另一个应用程序，或从一个文件复制到另一个文件，且不会影响原始数据。用户可轻松地完成数据转移，而不必手动重复输入或重新创建数据。接下来，将"复制"命令的常见用法展开介绍。

① 打开案例文件"通知 01.docx"，在选定文本区域上单击鼠标右键，即弹出文本编辑快捷菜单，单击"复制"按钮，即可完成选定文本的复制，如图 3-1 所示。

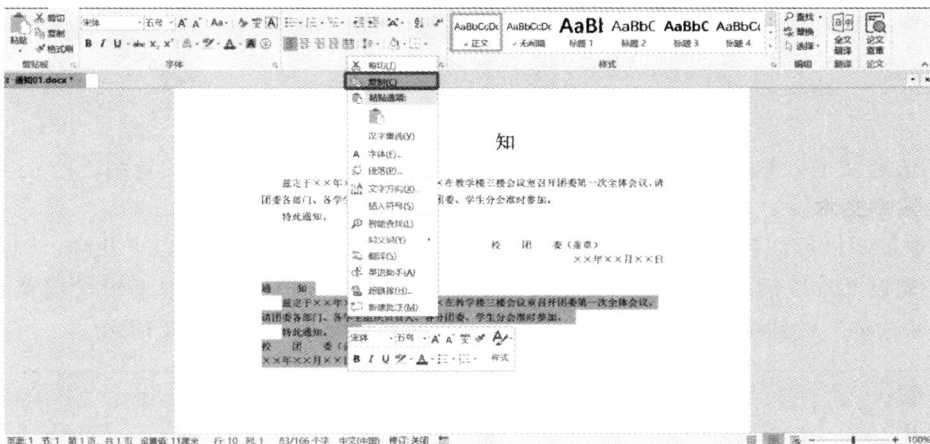

图 3-1 "复制"命令（一）

② 打开案例文件"通知 01.docx"，选定文本，点击"开始"按钮，在"剪贴板"工具组中点击"复制"按钮 📋 ，即可完成选定文本的复制，如图 3-2 所示。

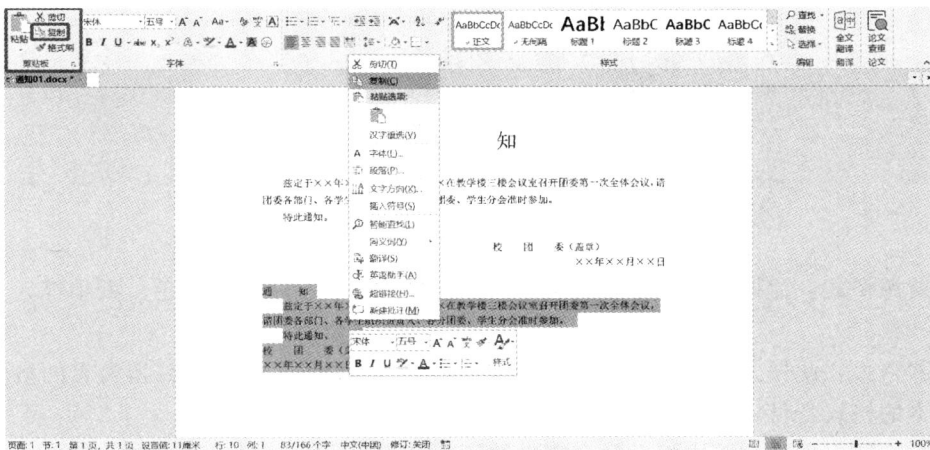

图 3-2 "复制"命令（二）

③ 选定文本，然后按下组合键"Shift"+"F2"，单击放置复制文本的目标位置，点击键盘"Enter"键即可实现选定文本的复制，如图 3-3 所示。

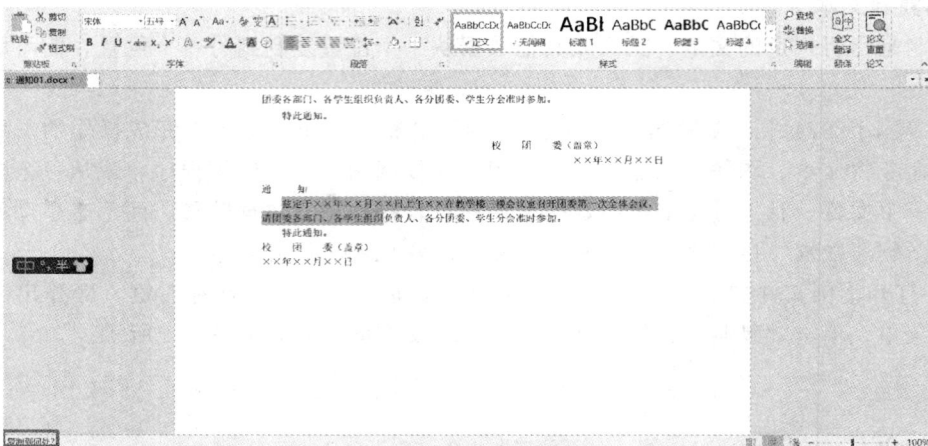

图 3-3 "复制"命令（三）

④ 选定文本，然后按下组合键"Ctrl"+"C"即可实现选定文本的复制。

2. 粘贴文本

文本复制以后，就可以进行粘贴操作了。常见粘贴文本的方法有以下几种。

① 复制文本以后，在选定文本区域上单击鼠标右键，即弹出文本编辑快捷菜单，单击"粘贴选项"按钮中任意一个，即可完成选定文本的粘贴，如图 3-4 所示。

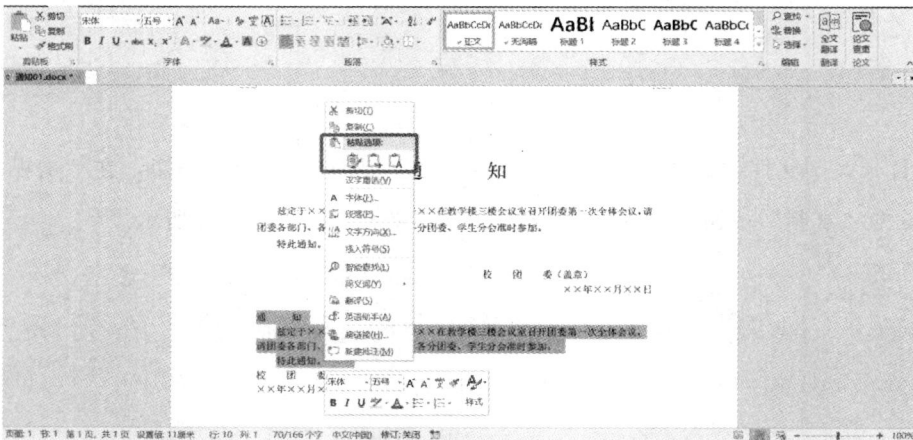

图 3-4 "粘贴"命令（一）

保留源格式：此样式将保留复制文本的原始格式，包括字体、颜色、大小等，与源文本完全一致。

合并格式：此样式将复制文本的格式与目标文本的格式合并，以保留两者的格式。若复制文本的格式与目标文本的格式不兼容，可能会导致格式混乱。

粘贴为纯文本：此样式将复制文本中的所有格式都去掉，只保留文本本身。这是将文本从一个应用程序粘贴到另一个应用程序时最安全的选项，可以避免格式混乱。

💡 **注意：** 若用户从另一应用程序中复制文本，建议先将文本粘贴为纯文本，再手动调整格式，可避免格式混乱问题。

② 复制文本以后，点击"开始"按钮，在"剪贴板"工具组中点击"粘贴"按钮，单击"粘贴选项"按钮中任意一个，即可完成选定文本的粘贴，如图 3-5 所示。

图 3-5 "粘贴"命令（二）

③ 组合键"Ctrl"＋"C"复制文本，然后按下组合键"Ctrl"＋"V"即可实现选定文本的粘贴。

3. 剪切文本

剪切是指将选定的文本、图像或数据从一个位置剪切到另一个位置。剪切与复制不同，剪切操作会将原始数据从源位置中删除，并将其移动到目标位置。

在 Word 2024 中，剪切通常是通过"剪切""粘贴"组合命令来完成操作的。用户可通过此命令将文本、图像、数据从一个应用程序中剪切到另一个应用程序，或从一个文件剪切到另一个文件。

💡 **注意：** 剪切操作会将原始数据从源位置删除。用户在剪切文本或图像之前，请确保不再需要原始数据，并且已经保存了所有更改。

接下来，将"剪切"命令常见用法展开介绍。

① 打开案例文件"通知 01.docx"，在选定文本区域上单击鼠标右键，即弹出文本编辑快捷菜单，单击"剪切"按钮 ✂ 剪切 ，即可完成选定文本的剪切。

② 选定文本，点击"开始"按钮，在"剪贴板"工具组中点击"剪切"按钮 ✂ 剪切 ，即可完成选定文本的剪切。

③ 选定文本，然后按下组合键"Ctrl"＋"X"即可实现选定文本的快速剪切。

4. 查找与替换文本

在文本编辑的过程中，用户有时要查找、替换某些字词。Word 2024 可帮助用户快速锁定文档中的特定文本，并将其替换为其他文本。查找和替换文本的操作步骤具体如下。

① 打开案例文件"室内装饰风格匹配表.docx"，用鼠标拖曳法选中文档中任意"甲方"文字，点击组合键"Ctrl"+"F"，即可弹出"查找与替换"导航面板，并锁定文档中所有"甲方"字眼，如图 3-6 所示。

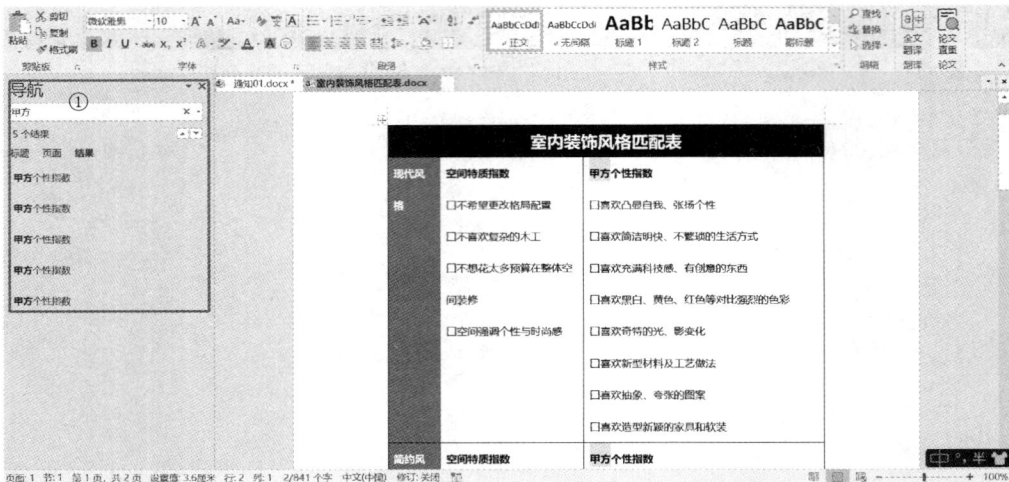

图 3-6 "查找与替换"导航面板

② 点击搜索框下拉列表，点击"替换"按钮，即可调用"查找与替换"工具框，如图 3-7 所示。

③ 点击"替换"按钮，在"替换为"后面框中输入"业主"，点击"替换"实现单个替换，点击"全部替换"实现全文档替换，如图 3-8 所示。

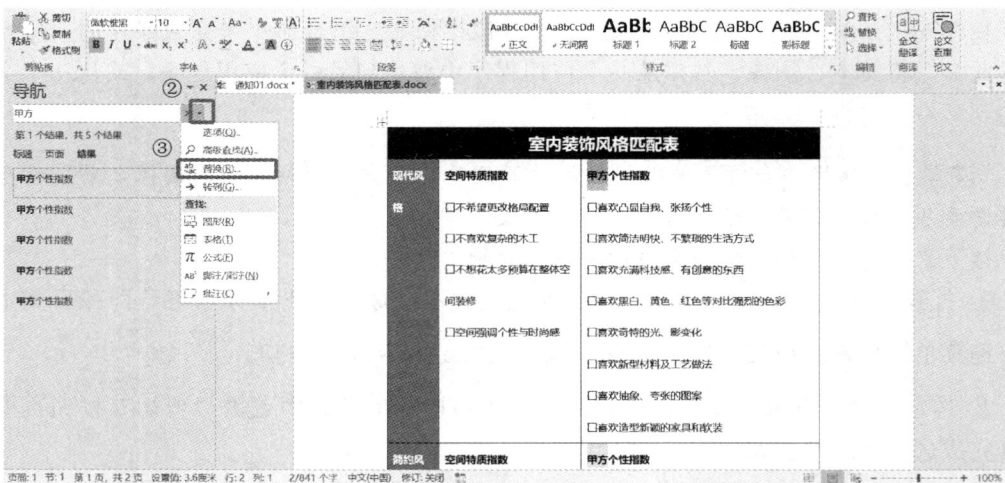

图 3-7 "查找与替换"工具框

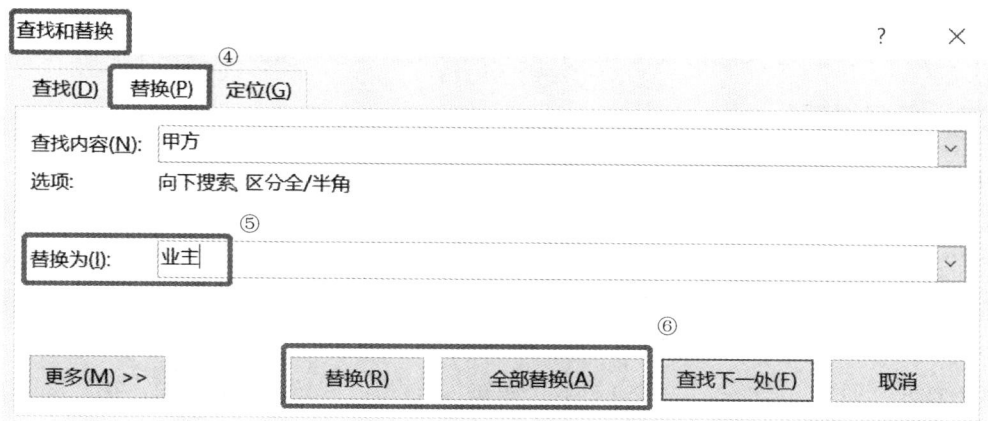

图 3-8 "查找与替换"选项框

5. 删除文本

"删除"是指将不需要的文本从文档中清除。除剪切功能可进行文档删除外，用户还可以使用快捷键删除文本。常见删除文本组合键如下。

① Backspace 退格键：文末打错字，可点击"Backspace"键删除。

② Delete 键：选中想要删除的文本，点击"Delete"键或"Backspace"键可一次性删除所有选中文本。

③ 组合键"Ctrl"+"Backspace"向左删除一个字。

④ 组合键"Ctrl"+"Delete"向右删除一个字。

三、任务小结

在本任务中，探讨了文本编辑的高级技巧，介绍了复制、粘贴、剪切、查找和替换功能，这些工具和方法有助于提升文档处理的效率和精确度。通过实际操作，我们能够确保文档内容的准确性和一致性，从而显著提高工作效率和文档质量。

四、拓展提升

请上网搜集资料，撰写一篇关于"如何提高文本编辑效率"的小论文，要求如下。

① 论文应包含引言、正文和结论三个部分，结构清晰，逻辑连贯。

② 在正文中，请结合 Word 2024 的文本编辑功能，介绍至少三种提高文本编辑效率的方法，并详细说明每种方法的具体操作步骤和效果。

③ 论文字数不少于 800 字，要求文字通顺，无错别字和语法错误。

④ 将论文保存为 Word 文档格式，并尝试使用 Word 2024 的文档进行检查和修改。

任务二　段　落　设　置

一、问题导入

在文档编辑过程中，对段落进行恰当的格式设置显得尤为关键。本任务将介绍段落格式调整的各个方面，例如行间距、段落间距、文本对齐以及项目符号和编号设置等。这些格式的优化不仅提升了文档的视觉效果，还对阅读的舒适度产生了直接影响。

二、任务讲解

1. 段落的对齐方式

① 对齐方式：对齐方式指的是文本或图像在页面中的对齐方式。常见的对齐方式包括左对齐、右对齐、居中对齐和两端对齐。左对齐是指文本或图像沿左边缘对齐，右对齐是指文本或图像沿右边缘对齐，居中对齐是指文本或图像沿中心对齐，两端对齐是指文本或图像在左右两端对齐并填充整个界面。

② 打开"通知01.docx"，选中文本"通知"，点击"开始"按钮 开始 ，在"段落"中点击居中按钮 ，并利用空格键将"通知"调整出合适间距。同理，选中签名及日期，点击左对齐按钮，完成段落设置，如图 3-9 所示。

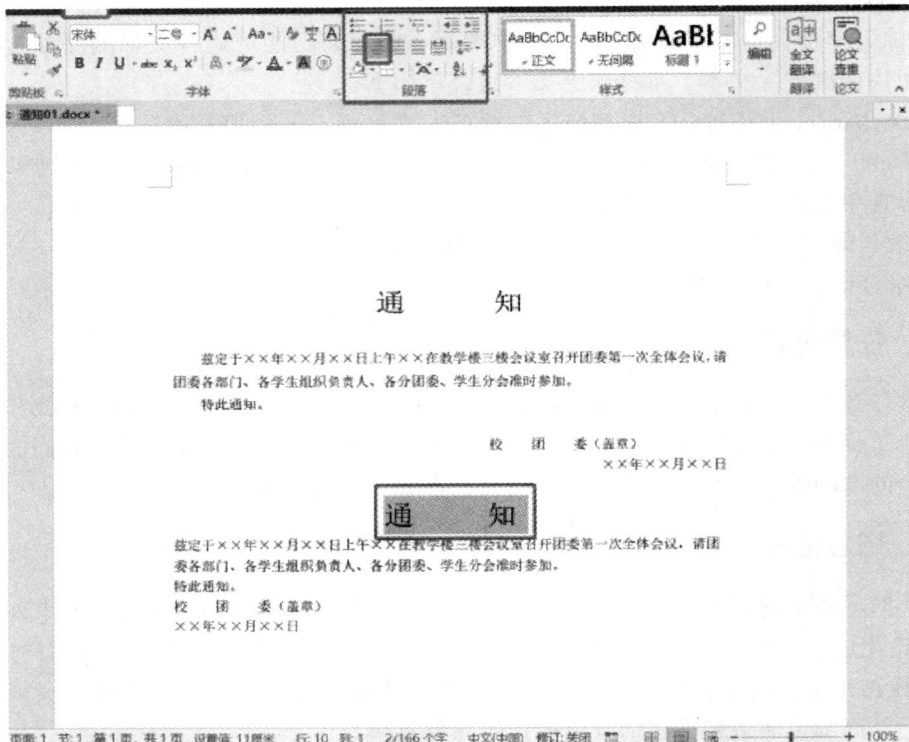

图 3-9 "段落"工具

2. 段落缩进与间距设置

段落缩进可以突出段落的开始，突出文本层次和结构。在 Word 2024 中，可以按照以下步骤设置段落的缩进。

方法一：① 打开"倡议书-段落缩进练习.docx"，选中要设置缩进的段落或整个文档中的所有段落。点击"开始"按钮 开始 ，在"段落"组中调用"段落设置"面板。点击"缩进"按钮，可以设置左右缩进、特殊缩进和首行缩进等选项，如图 3-10 所示。

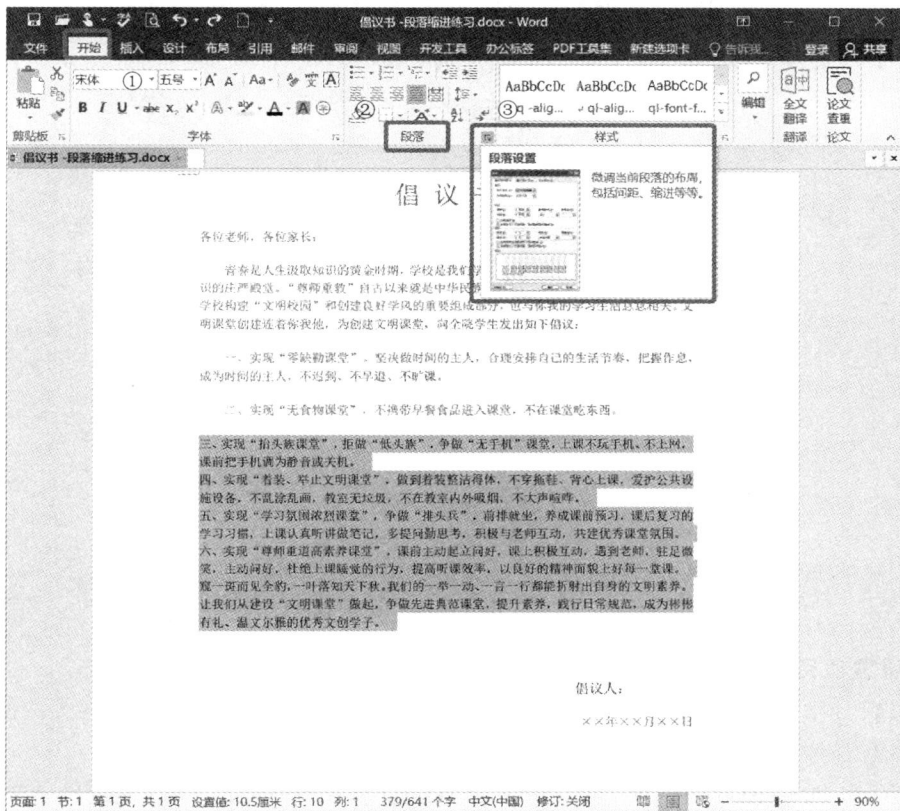

图 3-10　"段落"设置命令框

左缩进：指定段落左侧的空白距离，可以输入数值或使用箭头键调整。

右缩进：指定段落右侧的空白距离，可以输入数值或使用箭头键调整。

特殊缩进：指定段落第一行以外的行的缩进量，可以选择"悬挂缩进""首行缩进"或"无"选项。

首行缩进：指定段落第一行的缩进量，可以输入数值或使用箭头键调整。

② 在"缩进"栏点击"特殊格式"，选定"首行缩进"，"缩进值"为"2 字符"，完成段前缩进设置。

③ 在"间距"栏设置"段前"为"1 行"，"行间距"为"单倍行距"，完成段落间距、行间距设置。

④ 点击"确定"按钮即可完成段落设置。调整完毕后，选中文字调整字体颜色。

💡 **注意：** 缩进设置完成后，点击"确定"按钮保存设置。如果需要将该设置应用到整个文档，可以先选中整个文档，然后再进行相应的缩进设置。

方法二：打开"倡议书-段落缩进练习.docx"，选中要设置缩进的段落或整个文档中的所有段落；点击鼠标右键，在"段落"组中调用"段落设置"面板；根据方法一相关参数完成段落缩进与间距设置，如图 3-11 所示。

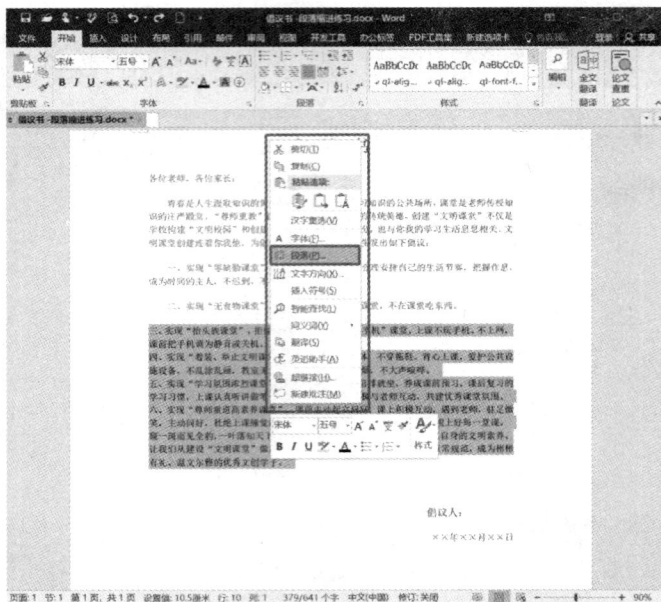

图 3-11 "段落"组中调用"段落设置"面板

3. 设置项目符号和编号

项目符号指放在文本前的符号，如圆圈"●"、方块"■"、菱形"◆"等，使段落更为醒目，起强调作用。编号用于标识段落间层级关系。

在 Word 2024 中，可以按照以下步骤设置项目符号和编号。

① 设置项目符号：选中要设置项目符号的段落或整个文档中的所有段落；点击"开始"按钮 开始 ，在"段落"组中点击"项目符号"按钮 ，选择 ➤，完成项目符号设置，如图 3-12 所示。

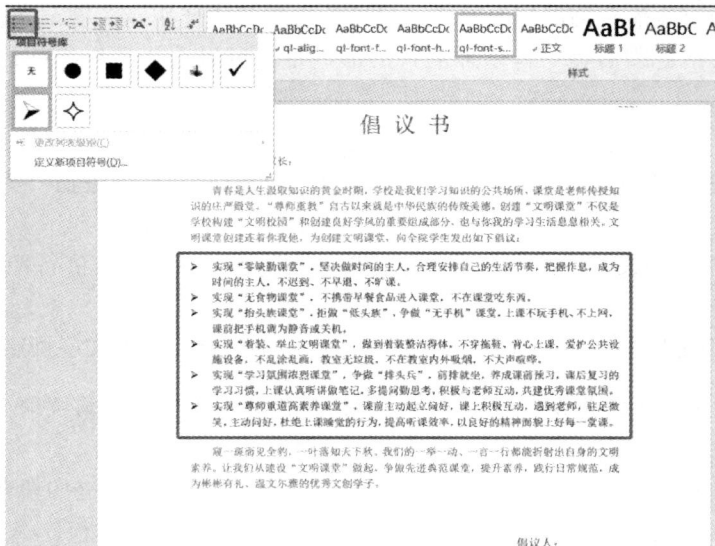

图 3-12 "项目符号"设置

② 设置项目编号：选中要设置项目编号的段落或整个文档中的所有段落；点击"开始"按钮 开始 ，在"段落"组中点击"项目编号"按钮 ⫶ ，完成项目编号设置，如图 3-13 所示。

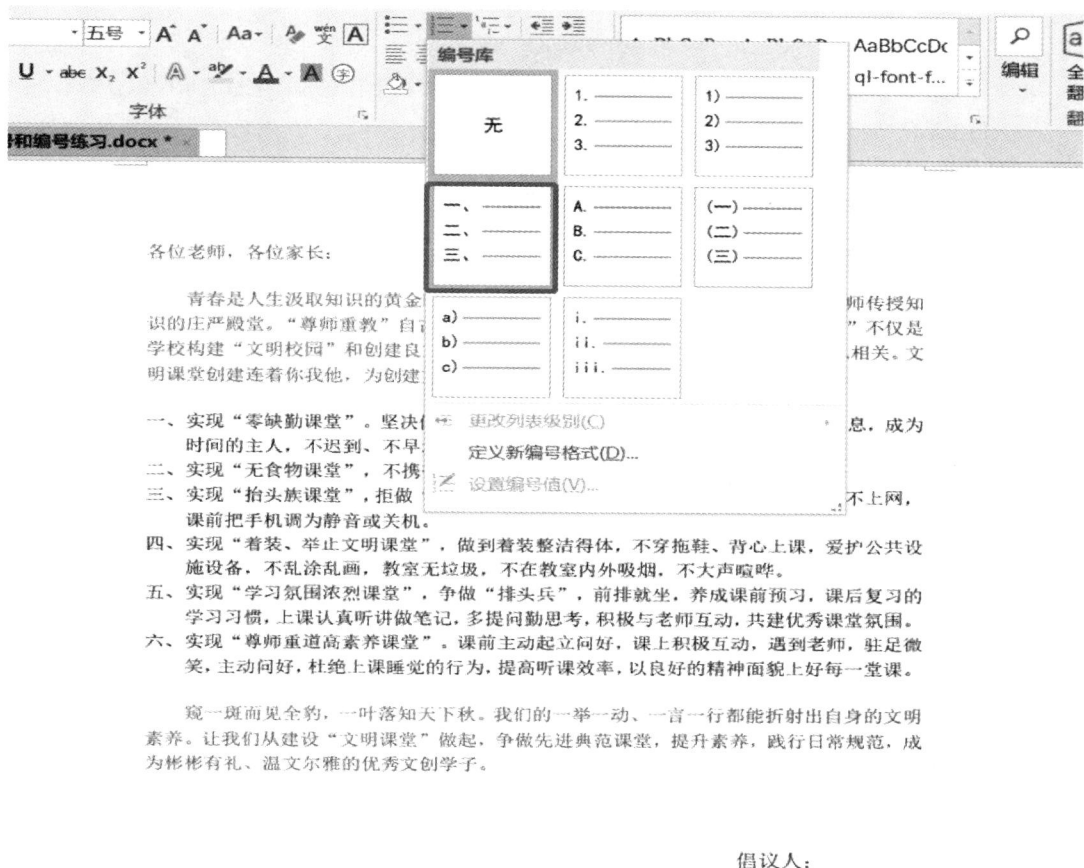

图 3-13 "项目编号"设置

三、任务小结

本任务介绍了调整缩进、行间距及对齐方式等，可使文档的阅读体验和专业度得以显著提升。这些细致的编辑工作对于优化文档布局、清晰有序地传达信息至关重要，是文档处理过程中不可或缺的环节。

四、拓展提升

请在 45 分钟内完成"招生简章"的制作。要求：

① 注意字体、字号、文字颜色设置。

② 注意行距、段落间距设置。

③ 文字编辑正确，版式美观。

×××招生简章

尊敬的考生：

感谢您对我校的关注和支持。为了更好地让您了解我校的招生情况，特向您介绍我校的招生相关事宜：

一、招生计划

我校将招收职业类专业学生×××人，具体分配情况将根据招生计划和考生报名情况综合确定。

二、招生对象

1. 具有高中毕业证书或同等学历的应届毕业生和往届毕业生；

2. 年龄在 16 周岁以上，身体健康，符合国家有关规定。

三、招生专业

我校计划招收以下职业类专业学生：

1. 计算机应用技术

2. 旅游管理

3. 物流管理

4. 电子商务

5. 汽车维修与检测

6. 美容美发技术

7. 餐饮管理

8. 医学护理

9. 建筑工程技术

10. 机械制造与自动化

11. 电气自动化技术

12. 环境监测与治理技术

四、招生条件

1. 计算机应用技术、电子商务、市场营销、文秘与办公自动化、广告设计与制作、动漫设计与制作、摄影与影视后期制作专业：学生需具有良好的文化素质和计算机基础知识。

2. 旅游管理、餐饮管理、美容美发技术、医学护理、建筑工程技术、机械制造与自动化、电气自动化技术、环境监测与治理技术专业：学生需具有良好的职业素质和实践能力。

3. 汽车维修与检测专业：学生需具有良好的机械基础知识和实践能力。

五、招生流程

1. 考生报名：考生可在规定时间内到我校招生办公室领取报名表并填写相关信息。

2. 资格审查：我校将对报名考生的资格进行审查，符合条件的考生将进入面试环节。

3. 面试：我校将对考生进行面试，主要考查考生的综合素质和专业能力。

4. 体检：考生须在指定医院进行体检，体检合格后方可被录取。

5. 录取：我校将根据考生的综合素质和面试表现综合评定，择优录取。

六、招生政策

1. 我校实行平等、公正、择优的招生政策，不收取任何形式的招生费用。

2. 我校将根据考生的文化程度、专业能力、综合素质等因素进行综合评定，择优录取。

七、咨询电话

0X00-81234531 81234532 81234533

如有任何疑问，欢迎随时联系我校招生办公室。我们期待着您的加入，共同创造美好的未来。

项目四

个人简历的制作

【教学目标】

专业能力：了解 Word 2024 表格编辑的基本操作。
社会能力：培养自主学习能力。
方法能力：提高问题总结能力。

【学习目标】

知识目标：了解表格编辑常用命令。
技能目标：能完成表格编辑与表格美化。
素质目标：提升知识迁移能力。

【教学建议】

（1）教师活动
① 运用多媒体课件、教学视频、课堂展示等多种教学手段，讲授表格创建与表格编辑操作要点和操作技巧。
② 课堂答疑、巡回指导。
（2）学生活动
① 在教师的组织和引导下完成相应的操作练习。
② 完成个人简历的综合实训。

任务一　表格的创建

一、问题导入

个人简历是求职者对自己经历、技能、能力、兴趣爱好等信息的简要介绍，是求职过程中必不可少的一项内容。在求职过程中，个人简历是用人单位了解求职者最基本的途径，也是用人单位是否录用求职者的重要依据。因此，撰写一份好的个人简历对于求职者来说非常重要。

在 Word 2024 中，个人简历通常是通过创建并编辑表格、文本编辑等命令来制作的。本任务"表格的创建"以 Word 文档"个人简历（样例）.docx"为例，将创建表格常见用法展开介绍。

二、任务讲解

1. 快速插入表格（一）

① 将光标定位在需要插入表格的位置。

② 单击菜单栏的"插入"选项卡，点击"表格"按钮，如图 4-1 所示。

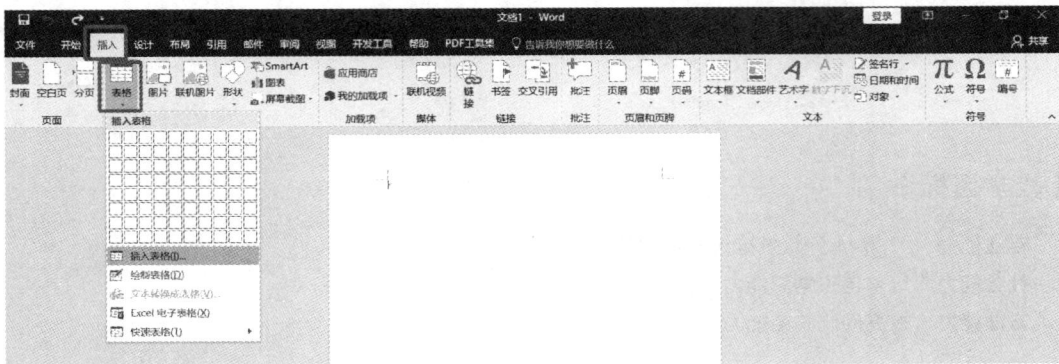

图 4-1　Word 2024 的"表格"按钮

③ 在表格区域滑动鼠标，行、列参数随之调整，待行、列数均为 6，点击鼠标左键，完成 6×6 表格创建，如图 4-2 所示。选择表格并单击鼠标右键，在弹出的菜单中单击"删除表格"按钮，即可删除此表格，如图 4-3 所示。

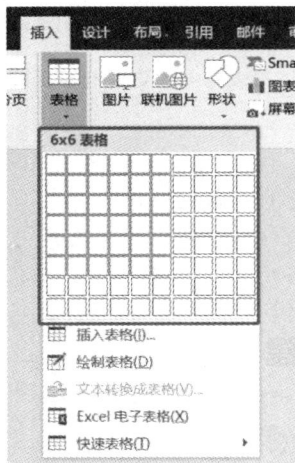

图 4-2　创建表格

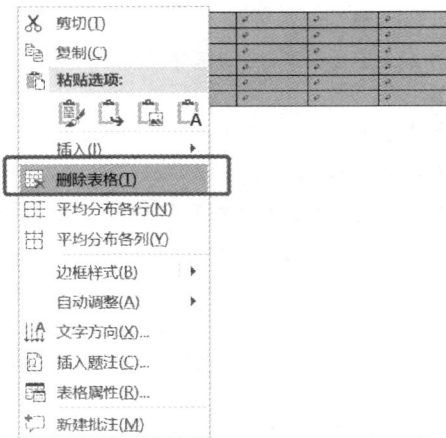

图 4-3　删除表格

2. 快速插入表格（二）

① 将光标定位在需要插入表格的位置。

② 单击菜单栏的"插入"选项卡，点击"表格"按钮，在下拉菜单中选择"插入表

格"选项，如图 4-4 所示。

图 4-4　插入表格

③ 单击"插入表格"选项，弹出"插入表格"对话框。在表格尺寸组中设置"列数"为"7"、"行数"为"19"，其余为默认值，单击"确定"按钮完成表格创建，如图 4-5 所示。

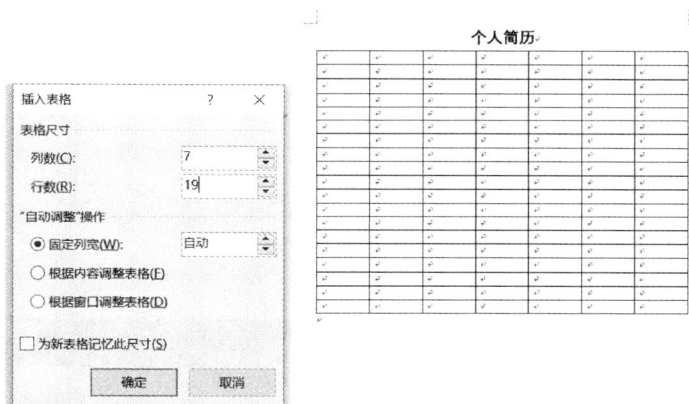

图 4-5　"表格创建"操作步骤

3. 绘制表格

当用户需创建特殊样式的表格时，可使用绘制表格工具来创建表格。绘制表格工具操作步骤如下。

① 将光标定位在需要插入表格的位置。

② 单击菜单栏的"插入"选项卡，点击"表格"按钮，在下拉菜单中选择"绘制表格"选项，如图 4-6 所示。

③ 当鼠标光标变为铅笔形状，按住鼠标左键并拖曳鼠标创建表格外边界框，如图 4-7 所示。

④ 在矩形中绘制行线、列线和斜线，如图 4-8 所示。绘制完成后，可按"Esc"键退出表格工具。

图 4-6 "绘制表格"选项卡

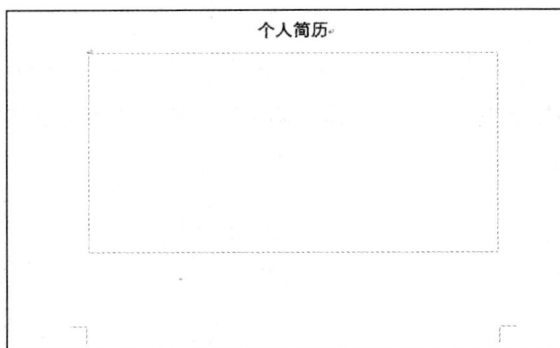

图 4-7 鼠标拖曳创建表格

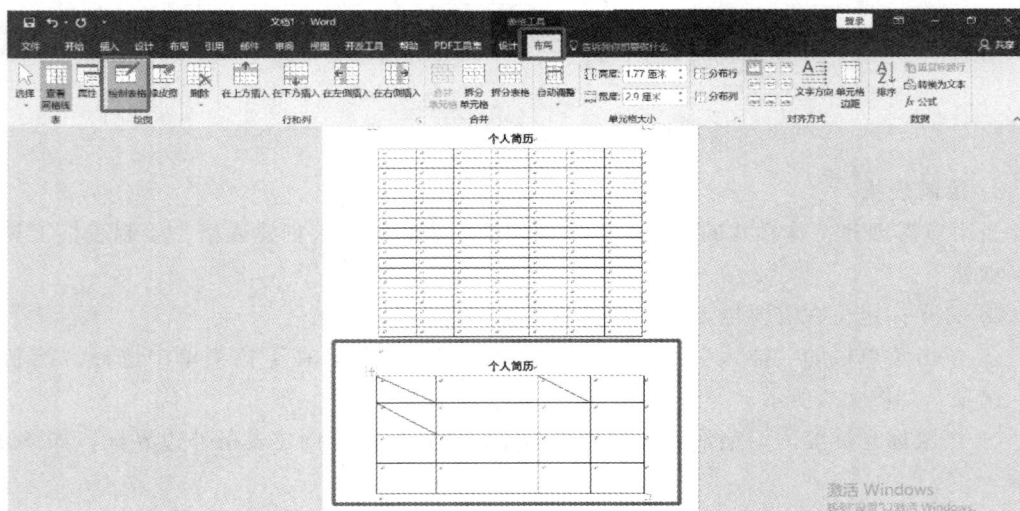

图 4-8 绘制表格（一）

⑤ 保持在"表格工具"—"布局"选项卡下，单击"绘图"选项组中的"橡皮擦"按钮，鼠标光标变为橡皮擦形状时可擦除线条。绘制完成后，按"Esc"键退出表格工具，如图 4-9 所示。

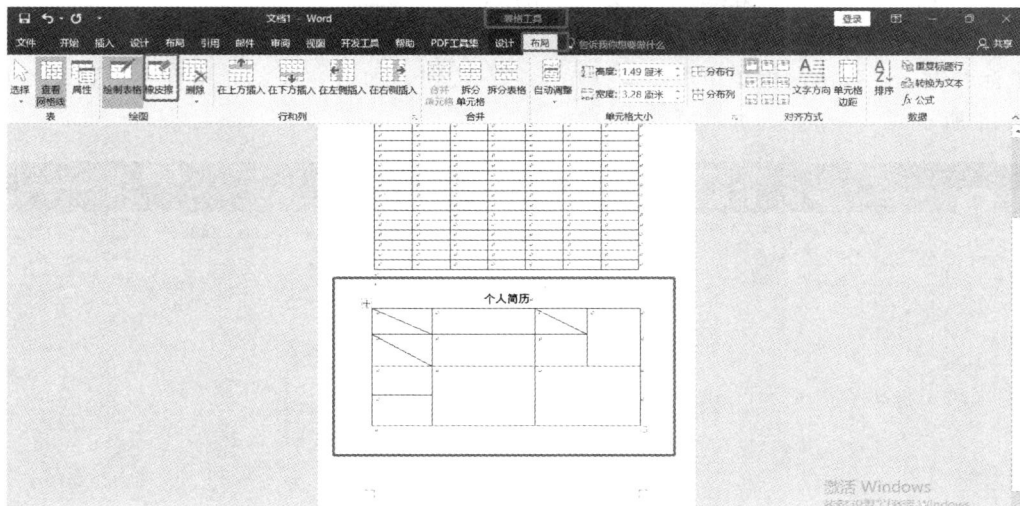

图 4-9　绘制表格（二）

三、任务小结

本任务介绍了精确地构建表格，能够有序地整理和呈现数据。在创建表格的过程中，确保行列结构的规范性和数据的准确性至关重要，这将为后续的数据分析和处理奠定坚实的基础。熟练掌握表格创建技术，对于提高工作效率和加强数据管理能力具有显著作用。

四、拓展提升

① 请创建一个包含以下列标题的表格：姓名、年龄、职业，并在表格中添加三行数据，数据内容自拟。

② 创建一个课程表，包含星期一到星期五，每天四节课的时间段。在表格中填写你所喜欢的课程名称或者虚构的课程名称。

任务二　表格的修改

一、问题导入

在处理数据和展示信息时，表格扮演着至关重要的角色。那么，如何高效地修改表格，包括调整行高列宽、合并单元格呢？

二、任务讲解

1. 单元格的合并与拆分

在 Word 2024 中，单元格合并是指将多个相邻的单元格合并为一个更大的单元格，可使表格更具可读性且可视化效果更好。单元格拆分是指在表格中分割单元格，以便更好地组织和布局内容。单元格的合并与拆分具体操作如下。

（1）合并单元格

① 单击"橡皮擦"工具，可完成单元格的合并。

② 以上一个任务创建的 7 列 19 行表格为例，选中需合并的单元格 4 行、第 7 列；单击鼠标右键；在弹出的框中单击"合并单元格"按钮，即可完成单元格合并，如图 4-10、图 4-11 所示。

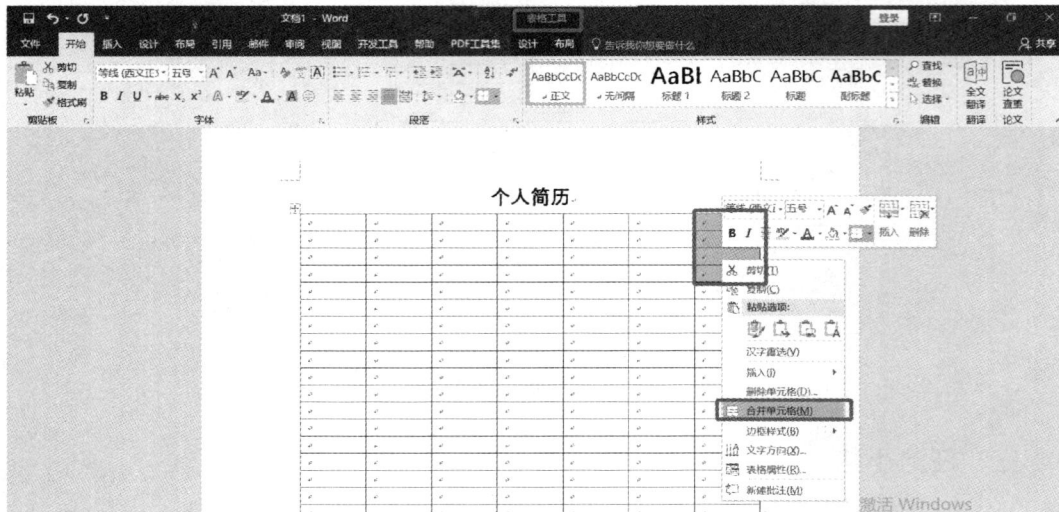

图 4-10 "合并单元格"按钮

图 4-11 "个人简历"示意图（一）

③ 使用上述方法，合并其他单元格区域，如图 4-12 所示。

（2）拆分单元格

① 在空白文档中完成 5×5 表格创建，如图 4-13 所示。

② 选中需要拆分的单元格，单击"表格工具"下"布局"选项卡中的"拆分单元格"按钮，如图 4-14 所示。

个人简历

图 4-12　"个人简历"示意图（二）

图 4-13　5×5 表格创建

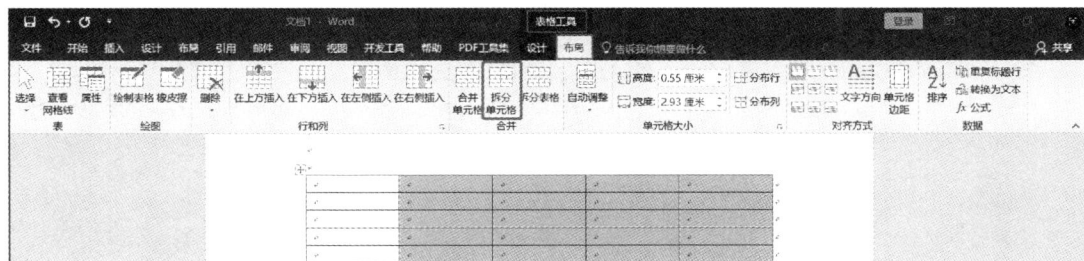

图 4-14　"拆分单元格"按钮

③ 在"拆分单元格"弹出框中，设定列数 8、行数 5，点击"确定"按钮，完成表格拆分，如图 4-15、图 4-16 所示。

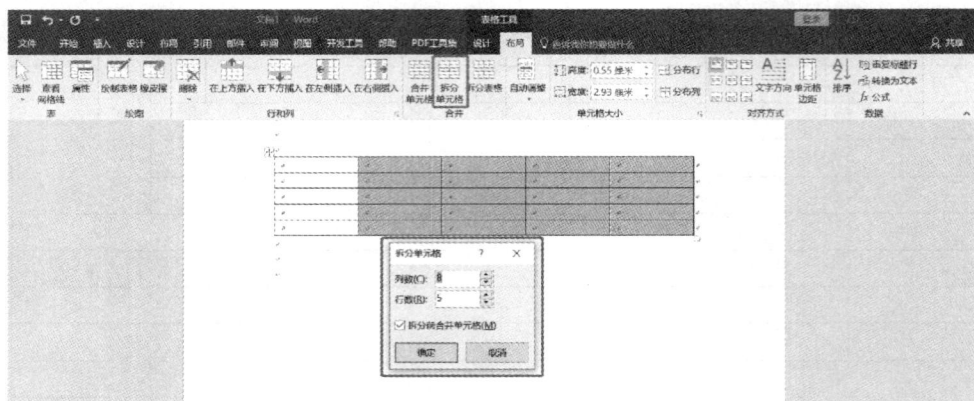

图 4-15 "拆分单元格"弹出框

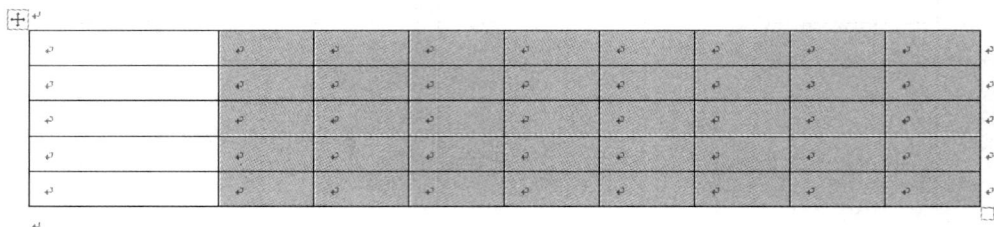

图 4-16 "表格"示意图

2. 表格行与列的调整

在 Word 2024 中插入表格后，还可以对表格进行编辑，如插入、删除行和列，修改行高和列宽参数等。

（1）插入、删除行和列

① 选中表格，单击"表格工具"下"布局"选项卡中的"行和列"工具组，即可完成行、列添加和删除操作，如图 4-17 所示。

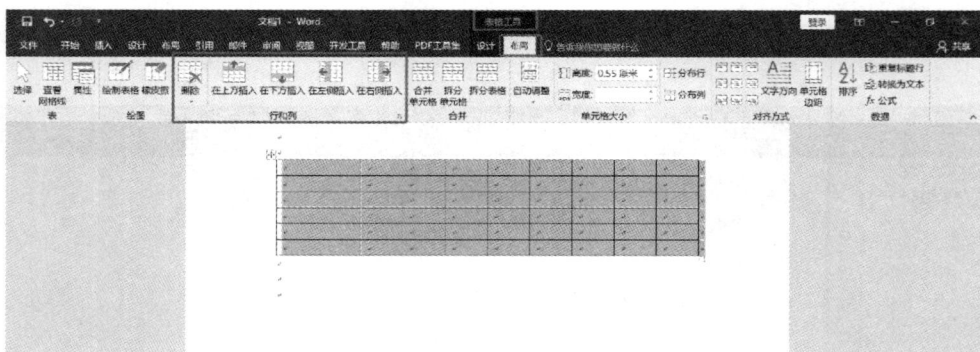

图 4-17 "行和列"工具组

在上方插入：在选中单元格所在行的上方插入一行表格。

在下方插入：在选中单元格所在行的下方插入一行表格。

在左侧插入：在选中单元格所在列的左侧插入一列表格。

在右侧插入：在选中单元格所在列的右侧插入一列表格。

删除：可删除行、列、单元格、整个表格。

② 将光标定位在需要插入行、列或单元格的位置，选中该行或该列，单击鼠标右键，在弹出的窗口中，根据需要选择"插入"工具组下"在左侧插入列""在右侧插入列""在上方插入行""在下方插入行""插入单元格"按钮，即可完成行、列、单元格的添加，如图 4-18 所示。

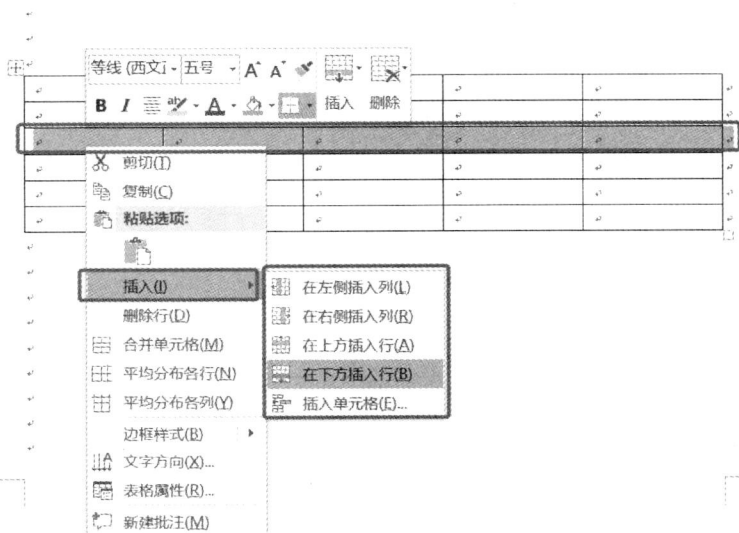

图 4-18 "插入"工具组弹窗

③ 将光标定位在需要插入行、列的位置，将鼠标移至表格外侧，此时在表格的行与行（或列与列）之间会出现 ⊕ 按钮，单击 ⊕ 按钮即可在选定位置处插入一行（或一列），如图 4-19 所示。

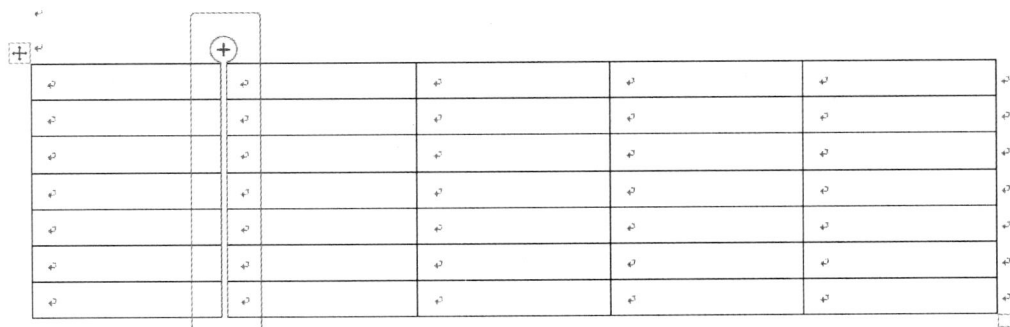

图 4-19 光标"插入"工具操作示意图

（2）设置行高和列宽

继续图 4-12 中"个人简历"的操作，进行行高、列宽的调整。

① 鼠标拖曳法：将鼠标光标移动到需调整行高的行线上，鼠标光标会变为 ⇇ 形状，

按住鼠标左键向上或向下拖曳，实现行高增加或缩小的调整；同理，将鼠标光标放置在需调整列宽的列线上，待鼠标光标变为 ↔ 形状，按住鼠标左键向左或向右拖曳，即可实现列宽增加或缩小的调整，如图4-20所示。

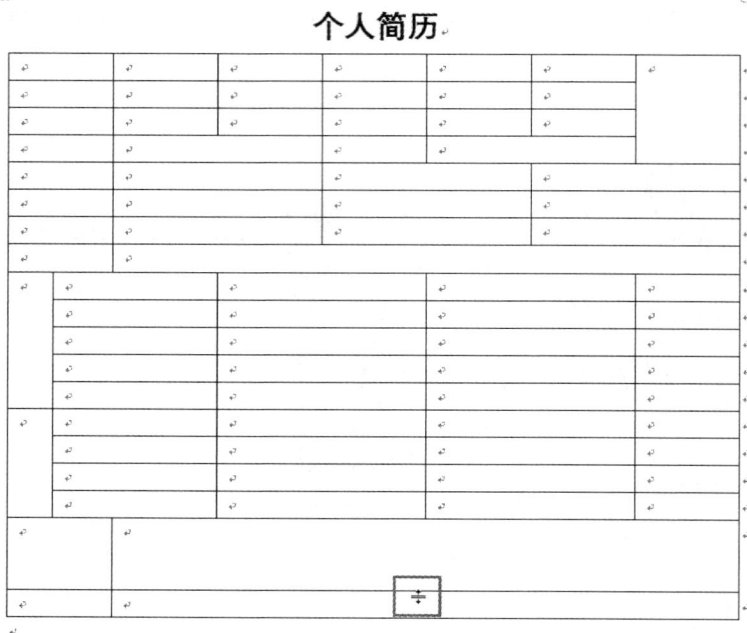

图4-20 "鼠标拖曳法调整行高和列宽"操作示意图

💡 **注意：** 鼠标拖曳法调整行高和列宽直观、便捷，但缺乏精准度。

② 参数设置法：选择需要调整的单元格区域，单击"表格工具"下"布局"选项卡中的"单元格大小"工具组，将表格"高度"设置为"1厘米"，如图4-21所示；使用同样方法，选择最后两行单元格，将表格"高度"设置为"3厘米"，如图4-22所示。

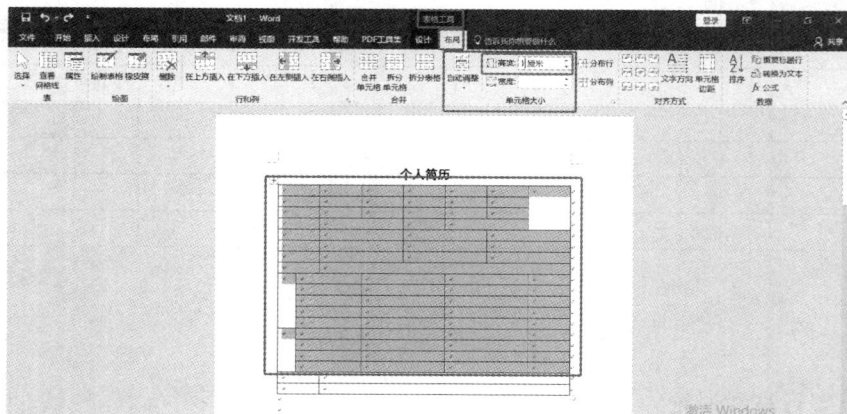

图4-21 单元格效果图（一）

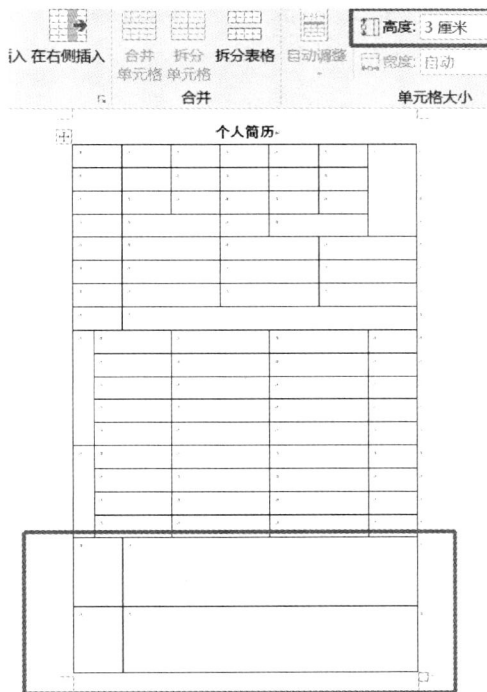

图 4-22　单元格效果图（二）

注意：参数设置法完成表格行高、列宽的精确调整后，可配合鼠标拖曳法做表格微调，以达到最佳效果。

三、任务小结

本任务涉及对表格进行细致修改，包括格式调整以及布局优化，以确保表格内容符合工作要求，提升文档整体的专业性和可读性。

四、拓展提升

请启动 Office 2024 软件，并依照以下步骤执行。

① 构建一个包含 5 列 10 行的表格，列标题依次为姓名、年龄、性别、城市和职业。

② 在表格内输入若干虚构数据，例如姓名可选取张三、李四等，年龄可设定为 20～50 之间的整数值，性别可选择男或女，城市可为北京、上海等，职业可为教师、医生等。

③ 将表格中第三行第四列的数据（即第三位个体的城市信息）更改为广州。

④ 将表格内所有年龄数据增加 5，并确保结果的正确性。

⑤ 将表格中的性别列（即第三列）调整至城市列（即第四列）之后，使性别成为第四列。

⑥ 将修改后的表格保存为任务二_作业一.doc。

任务三　表格文本的编辑

一、问题导入

在文档处理过程中，表格文本编辑的重要性不容忽视。本任务将解析表格文本编辑的有效方法，涵盖快速调整表格内容、优化表格格式。

二、任务讲解

1. 文本输入

① 打开本实例的原始文件"个人简历（样例）.docx"，然后切换到中文输入法。

② 根据需要在表格中输入内容，如图 4-23 所示。

个人简历

姓名		性别		名族		
政治面貌		出生年月		健康状况		
籍贯		现所在地		学历		
毕业院校		专业				
电子信箱		联系电话				
外语等级		计算机等级				
其他技能		特长爱好				
求职意向						

教育培训经历	时间	毕业学校/培训机构	专业/主要培训机构	学历/证书

图 4-23　个人简历效果图

2. 文本格式修改

① 选择前 8 行，设置文本"字体"为"宋体"，"字号"为"五号"，"对齐方式"为"居中对齐" 🔲，"行间距" 🔲 为"1.0"，如图 4-24 所示。

② 选择已调好格式的任意单元格文本，单击"开始"选项卡下"剪贴板"工具组中的"格式刷"按钮 ✔格式刷，待鼠标光标变为 ▯ 状，按住鼠标左键，通过拖曳鼠标选择剩余需要调整的文本。

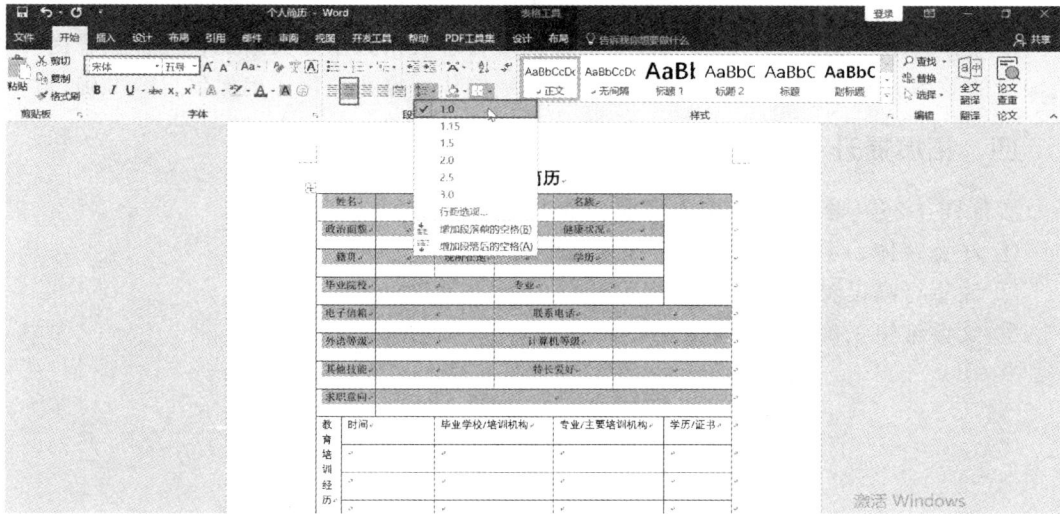

图 4-24　文本格式修改效果图

③ 通过键盘"空格键",对文本进行微调,最终效果如图 4-25 所示。

图 4-25　个人简历效果图

三、任务小结

本任务介绍了表格文本编辑技能，对于高效处理表格数据至关重要，能够显著提升文档编辑的效率。通过这些操作，用户能够精确地制作表格并美化，确保信息的准确传达。

四、拓展提升

参照图 4-26，请于 45 分钟内完成“个人简历”的制作。要求：

① 注意字体、字号、文字对齐方式的设置。

② 注意行高设置。

③ 文字编辑正确，版式美观。

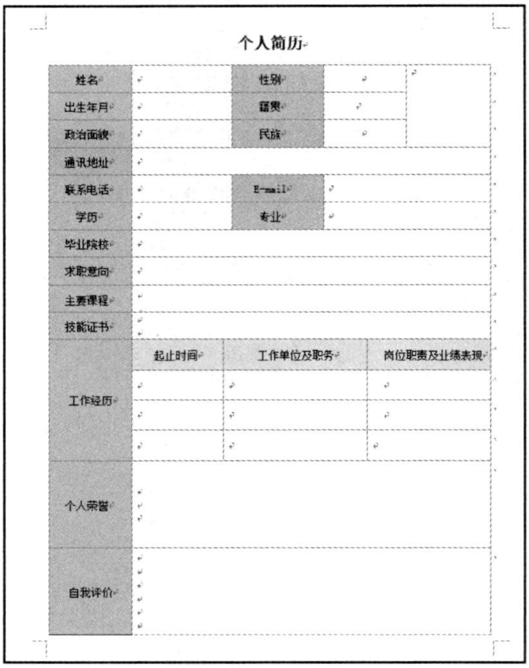
个人简历

姓名		性别		
出生年月		籍贯		
政治面貌		民族		
通讯地址				
联系电话		E-mail		
学历		专业		
毕业院校				
求职意向				
主要课程				
技能证书				
工作经历	起止时间	工作单位及职务	岗位职责及业绩表现	
个人荣誉				
自我评价				

图 4-26　模板

项目五

工作流程图的制作

【教学目标】

专业能力： 了解 Word 2024 中流程图创建的基本操作。

社会能力： 培养沟通表达能力、团队协作能力。

方法能力： 提高总结反思能力。

【学习目标】

知识目标： 流程图创建、美化方法。

技能目标： 能完成工作流程图的制作。

素质目标： 培养精益求精的工匠精神。

【教学建议】

（1）教师活动

① 运用多媒体课件、教学视频、课堂展示等多种教学手段，讲授流程图创建要点、操作技巧。

② 课堂答疑、巡回指导。

（2）学生活动

① 在教师的组织和引导下完成相应的操作练习。

② 完成流程图制作的综合实训。

任务一　流程图绘制

一、问题导入

工作流程图是一种表示工作流程的图形化工具，用于描述工作过程中各步骤之间的相互关系和条件，可以帮助人们清晰地表达复杂的工作过程。在 Word 2024 中，工作流程图通常使用特定符号和图形等元素来制作，例如矩形、菱形、椭圆形、箭头、文字等。接下来，将对流程图的常用创建方法展开介绍。

二、任务讲解

① 新建空白 Word 文档，并将其另存为"项目结项流程.docx"。然后输入文档标题"项目结项流程"，并设置"字体"为"微软雅黑 Light"，"字号"为"小二"，"段落对齐"为"居中"，"段落样式"为"标题2"，如图 5-1 所示。

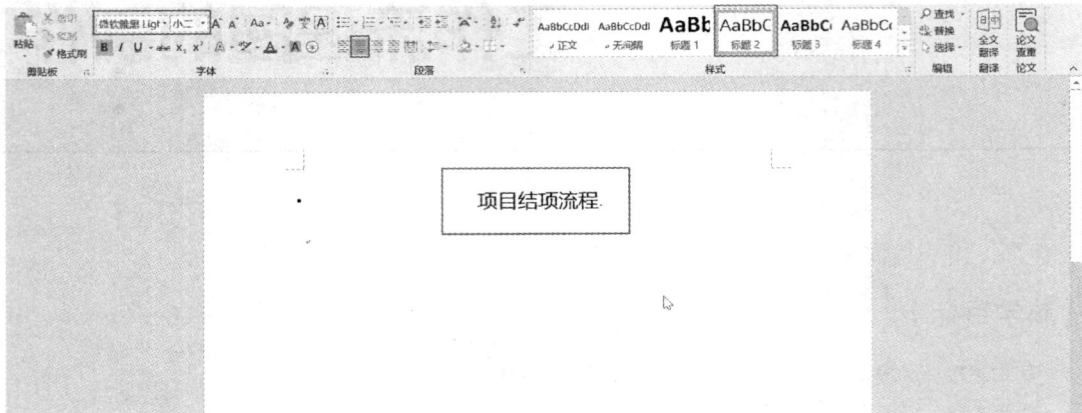

图 5-1 "项目结项流程"文本编辑示意图

② 单击菜单栏"插入"选项卡下"插图"工具组中的"形状"按钮，如图 5-2 所示；在弹出的"形状"下拉列表中，单击"矩形：圆角"形状按钮，如图 5-3 所示。

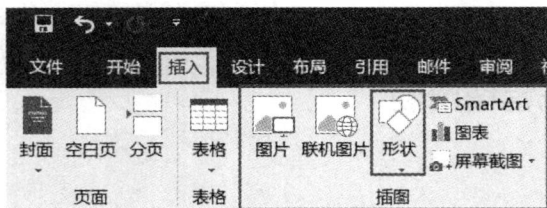

图 5-2 "插图"工具栏

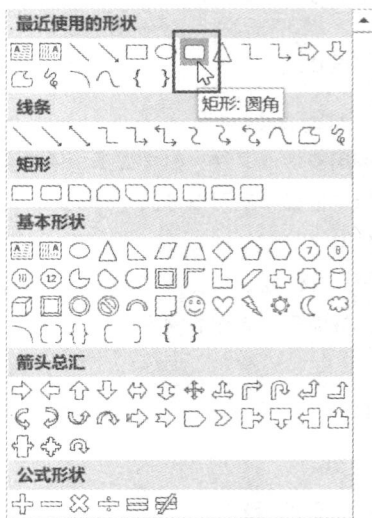

图 5-3 "矩形：圆角"工具

③ 待鼠标光标变为 ✚ 形状，在文档适当位置，按住鼠标左键，拖曳绘制圆角矩形；松开鼠标左键，即可结束形状绘制；绘制结束后，可通过拖曳图形外边框黄色圆点，进行圆角半径调整，如图 5-4 所示。

图 5-4 "圆角"形状绘制步骤

④ 同理,单击"形状"按钮,在弹出的"形状"下拉列表中,单击"矩形"按钮,绘制矩形;单击刚刚绘制出的矩形,利用"Ctrl+C""Ctrl+V"组合键,复制得到 11 个相同矩形,如图 5-5 所示。

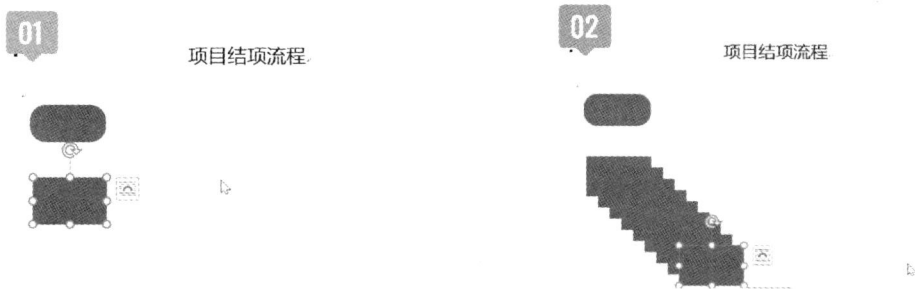

图 5-5　多个矩形绘制步骤

⑤ 依次选择绘制的图形,调整其位置及大小,使其合理地分布在文档中;调整完成后,如图 5-6 所示。

三、任务小结

本任务介绍了如何利用"插图"工具组构建流程图,通过插入形状并调整其大小和位置,我们构建了流程图雏形。此外,还掌握了复制图形、调整圆角半径的技巧。这些操作初步展示了项目结项的工作流程,为后续的流程图优化奠定了基础。

四、拓展提升

绘制会议流程图。任务要求:在 Word 2024 中完成以下操作,巩固流程图绘制的基本技能。

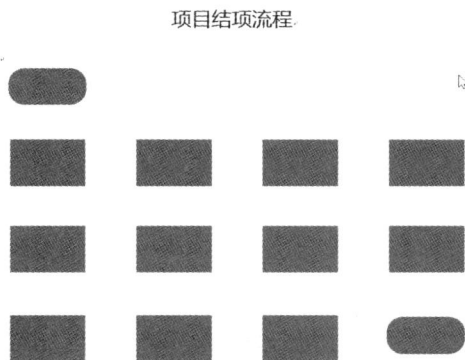

图 5-6　"项目结项流程"初稿

① 新建文档并设置标题。新建空白 Word 文档,另存为"会议流程.docx"。

输入文档标题"会议流程",设置字体为"微软雅黑 Light",字号"小二",段落对齐方式为"居中",段落样式为"标题 2"。

② 绘制基本形状并复制。插入 1 个"矩形:圆角"形状(位置:插入→形状→基本形状),调整圆角半径(拖曳黄色圆点),大小为"宽度 3 厘米,高度 1.5 厘米"。

插入 1 个"矩形"形状,大小为"宽度 4 厘米,高度 1.2 厘米",并通过"Ctrl+C""Ctrl+V"组合键复制 4 个相同矩形,共 5 个矩形。

③ 调整布局。

将所有形状按下述内容排列（可参考图 5-6 布局，垂直居中分布）。

圆角矩形位于顶部，输入文本"会议准备"。

下方 5 个矩形依次输入文本（从上到下）："议题确认""资料分发""会议召开""决议记录""后续跟进"。

任务二 流程图美化

一、问题导入

Word 2024 在插图功能中，会应用默认的图形效果，用户可以根据需要改变图形效果，使其更为美观。在本任务中，将具体讲授流程图美化的操作步骤。

二、任务讲解

① 选择"矩形：圆角"形状，单击"绘图工具"中"格式"选项卡下"形状样式"工具组，单击"形状填充"按钮，将图形填充颜色更改为"蓝色"；单击"形状轮廓"按钮，将图形轮廓设置为"无轮廓"；单击"形状效果"按钮，在下拉列表中点击"预设"中"预设 4"，如图 5-7、图 5-8 所示。

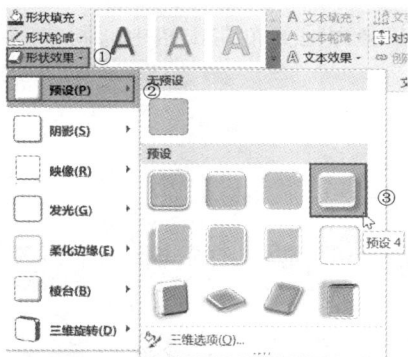

图 5-7 "形状效果"按钮

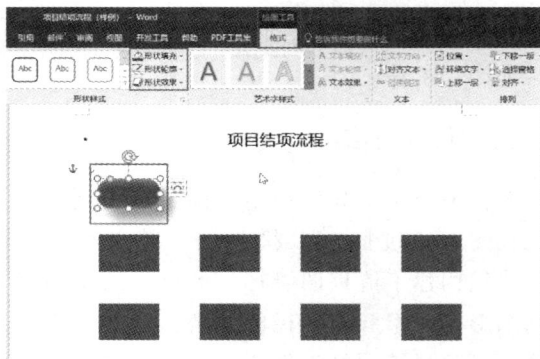

图 5-8 圆角矩形"预设 4"效果示意图

② 使用上述方法或利用"格式刷"工具美化其他自选图形，如图 5-9 所示。

三、任务小结

本任务介绍了如何在 Word 2024 中美化工作流程图。通过绘图工具中的"形状填充""形状轮廓""形状效果"按钮，调整流程图视觉效果，提升了文本的美观程度。

四、拓展提升

在 Word 2024 中新建一个空白文档，命

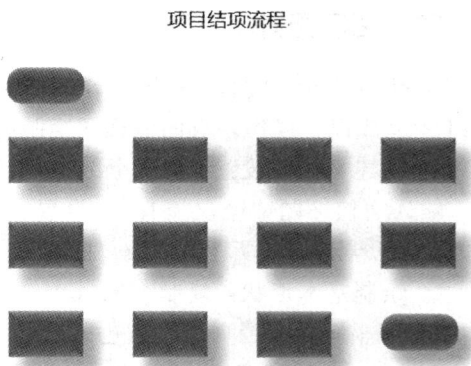

图 5-9 完成效果示意图

名为"流程图练习.docx"。要求：

① 插入一个圆角矩形，并将其填充颜色设置为"浅蓝色"，轮廓设置为"无轮廓"。

② 复制该圆角矩形，生成5个相同的图形，并将它们排列成一条垂直的流程线。

③ 在每个圆角矩形中输入以下文本（从上到下）：开始、需求分析、设计、开发、测试。

④ 使用箭头连接这些图形，形成一个简单的流程图。

任务三　流程图链接和文本创建

一、问题导入

绘制并美化完流程图后，还需链接各独立图形，并在图形上输入工作流程简要的文字描述，完成流程图的最终绘制。

二、任务讲解

1. 流程图链接

① 单击菜单栏"插入"选项卡下"插图"工具组中的"形状"按钮下方的下拉按钮，如图5-10所示。

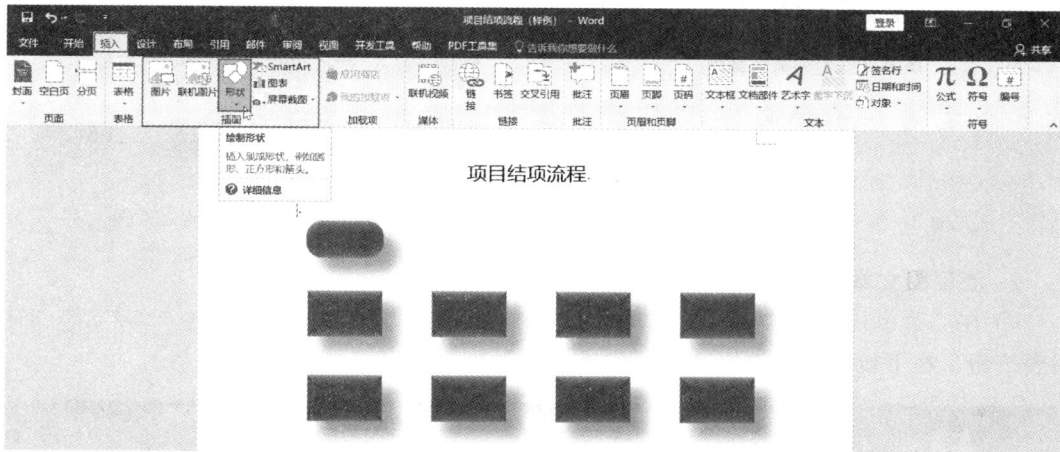

图5-10　"插图"工具组

② 在弹出的"形状"下拉列表中，选择"线条"选项中"直线箭头"形状。在文档中按住鼠标左键，拖曳完成直线箭头的绘制，如图5-11所示。提示：箭头绘制过程中，按住"Shift"键，可绘制水平、垂直、45°倾角箭头。

③ 双击箭头，进行箭头"形状样式"的调整。单击"形状轮廓"按钮，在弹出的下拉列表中选择"黑色"选项，将直线箭头颜色设置为黑色，如图5-12所示。

④ 重复步骤③，单击"粗细"按钮 ≣ 粗细(W)，设置直线箭头的"粗细"为"2.5磅"。

⑤ 选择已调整完毕的直线箭头，利用"Ctrl＋C""Ctrl＋V"组合键，复制、粘贴得

到 12 个直线箭头形状，并将其移动至合适的位置，如图 5-13 所示。

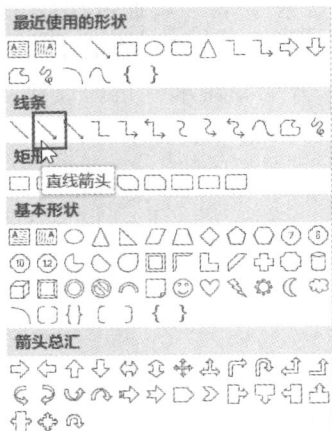

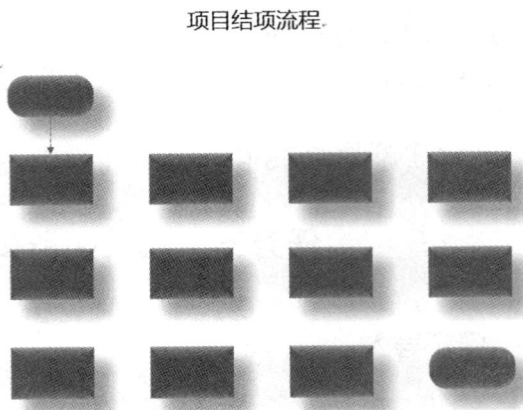

图 5-11 "直线箭头"选项

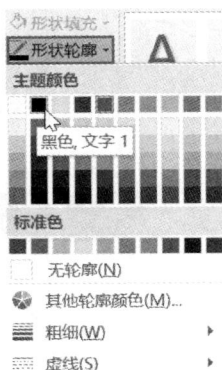

图 5-12 "形状轮廓"选项

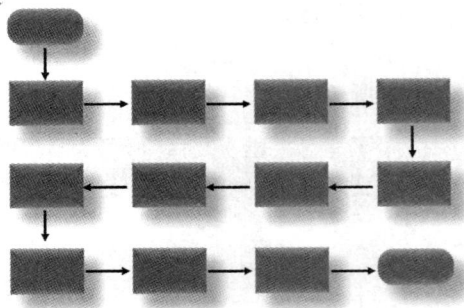

图 5-13 流程图链接效果图

2. 流程图文本创建

① 在"菜单栏"中找到并点击"插入"，然后点击"插入"选项卡中"文本框"下拉列表按钮，在下拉列表中选取"绘制横排文本框"，如图 5-14 所示。

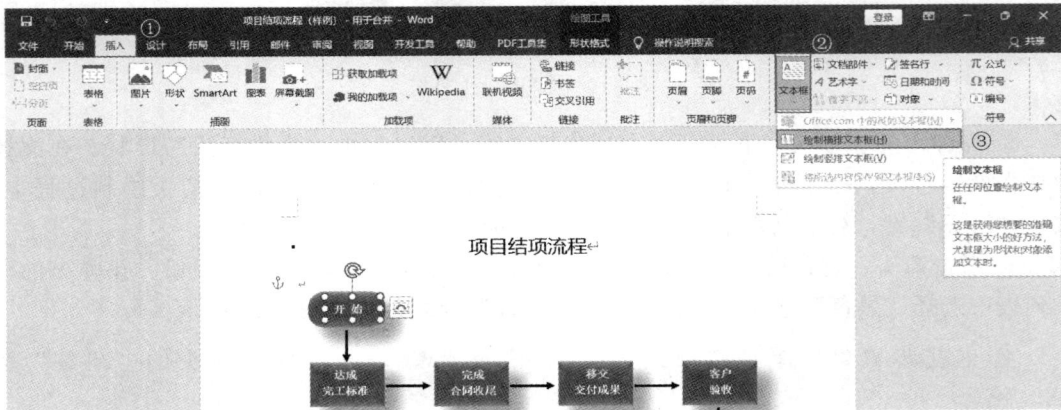

图 5-14 "绘制横排文本框"

② 在文档空白处，按住鼠标左键并拖曳鼠标，创建文本框，松开鼠标左键，即可结束创建。

③ 在文本框内输入文本，将文本框放置于流程图上，Word 2024 默认文本为黑色字体，需对文本做相应修改。单击菜单栏"开始"选项卡下"字体"工具组中相应按钮，设置字体为"宋体""五号""加粗"，字体颜色更改为"白色"，如图 5-15 所示。

图 5-15　文本编辑示意图

④ 使用同样的方法添加并修改剩余文字，完成流程图的制作，如图 5-16 所示。

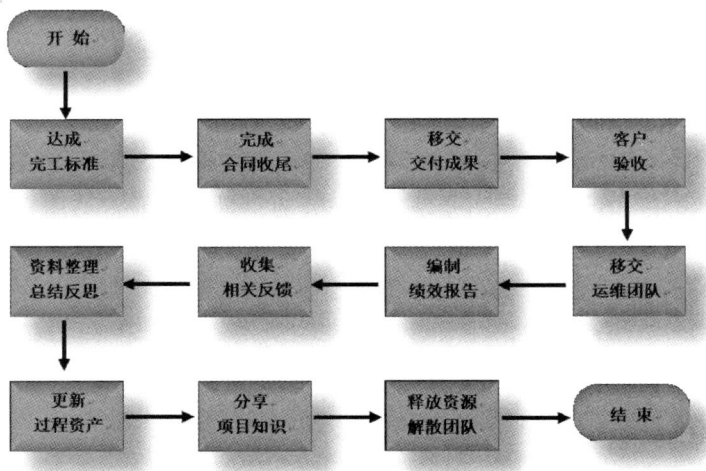

图 5-16　"流程图"成稿效果示意图

三、任务小结

在本次任务中，介绍了如何将流程图中的各个独立图形通过箭头连接起来，构建出一个完整的工作流程。通过插入"直线箭头"形状并调整其样式（例如颜色、粗细），实现了图形之间的逻辑关系表达。此外，还介绍了在流程图中添加文本框并输入简要文字描述的技巧，使流程图更加清晰易懂。

四、拓展提升

（1）基础连接练习

题目：在 Word 2024 中创建一个简单的流程图。

要求：

① 插入三个矩形，分别输入文本"开始""处理""结束"。

② 使用"直线箭头"形状将这三个矩形按顺序连接起来。

③ 将箭头的颜色设置为"黑色"，粗细设置为"2.25 磅"。

④ 调整矩形和箭头的位置，使其排列整齐，形成一个清晰的流程图。

（2）复杂流程连接

题目：在练习（1）的基础上，扩展流程图，增加更多步骤和分支。

要求：

① 在"处理"步骤后增加两个分支，分别输入文本"成功""失败"。

② 使用"直线箭头"将"处理"连接到"成功"和"失败"。

③ 在"成功"和"失败"后分别添加一个矩形，分别输入文本"完成""重新处理"。

④ 使用箭头连接"失败"到"重新处理"，并最终连接到"处理"步骤，形成一个循环流程。

⑤ 调整所有图形和箭头的位置，确保流程图逻辑清晰、布局美观。

任务四　SmartArt 图像的运用

一、问题导入

在 Word 2024 中，SmartArt 图像是一种强大的工具，能够帮助用户快速创建专业且美观的图形，用于展示流程、层次结构、关系等信息。与手动绘制流程图相比，SmartArt 图像提供了丰富的预设样式和布局，能够显著提升文档的可视化效果。本任务将介绍如何创建和修改 SmartArt 图像，并通过实际案例演示如何利用 SmartArt 图像优化工作流程图，帮助用户更高效地表达复杂信息。

二、任务讲解

1. SmartArt 图像的创建

① 打开 Word 2024，新建空白文档。

② 单击"插入"选项卡的"插图"工具组中的"SmartArt"按钮，弹出"选择 SmartArt 图形"对话框，如图 5-17 所示。

③ 选择需要的"SmartArt 图形"，点击"确定"即可；此处以基本的"流程图"中"垂直蛇形流程"为例，如图 5-18 所示。

④ 在默认的 9 个文本框中输入文本信息，鼠标"左键"点击即可更改文本。根据需要在表格中输入内容，如图 5-19 所示。

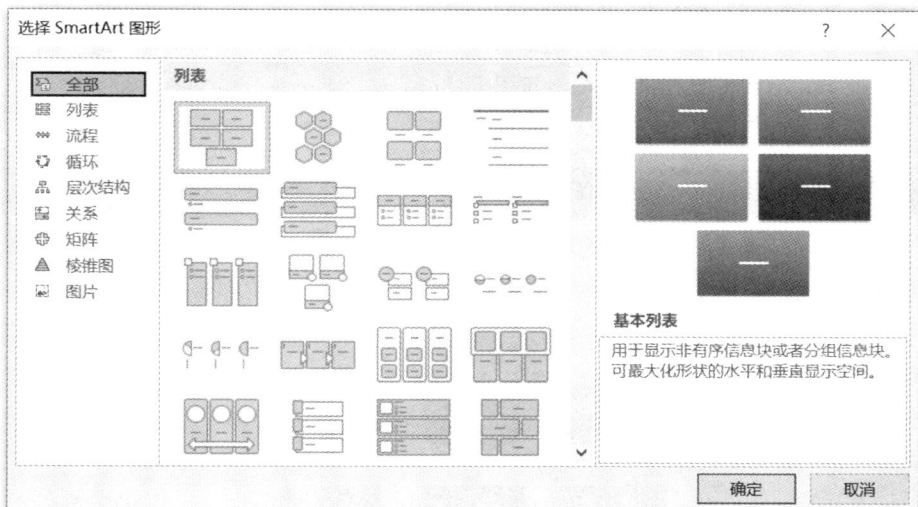

图 5-17　"选择 SmartArt 图形"对话框

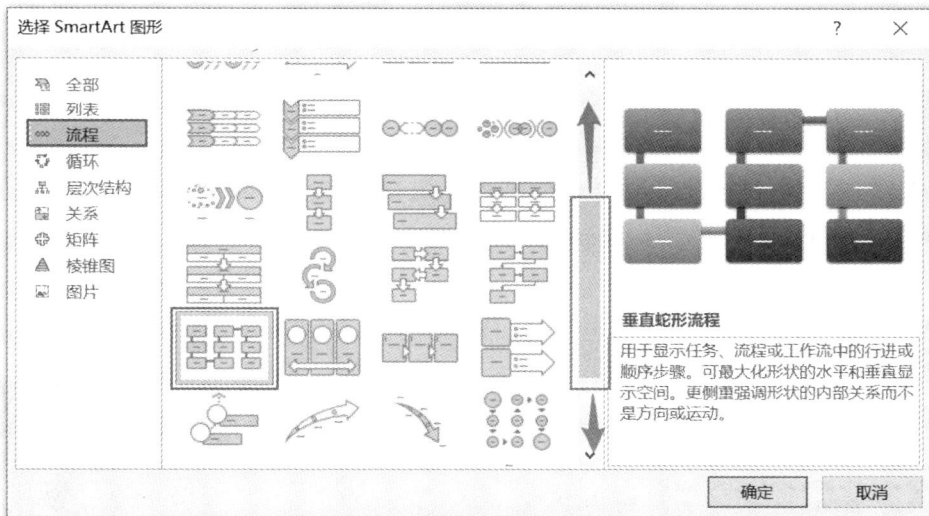

图 5-18　"垂直蛇形流程"示意图

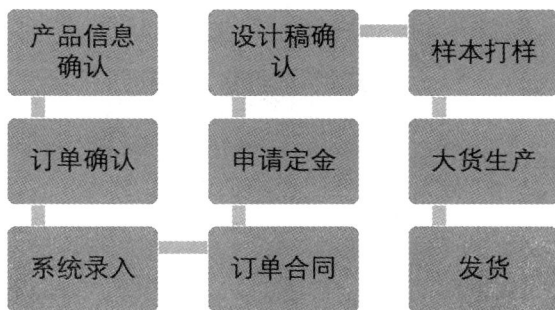

图 5-19　文本编辑效果

2. SmartArt 图像的修改

① 单击已创建完成的 SmartArt 流程图，在菜单栏"SmartArt 设计"选项卡"版式"工具组中调整 SmartArt 流程图版式，如图 5-20 所示。

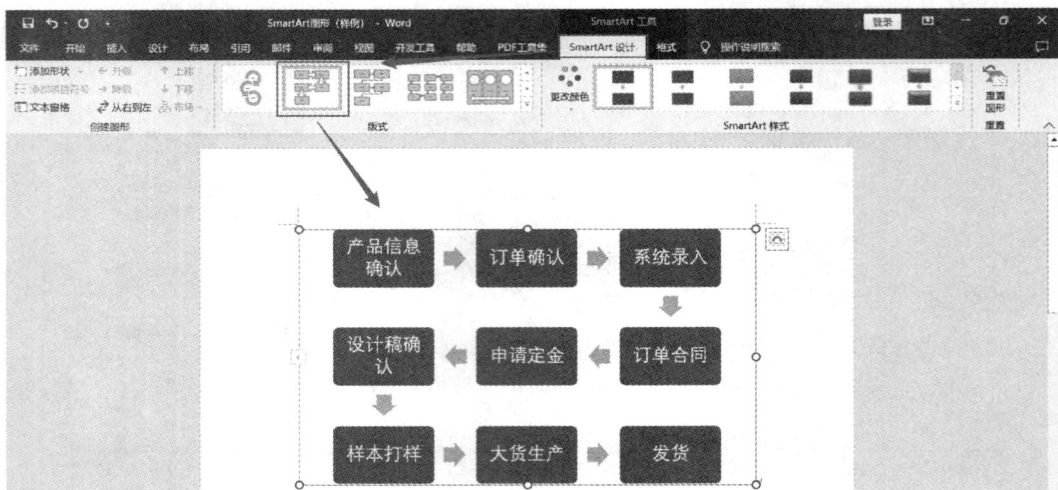

图 5-20　SmartArt 流程图版式调整示意图

② 使用同样的方法，点击"更改颜色"按钮 调整 SmartArt 流程图配色，如图 5-21、图 5-22 所示。

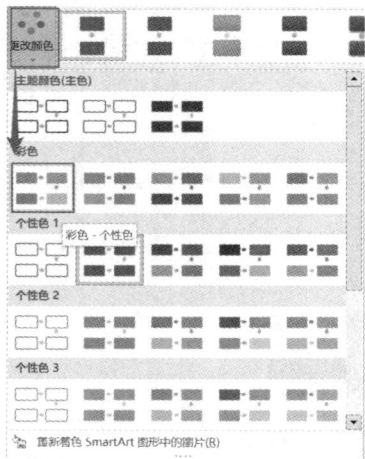

图 5-21　"更改颜色"按钮

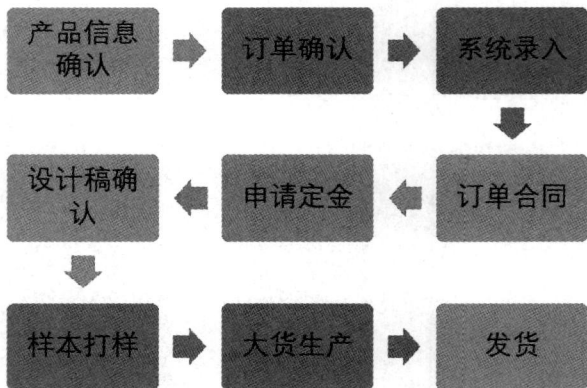

图 5-22　SmartArt 流程图配色调整示意图

③ 点击"SmartArt 样式"工具组，根据自己的需要调整流程图样式，如图 5-23 所示为调整结果。

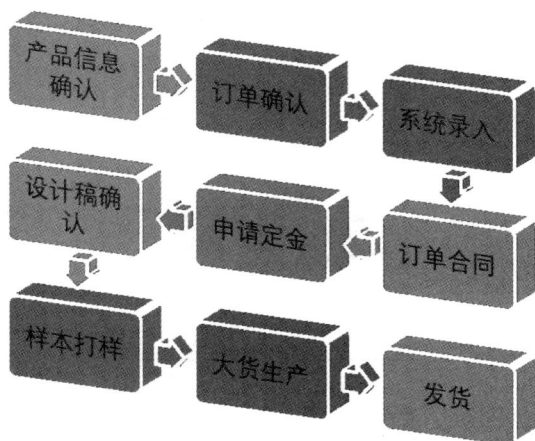

图 5-23　SmartArt 流程图成稿

三、任务小结

在本任务中，介绍了如何在 Word 2024 中使用 SmartArt 图像创建和优化流程图。通过插入预设的 SmartArt 图形（如"垂直蛇形流程"），我们能够快速构建专业的工作流程图。SmartArt 图像不仅简化了流程图的绘制过程，还提升了图形的美观度和可读性，能更高效地展示复杂的工作流程和信息结构。

四、拓展提升

请参照图 5-24 "订单操作时间线"，于 30 分钟内完成流程图的制作。要求：
① 流程图节点完整、顺序正确。
② 注意字体、字号设置。
③ 文字编辑正确，流程图版式美观。

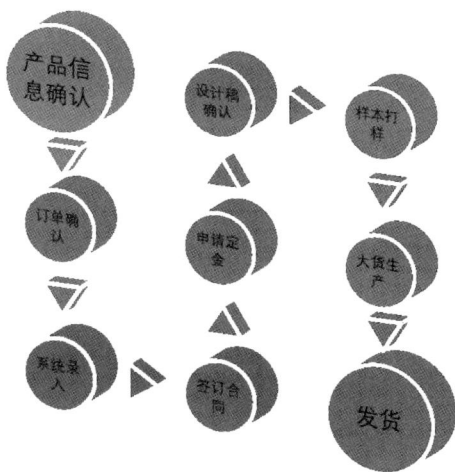

图 5-24　订单操作时间线

项目六

专业宣传彩页的制作

【教学目标】
···

专业能力：了解 Word 2024 彩页创建的基本操作。

社会能力：培养与人协作能力。

方法能力：培养信息收集能力。

【学习目标】
···

知识目标：了解彩页创建、美化方法。

技能目标：能完成专业宣传彩页的制作。

素养目标：培养技能应用能力。

【教学建议】
···

（1）教师活动

① 运用多媒体课件、教学视频、课堂展示等多种教学手段，讲授宣传彩页创建要点、操作技巧。

② 课堂答疑、巡回指导。

（2）学生活动

① 在教师的组织和引导下完成相应的操作练习。

② 完成专业宣传彩页的综合实训。

任务一　页面设置与美化

一、问题导入

在制作专业宣传彩页时，页面设置与美化是至关重要的第一步。一个合理的页面布局和美观的设计不仅能吸引读者的注意力，还能有效传达信息。那么，如何通过设置页边距、纸张方向、背景颜色以及艺术字等元素，打造一张既专业又吸引眼球的宣传彩页呢？

二、任务讲解

1. 设置页边距

① 新建空白 Word 文档，并将其另存为"专业宣传彩页.doc"。

② 单击菜单栏"布局"选项卡下"页面设置"工具组中的"页边距"按钮，对空白文档进行页边距设置，如图 6-1 所示。

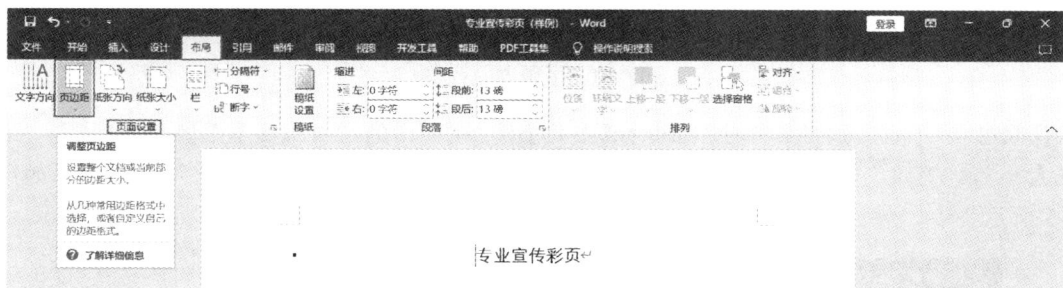

图 6-1 "页面设置"工具组

③ 单击"页边距"按钮，在弹出的下拉列表中根据需要选择"常规""窄""中等""宽""对称"页边距样式，即可实现页边距快速设置。若需自定义页边距，在弹出的下拉列表中单击"自定义页边距"选项，如图 6-2 所示。

④ 单击"自定义页边距"按钮，在弹出的下拉列表中，设置"页边距"中"上""下"为 1.5 厘米，"左""右"为 2 厘米，"纸张方向"为"纵向"，其余为默认值，点击"确定"完成页边距设置，如图 6-3 所示。

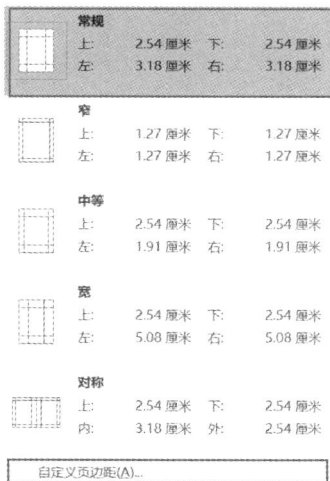

图 6-2 "页边距"选项卡

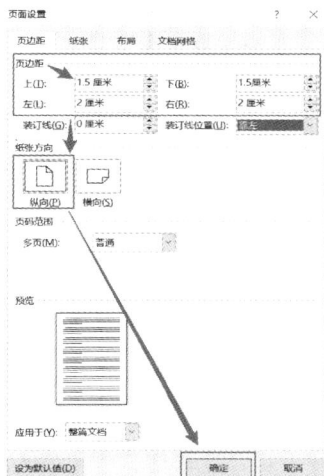

图 6-3 "自定义页边距"选项卡

2. 设置纸张方向及大小

① 单击菜单栏"布局"选项卡下"页面设置"工具组中的"纸张方向"按钮，在弹出的下拉列表中单击"横向"，完成纸张方向调整，如图 6-4 所示。

② 单击菜单栏"布局"选项卡下"页面设置"工具组中的"纸张大小"按钮，系统

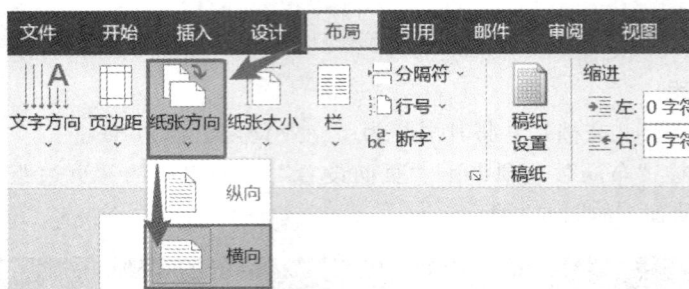

图 6-4　纸张方向调整

默认尺寸为"A4"尺寸，单击"其他纸张大小"，在弹出的"页面设置"弹窗中设置"纸张大小"，"宽度"为"28.5厘米"、"高度"为"22.5厘米"，完成纸张大小调整，如图6-5所示。

图 6-5　纸张大小调整

3. 设置页面背景

Word 2024 在新建文档中，文档背景会默认为白色，用户可以根据需要设置文档背景，使其更为美观，如纯色填充、渐变填充、纹理填充、图案填充、图片填充等。

① 单击"设计"选项卡下"页面背景"工具组中的"页面颜色"按钮，在弹出的下拉列表中单击"填充效果"选项。

② 在"填充效果"对话框中，单击"渐变"选项卡，点选"双色"选项，将右侧的"颜色1"设置为"蓝色，淡色80％"，"颜色2"设置为"蓝色，淡色60％"，"底纹样式"设置为"斜下"，单击"确定"，完成页面背景设置，如图6-6、图6-7所示。

4. 设置艺术字

艺术字是一种在 Word 中常用的页面美化工具，它们通常具有特殊的外观和效果，如渐变颜色、阴影、边框和纹理等。艺术字不仅可装饰和美化文档，也可使文档更加生动有趣。

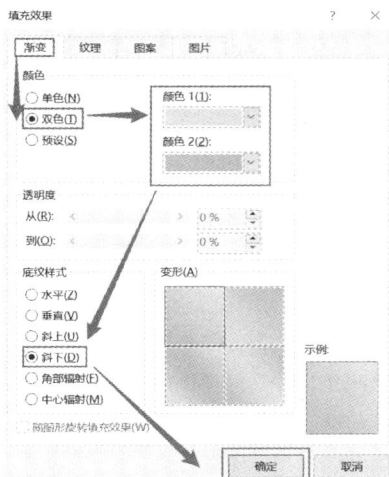

图 6-6 "填充效果"对话框

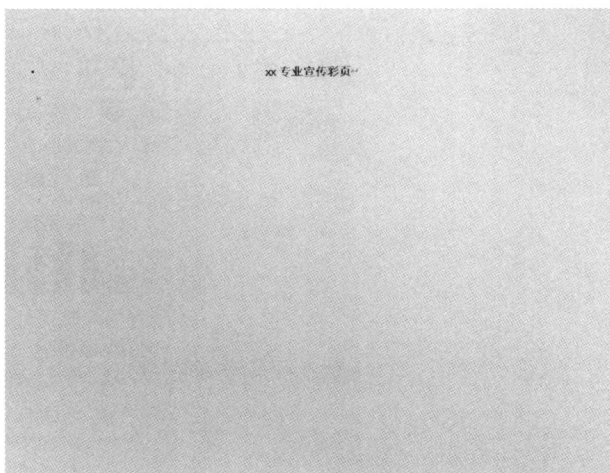

图 6-7 页面背景设置效果

① 选中文本"××专业宣传彩页"，单击菜单栏"插入"选项卡下"文本"工具组中的"艺术字"按钮 ，在弹出的下拉列表中选择艺术字样式，即将普通文本转化为艺术字体，如图 6-8 所示。

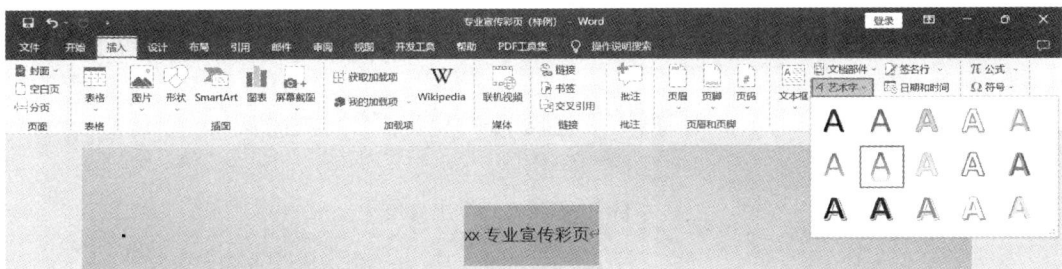

图 6-8 "艺术字"按钮

② 将鼠标光标放置在艺术字文本框上，当鼠标光标变为 形状时，按住鼠标左键并拖曳鼠标，当页面出现垂直方向中轴虚线时，松开鼠标左键，可将艺术字文本框调整至页面居中位置，如图 6-9 所示。

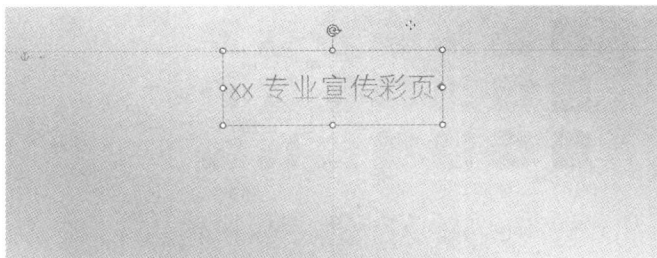

图 6-9 艺术字文本框调整

③ 选择文本框，单击鼠标右键，在弹出框中设置文本"字体"为"方正姚体"，"字号"为"36"，"颜色"为"白色"，如图 6-10 所示。

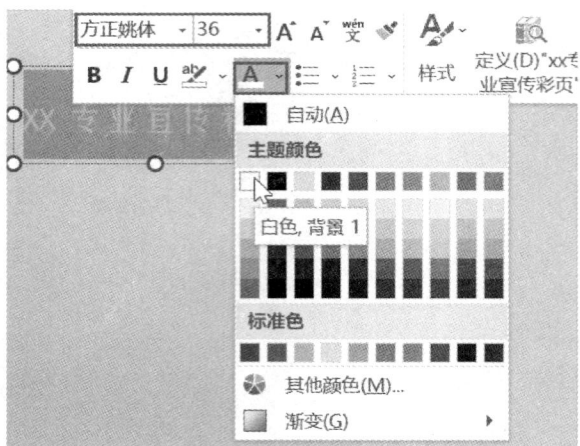

图 6-10　文本编辑示意图

④ 单击"绘图工具"下"形状样式"工具组中的"其他"按钮 ⚇，如图 6-11 所示；在"主题样式"弹出框中选择一种形状样式，如图 6-12 所示。

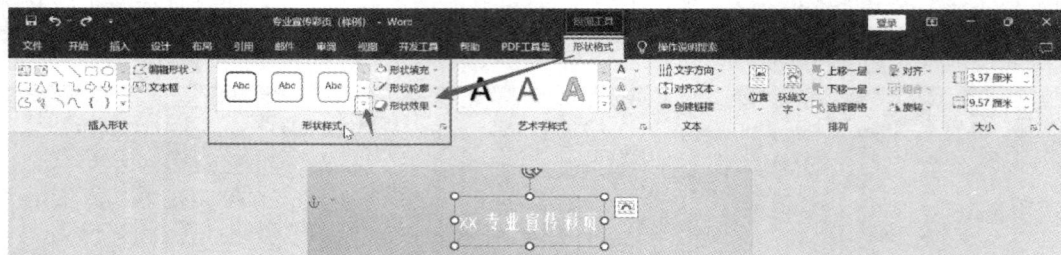

图 6-11　"形状格式"工具组

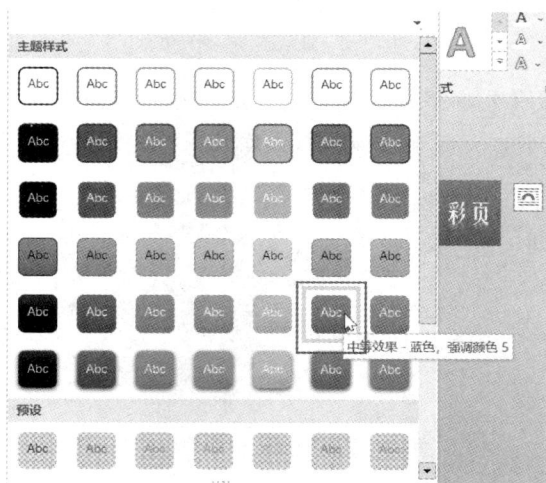

图 6-12　"主题样式"选项卡

⑤ 单击"形状样式"工具组中的"形状效果"按钮；在弹出框中选择"棱台"—"圆形"效果，如图 6-13 所示。

⑥ 最终效果如图 6-14 所示。

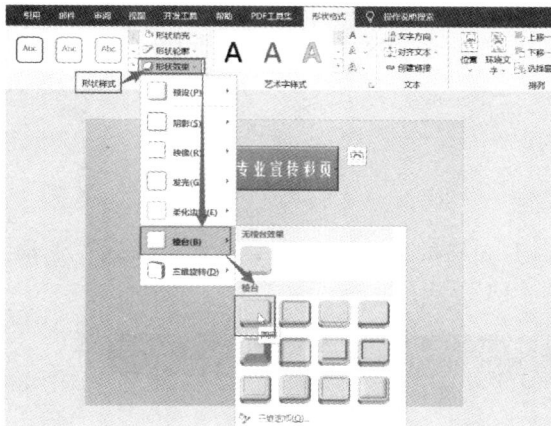

图 6-13 "形状效果"按钮

图 6-14 成稿效果

三、任务小结

本任务介绍了如何通过合理的页面设置和美化技巧，提升宣传彩页的专业性和视觉效果。具体操作包括设置页边距、调整纸张方向和大小、添加背景颜色或渐变效果，以及使用艺术字进行标题美化。这些步骤不仅使页面布局更加合理，还能增强彩页的吸引力。这些基础设置为后续的图片插入和内容排版奠定了良好的基础，确保宣传彩页既美观又实用。

四、拓展提升

（1）页边距与纸张方向设置

① 打开 Word 文档，新建一个空白文档并保存为"宣传彩页练习 1.doc"。

② 将页边距设置为"窄"样式，纸张方向调整为"横向"。

③ 将纸张大小设置为宽度 28 厘米，高度 20 厘米。

④ 保存文档并检查设置是否正确。

（2）页面背景与艺术字美化

① 在"宣传彩页练习 1.doc"中，设置页面背景为"渐变填充"，选择"双色"渐变，颜色 1 为"浅蓝色"，颜色 2 为"浅绿色"，底纹样式为"水平"。

② 插入艺术字标题"欢迎来到我们的公司"，选择一种艺术字样式，并将字体设置为"华文行楷"，字号为 48，颜色为"深蓝色"。

③ 调整艺术字位置，使其居中显示在页面顶部。

④ 保存文档并查看最终效果。

任务二 图片插入与美化

一、问题导入

在宣传彩页的设计中，图片的插入与美化是提升视觉效果的关键步骤。合适的图片不仅能吸引读者的注意力，还能更直观地传达信息。那么，如何在 Word 中插入图片并进行裁剪、排列和美化，使其与文字内容相得益彰呢？接下来，我们将学习如何插入图片、调整大小、裁剪多余部分，并通过对齐、组合和添加阴影等效果，使图片布局更加整齐美观，从而打造出专业且富有吸引力的宣传彩页。

二、任务讲解

1. 插入图片

① 将鼠标光标定位于"专业宣传彩页.doc"表格的下方，单击菜单栏"插入"选项卡下"插图"工具组中的"图片"按钮，如图 6-15 所示。

图 6-15 "插入"选项卡

② 单击"图片"下拉列表中的"此设备"按钮，在弹出的"插入图片"对话框中点选"1.jpg"图片，配合"Ctrl＋A"组合键，全选文件夹内所有图片，单击"插入"按钮，完成图片插入。

③ 单击图片，当鼠标光标变为形状时，按住鼠标左键并拖曳鼠标，调整图片的大小。

④ 选择图片"4.jpg"，点击鼠标右键，弹出快捷菜单，单击"裁剪"按钮，图片边框变为裁剪框。当鼠标光标变为状，按住鼠标左键，拖曳裁剪框修剪图片。修剪完毕单击键盘"Enter"键确认裁剪命令，单击"Esc"键退出图片裁剪，如图 6-16 所示。

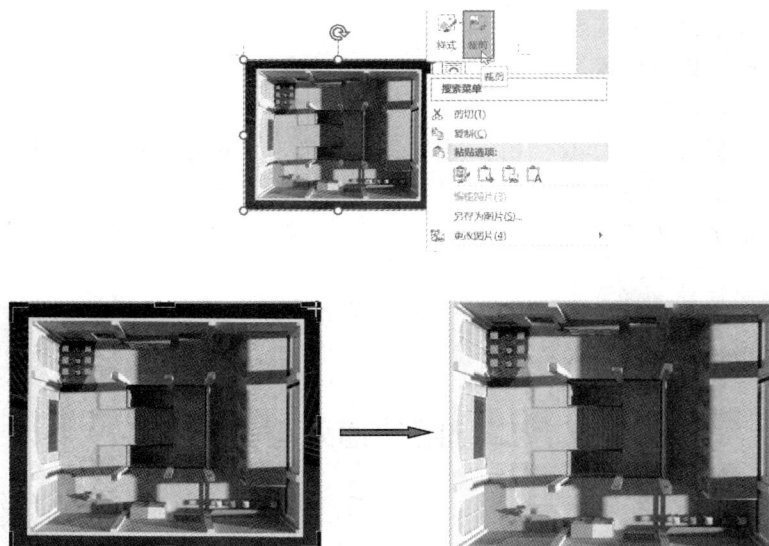

图 6-16 图片裁剪步骤

⑤ 选择任意一张图片，鼠标单击图片右侧"布局选项"按钮▢，在弹出框中单击"衬于文字下方"。使用相同办法，完成其余图片"布局选项"设置，如图 6-17 所示。

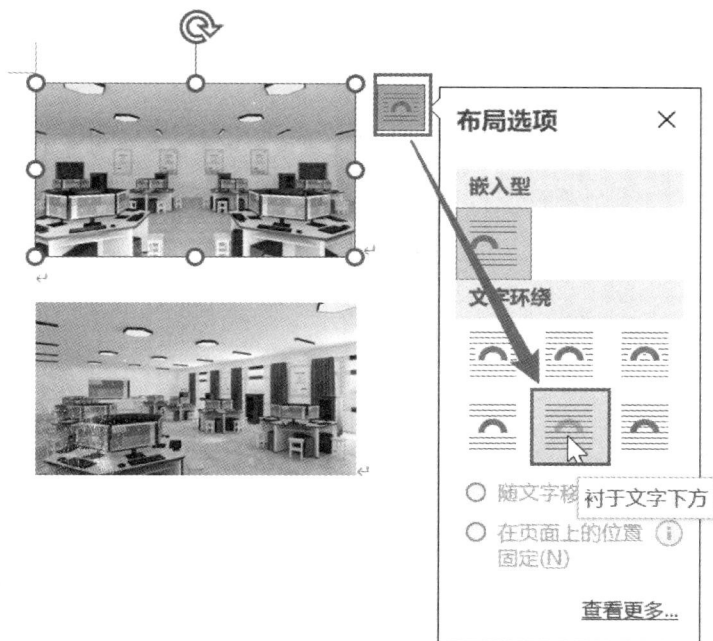

图 6-17　"布局选项"按钮

⑥ 将调整完的图片，整齐排布于表格下方，如图 6-18 所示。

图 6-18　图片调整效果示意图

2. 美化图片

① 单击"图片工具"下"图片格式"选项卡下"排列"工具组中的"对齐"按钮。点击"顶端对齐""横向分布"按钮，将图片等间距整齐排列，如图 6-19 所示。

② 全选图片，单击鼠标右键，在弹出框中单击"组合"按钮，将图片链接为一个整体，如图 6-20 所示。

③ 单击"图片工具"下"图片格式"选项卡下"图片样式"工具组中的"图片效果"

按钮。点击"阴影"效果中任意形式，丰富插图层次，如图 6-21 所示。

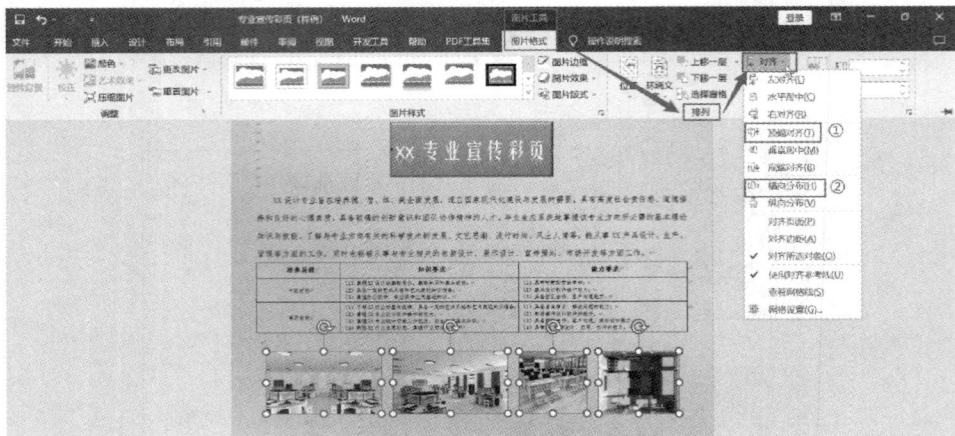

图 6-19 "图片工具"栏

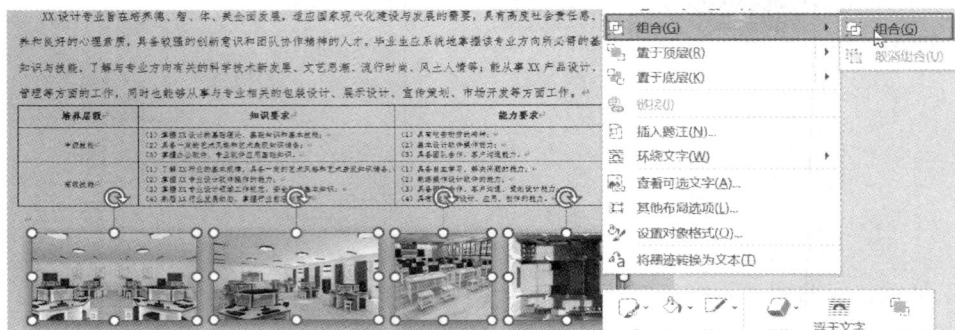

图 6-20 "组合"按钮

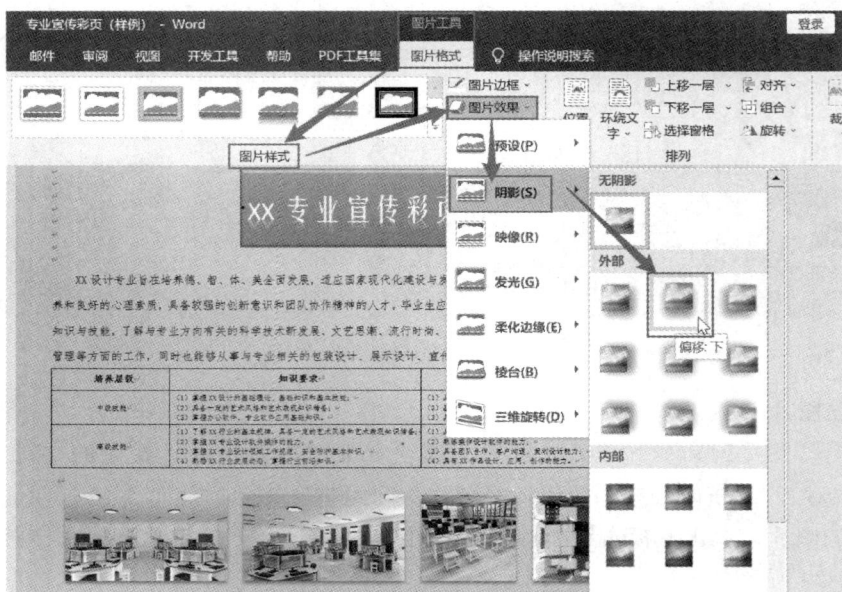

图 6-21 "阴影"效果选项卡

三、任务小结

本任务通过插入图片、调整大小、裁剪图片，以及对图片进行对齐、组合和添加阴影等操作，使图片布局更加整齐美观。这些步骤不仅提升了彩页的视觉效果，还增强了信息的传达效果。通过这些技巧，能够将图片与文字内容有机结合，打造出更具吸引力和专业感的宣传彩页。

四、拓展提升

请于 45 分钟内完成本专业宣传彩页的制作。彩页设计要求：

① 主题明确：能明确传达彩页信息。

② 简洁明了：使用简洁的图形和文字，突出主题。

③ 格式规范：使用适当的字体，易于阅读。

项目七

设计项目任务书的编制

【教学目标】

专业能力： 了解 Word 2024 设计项目任务书创建的要点。

社会能力： 培养分析问题、解决问题的能力。

方法能力： 培养信息处理能力。

【学习目标】

知识目标： 了解 Word 文档综合排版操作方法。

技能目标： 能完成设计项目任务书的制作。

素质目标： 提高知识迁移能力。

【教学建议】

（1）教师活动

① 运用多媒体课件、教学视频、课堂展示等多种教学手段，讲授 Word 文档综合排版操作技巧。

② 课堂答疑、巡回指导。

（2）学生活动

① 在教师的组织和引导下完成相应的操作练习。

② 完成设计项目任务书的综合实训。

任务一　样式与格式的设置

一、问题导入

在文档编辑中使用 Word 2024 中的样式功能，用户可以轻松应用预定义的字体、段落格式、行距等设置，避免手动调整每个段落的烦琐操作。本任务将带领大家学习如何查看、应用和修改样式，以便高效完成设计项目任务书的排版工作。

二、任务讲解

1. 查看/显示样式

在 Word 2024 中，样式是一种用于控制文档格式的预定义设计模板。使用样式可以快速应用统一的字体、段落格式、行距、对齐方式等设置，使文档看起来更加专业和一致。

使用"应用样式"选项查看样式的具体操作如下。

① 打开随书素材中的"设计项目任务书（样例）.doc"文件，单击菜单栏"开始"选项卡下"样式"工具组中的"其他"按钮，在弹出的下拉列表中选择"应用样式"选项，如图 7-1 所示。

图 7-1 "样式"工具组

② 弹出"应用样式"窗格，如图 7-2 所示。

③ 将鼠标光标置于文档中的任意位置处，相对应的样式将会在"样式名"下拉列表框中显示出来，如图 7-3 所示。

图 7-2 "应用样式"窗格

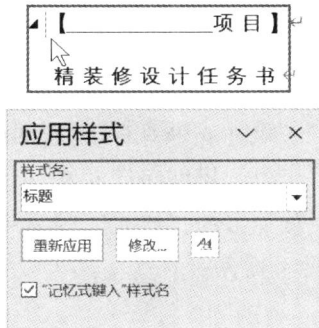

图 7-3 "样式名"下拉列表框

2. 应用样式

① 方法一：打开配套资源"设计项目任务书（样例-调整前 01）.doc"文件，选择要修改样式的文本，这里选择文本"【＿＿＿＿＿＿＿＿＿项目】精装修设计任务书"；单击菜单栏"开始"选项卡下"样式"工具组中"AaBbCc 标题"样式（或单击"样式"工具组右下角按钮，从弹出的"样式"下拉列表中选择"AaBbCc 标题"样式），此时文本即变为标题样式，如图 7-4 所示。

② 方法二：选择要修改样式的文本"项目概况"，单击菜单栏"开始"选项卡下"样式"工具组中右下角按钮，从弹出的"样式"弹窗中选择"标题 1"样式，此时文本即变为"标题 1"样式，如图 7-5 所示。

③ 重复方法二中操作步骤：选择文本"设计依据及基础资料""设计工作内容及工作

图 7-4 应用样式方法

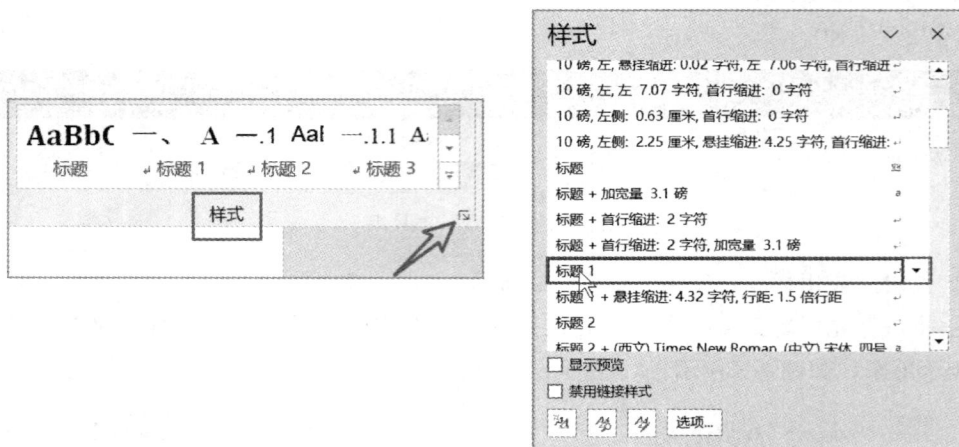

图 7-5 "样式"工具组

深度要求""设计成果要求""深度标准及图纸数量""标准化要求""工程造价""时间进度安排""甲方提供的附件部分",单击菜单栏"开始"选项卡下"样式"工具组中右下角按钮▣,从弹出的"样式"弹窗中选择"标题 1"样式,此时文本即变为"标题 1"样式,如图 7-6 所示。

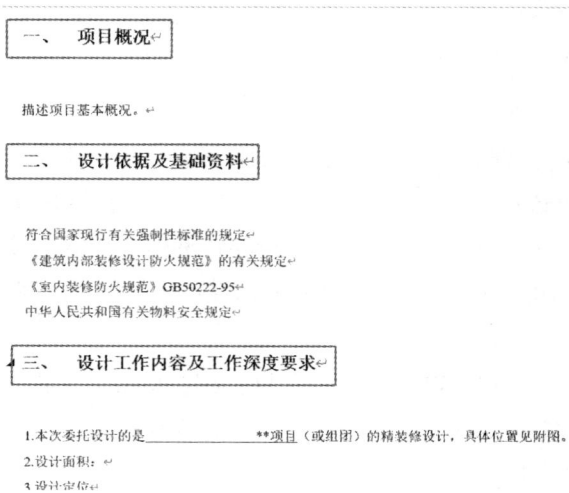

图 7-6 "标题 1"样式设置效果示意图

3. 修改样式

当系统默认样式不能满足用户需求时，可以对样式进行修改，具体操作如下。

① 打开配套资源"设计项目任务书（样例-调整前 02）．doc"文件，选中需要修改样式的文本，点击"开始"按钮，在"样式"工具组中点击"样式"按钮▣，弹出"样式"框；在"样式"框中单击"管理样式"按钮▧，启用"管理样式"对话框，如图 7-7 所示。

② 在弹出的"管理样式"对话框中，选择需要修改的样式名称"正文"，点击"修改"按钮，如图 7-8 所示，弹出"修改样式"对话框。

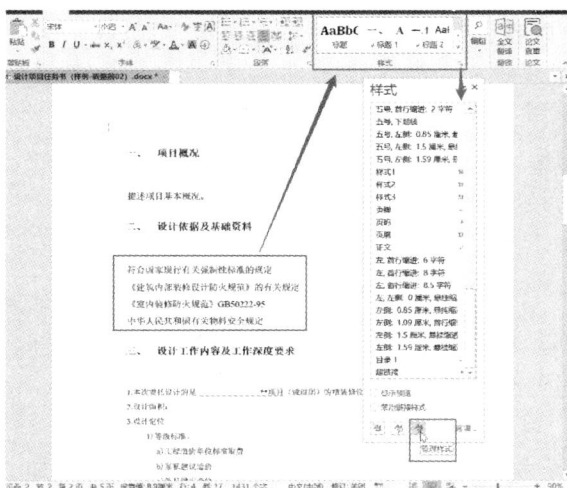

图 7-7　启用"管理样式"对话框

图 7-8　"修改样式"对话框调用步骤

③ 在弹出的"修改样式"对话框中，确定样式名称为"正文"，设置字体为"仿宋"、字号为"五号"、"字体倾斜"等选项。单击"确定"按钮，完成样式修改，如图 7-9 所示。

④ 点击"管理样式"对话框中"确定"按钮，完成样式修改，如图 7-10 所示。

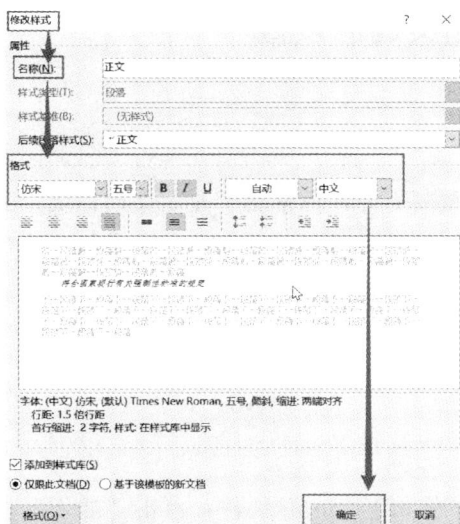

图 7-9　"修改样式"对话框参数设置

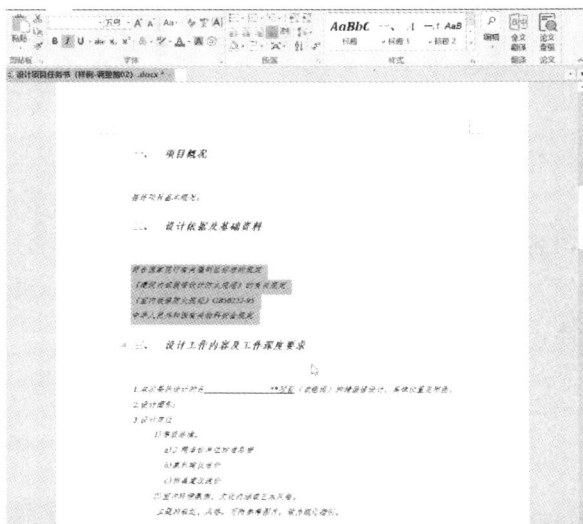

图 7-10　"设计项目任务书"样式修改效果图

三、任务小结

在本任务中，通过查看、应用和修改样式，用户可以快速统一文档中的字体、段落格式、行距等设置，避免手动调整的烦琐操作。这些技巧不仅能提高文档排版的效率，还能确保文档的整体美观和规范性。这些技能在设计项目任务书等正式文档的编制中尤为重要，能够帮助用户轻松应对复杂的排版需求。

四、拓展提升

打开一个空白 Word 文档，输入以下内容。

项目名称：×××项目设计任务书；

项目概况：简要描述项目背景；

设计依据：列出设计参考的标准和规范；

设计内容：详细说明设计工作内容；

时间安排：列出项目的时间节点。

要求：

① 使用"标题 1"样式为"项目名称"和"项目概况"设置样式。

② 使用"标题 2"样式为"设计依据"和"设计内容"设置样式。

③ 使用"正文"样式为"时间安排"设置样式。

④ 修改"标题 1"样式，将字体设置为"微软雅黑"，字号为"三号"，并添加"加粗"效果。

⑤ 修改"标题 2"样式，将字体设置为"宋体"，字号为"四号"，并添加"下划线"效果。

⑥ 完成后保存文档并命名为"综合样式练习.docx"。

任务二　页眉、页脚和页码的设置

一、问题导入

在正式文档中，页眉和页脚是展示文档信息的重要部分，通常用于显示文档标题、公司名称等内容。如何快速插入并设置页眉和页脚，使其既美观又符合规范呢？本任务将带领大家学习如何在 Word 2024 中插入页眉、页脚和页码，并对其进行格式设置，包括字体、字号、对齐方式等。

二、任务讲解

1. 页眉的插入

① 打开配套资源"设计项目任务书（样例-调整前 03）.doc"文件，点击"插入"按钮，在"页眉和页脚"工具组中点击"页眉"按钮，弹出"页眉"内置下拉列表；通过下

拉列表右侧滑标，可完成页眉样式的选择，如图 7-11 所示。

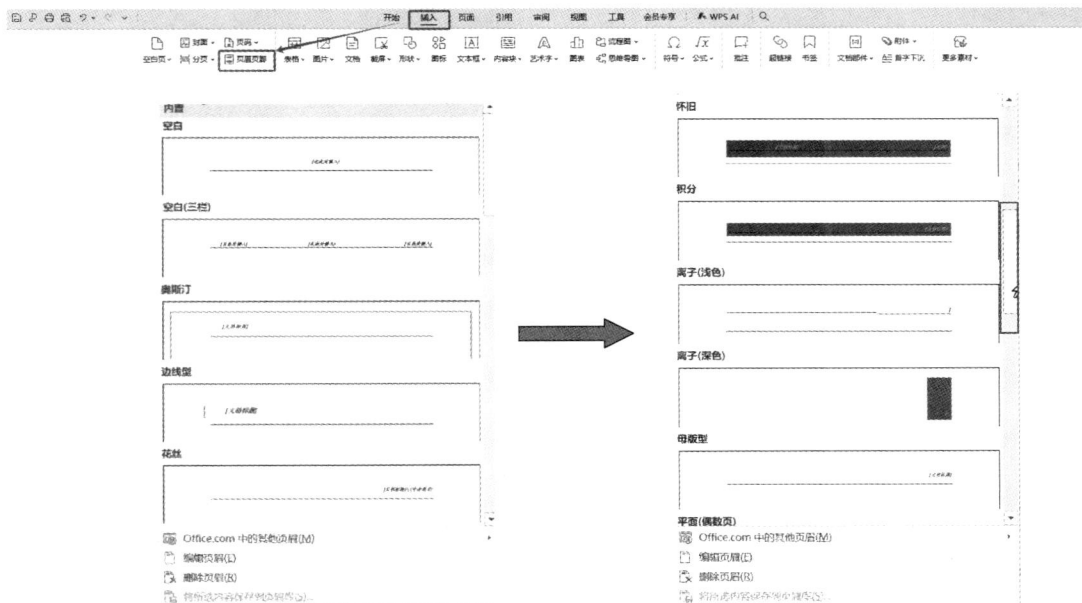

图 7-11 "页眉样式"设置步骤

② 选择页眉样式为"空白"选项，如图 7-12 所示，即可在文档每一页的顶部插入页眉；在页眉"在此处键入"处单击鼠标左键，输入文字"设计任务书"。

③ 在文档空白处双击鼠标左键，结束页眉设置，如图 7-13 所示。

2. 页脚的插入

① 点击"插入"按钮，在"页眉和页脚"工具组中点击"页脚"按钮，弹出"页脚"内置下拉列表；通过下拉列表右侧滑标，可完成页脚样式的选择。这里选择"空白"选项，如图 7-14 所示。

② 在"设计"选项卡下"位置"工具组中单击选中"位置"选项，弹出"对齐制表位"工具框，选择"对齐方式"为"居中"，点击"确定"完成页脚居中设置，如图 7-15 所示。

③ 在页脚"在此处键入"处单击鼠标左键，输入文字"×××设计部"。在文档空白处双击鼠标左键，结束页脚设置。

图 7-12 "页眉"文字输入示意图

图 7-13 页眉效果

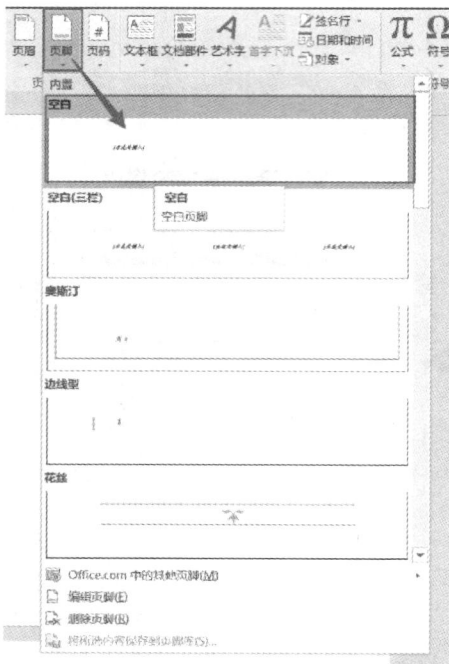

图 7-14 "页脚"按钮

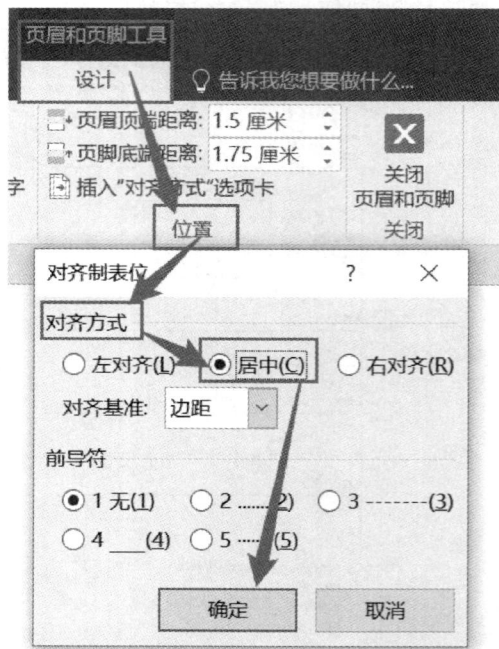

图 7-15 "对齐制表位"工具框

3. 页眉、页脚的设置

① 双击插入的页眉或页脚，使其处于编辑状态。选中页眉或页脚文本，在弹出的文本选项卡中，设置"字体"为"仿宋"，"字号"为"五号"，"字体颜色"为"蓝色"，如图 7-16 所示。

② 完成页眉、页脚的设置后，单击"Esc"键，退出页眉、页脚编辑状态，效果如图 7-17 所示。

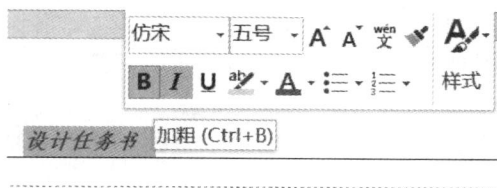

图 7-16 页眉、页脚文本编辑示意图

图 7-17 页眉、页脚文本效果

4. 页码的设置

① 打开配套资源"设计项目任务书（样例-调整前 04）.doc"文件，点击"插入"按钮，在"页眉和页脚"工具组中点击"页码"按钮，弹出"页码"内置下拉列表；在弹出的下拉列表中选择"设置页码格式"选项，如图 7-18 所示。

② 弹出"页码格式"工具框，在"编号格式"选择框选择"-1-，-2-，-3-，..."格式。在"页码编号"中选择"续前节"选项，点击"确定"完成页码格式的创建，如图 7-19 所示。

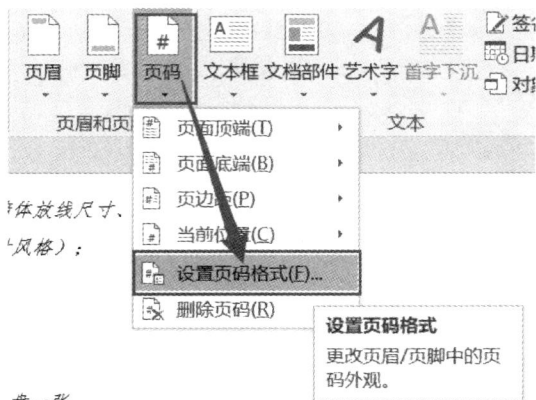

图 7-18 "设置页码格式"选项卡

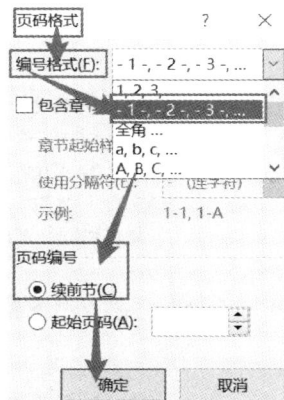

图 7-19 "页码格式"工具框

③ 点击"插入"按钮，在"页眉和页脚"工具组中点击"页码"按钮，在弹出的下拉列表中单击"页面底端"，在弹出的列表中选择"普通数字 2"，即可完成页码的插入，如图 7-20 所示。

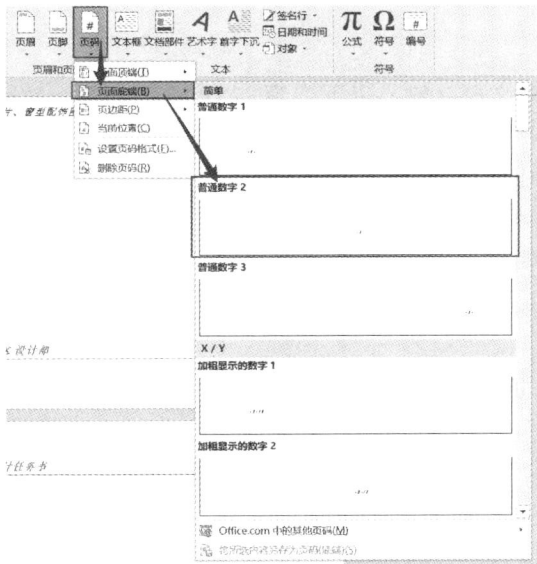

图 7-20 "页码插入"操作步骤

④ 单击"Esc"键，退出页码编辑状态，如图 7-21 所示。

三、任务小结

本任务介绍了插入页眉、页脚，用户可以轻松添加文档标题、公司名称等信息，并对其进行字体、字号、对齐方式等格式设置。通过设置页码，用户可以了解文档内容分配。掌握这些操作不仅能提升文档的整体美观度，还能确保文档的完整性和一致性。这些技能在设计项目任务书等正式文档的编排中尤为重要，可以帮助用户高效完成文档的排版工作。

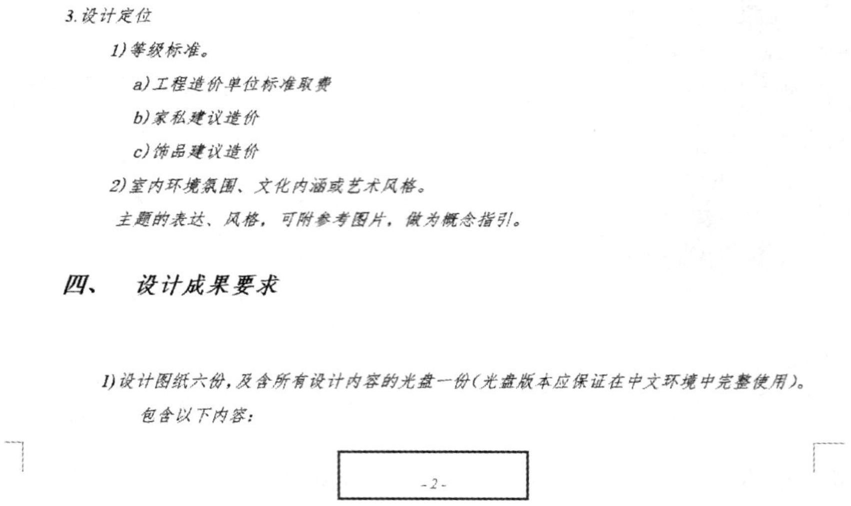

3.设计定位

    1)等级标准。

      a)工程造价-单位标准取费

      b)家私建议造价

      c)饰品建议造价

    2)室内环境氛围、文化内涵或艺术风格。

    主题的表达、风格，可附参考图片，做为概念指引。

四、 设计成果要求

    1)设计图纸六份，及含所有设计内容的光盘一份(光盘版本应保证在中文环境中完整使用)。

    包含以下内容：

-2-

图 7-21 "页码插入"效果示意图

四、拓展提升

打开一个空白 Word 文档，输入以下内容。

文档标题：×××项目设计任务书；

项目概况：简要描述项目背景；

设计依据：列出设计参考的标准和规范；

设计内容：详细说明设计工作内容；

时间安排：列出项目的时间节点。

要求：

① 在文档的每一页顶部插入页眉，内容为"×××项目设计任务书"，字体设置为"仿宋"，字号为"五号"，居中对齐。

② 在文档的每一页底部插入页脚，内容为"第×页"，字体设置为"宋体"，字号为"小四"，右对齐。

③ 在页脚中插入页码，格式为"-1-，-2-，-3-，..."，并确保页码从第一页开始连续编号。

④ 在文档的第二页插入一个表格，表格内容为项目各阶段的时间安排，并确保页眉和页脚在表格页中正常显示。

⑤ 完成后保存文档并命名为"页眉页脚练习.docx"。

任务三　目录的创建

一、问题导入

在长篇文档中，目录是帮助读者快速定位内容的重要工具。如何根据文档的标题层级自动生成目录，并确保其格式规范、层级清晰呢？本任务将带领大家学习如何在 Word 2024 中创建目录，包括设置标题级别、插入目录、调整目录格式等操作。

二、任务讲解

① 打开配套资源"设计项目任务书（样例-调整前 05）.doc"文件，将光标定位在"一、项目概况"段落任意位置，点击"引用"按钮，在"目录"工具组中点击"添加文字"按钮 📄，弹出下拉列表；在弹出的下拉列表中选择"1级"选项，如图 7-22 所示。

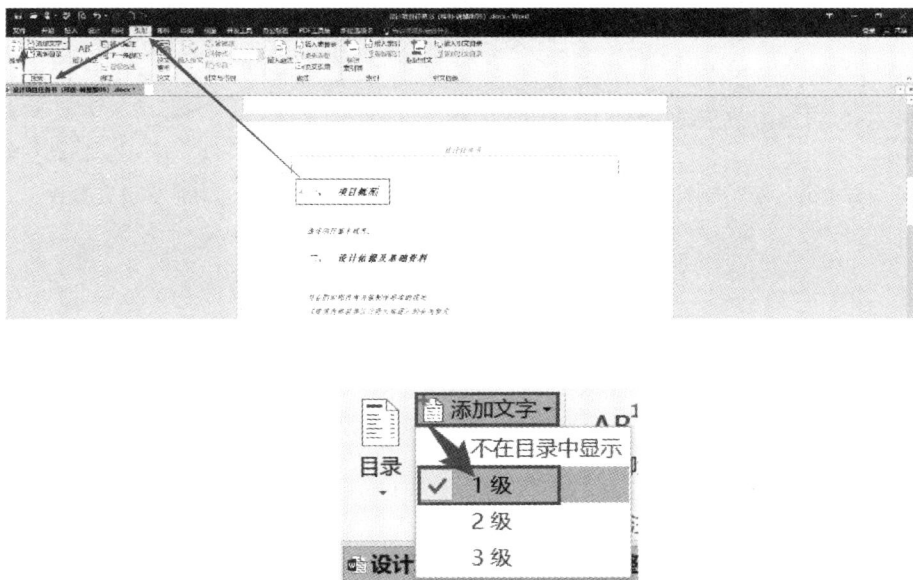

图 7-22　标题级别设置步骤

② 使用"格式刷"工具 ✔格式刷 快速统一剩余标题级别。设置完成后，标题级别均为"1级"。

③ 将光标移至封面页空白处，点击"Ctrl＋Enter"组合键完成空白页的插入，此空白页为目录所在页。

④ 将光标定位在新建空白页的任意位置中，点击"引用"按钮，在"目录"工具组中点击"目录"按钮，在弹出的下拉列表中点击"自定义目录"选项，如图 7-23 所示。

⑤ 在弹出的"目录"对话框中，将"格式"设置为"正式"选项，将"显示级别"设置为"1"，在"打印预览""Web 预览"区域可以同步显示调整效果，各选项设置完成后点击"确定"键，完成目录创建，如图 7-24 所示。

⑥ 双击目录，进入目录编辑模式。通过文本编辑，完成目录样式的修改，如图 7-25 所示。

三、任务小结

本任务介绍了如何在 Word 2024 中创建目录，以提升长篇文档的可读性和专业性。通

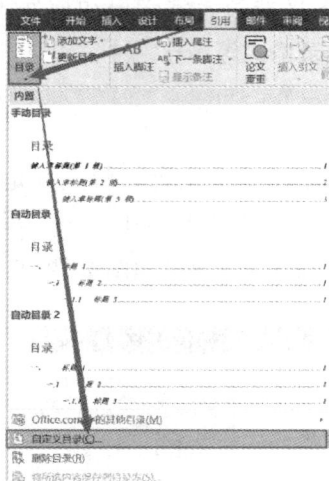

图 7-23 "自定义目录"选项调用步骤 图 7-24 "目录"对话框设置参数

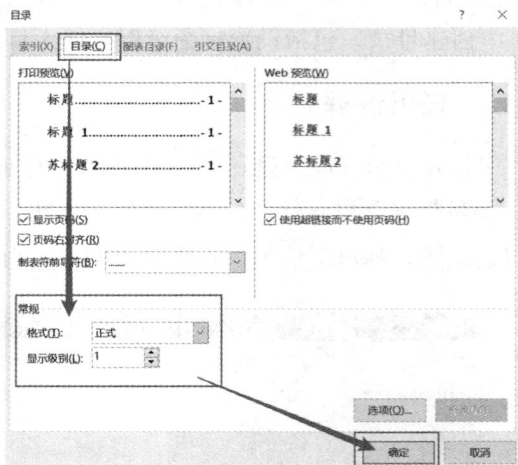

图 7-25 目录样式效果图

过设置标题级别、插入目录并调整其格式，用户可以快速生成结构清晰、层级分明的目录。掌握这些操作不仅能节省手动编制目录的时间，还能确保文档的规范性和一致性。

四、拓展提升

查找资料，完成《某设计公司企业员工手册》的目录制作。

任务要求：

① 完成页码设置。

② 完成文本内容 2 级及以上层级设置。

③ 完成目录制作，目录层级明确、样式美观。

第三篇
Excel 2024基本操作

Microsoft Excel 是微软办公软件套装的重要成员，是强大的电子表格程序。它拥有直观的界面，具备丰富的数据处理功能。通过函数和公式功能，人们能快速完成复杂计算，还可创建各类专业图表，直观呈现数据关系和趋势。Excel 还支持多工作表协作，方便管理大量数据，广泛应用于金融、科研、行政等领域，帮助用户高效处理和分析数据，是办公和数据处理的必备工具。

项目八

宿舍信息登记表的制作

【教学目标】

专业能力： 了解 Excel 2024 软件，可以熟练且规范地运用 Excel 2024 制作宿舍信息登记表，确保信息准确、格式合理。

社会能力： 树立团队合作意识，明白在信息收集与整理过程中相互协作的重要性，培养集体责任感。

方法能力： 高效提升资料收集整理、自主学习以及创造性思维能力，培养学生独立解决问题的习惯。

【学习目标】

知识目标： 全面掌握 Excel 2024 的基本操作，包括单元格格式设置、数据输入与编辑、公式函数初步运用等，为制作登记表筑牢基础。

技能目标： 能够独立、精准地使用 Excel 2024 制作实用的宿舍信息登记表，在设计布局、数据处理上展现创意，大幅增强创意表现能力。

素质目标： 显著提升学生的实践能力，深度养成良好团队协作、语言表达及综合职业能力，塑造严谨认真的做事态度。引导学生尊重他人隐私，在登记表制作与使用过程中，严格遵守信息保密原则，强化学生的职业道德素养。

【教学建议】

（1）教师活动

① 课前精心收集案例，在课堂上全方位展示，引导学生观察表格结构、功能分区，提升对 Excel 2024 实用性的直观感知。

② 利用多媒体课件详细拆解制作宿舍信息登记表的步骤，配合自制的简洁明了的教学视频，让学生轻松掌握操作要点。讲解过程中，适时穿插思政小故事，例如讲述老一辈科研人员在艰苦条件下，如何严谨细致地记录实验数据，为国家科研事业奠定基础，启发学生对待表格制作也要秉持认真负责的态度。

（2）学生活动

① 组织学生收集优秀同学作业，开展小组互评活动，各小组推选代表进行现场展示讲解，阐述作品亮点与不足，锻炼语言表达与沟通协调能力，培养相互学习、共同进步的氛围。在互评过程中，学生之间相互欣赏他人的努力与创意，尊重不同的观点，培养包容友善的人际关系态度。

② 在教师引导下，学生分组完成教学课件学习任务实践，在制作宿舍信息登记表过程中，融入思政元素思考。例如，思考在信息时代，如何保障同学们的个人信息安全，强化自身的信息保护意识与社会担当。完成后依次进行自评，总结自身成长与不足；互评环节相互学习借鉴；最后教师点评，给予针对性指导与鼓励，助力学生持续提升。

任务一　Excel 2024 界面初识

一、问题导入

Excel 2024 是微软公司推出的电子表格制作软件，它具有强大的数据组织、计算、分析和统计功能。本任务主要介绍 Excel 2024 的操作界面，制作简单的表格并修改表格样式。如图 8-1 所示为宿舍信息登记表示例。

	A	B	C	D	E
1	宿舍号	姓名	班级	出生年月	联系电话
2	2201	张三	平面设计1班	2000年1月	13111122334
3	2202	李四	平面设计2班	2000年2月	13112233445
4	2203	王五	平面设计3班	2000年3月	13122334455
5	2204	李蕾	平面设计4班	2000年4月	13223344556
6	2205	王阳	平面设计5班	2000年5月	13233445566
7					

图 8-1　宿舍信息登记表示例

二、任务讲解

① Excel 2024 的工作界面主要由标题栏、功能区、名称框、编辑栏、工作表编辑区、选项卡等组成，如图 8-2 所示。

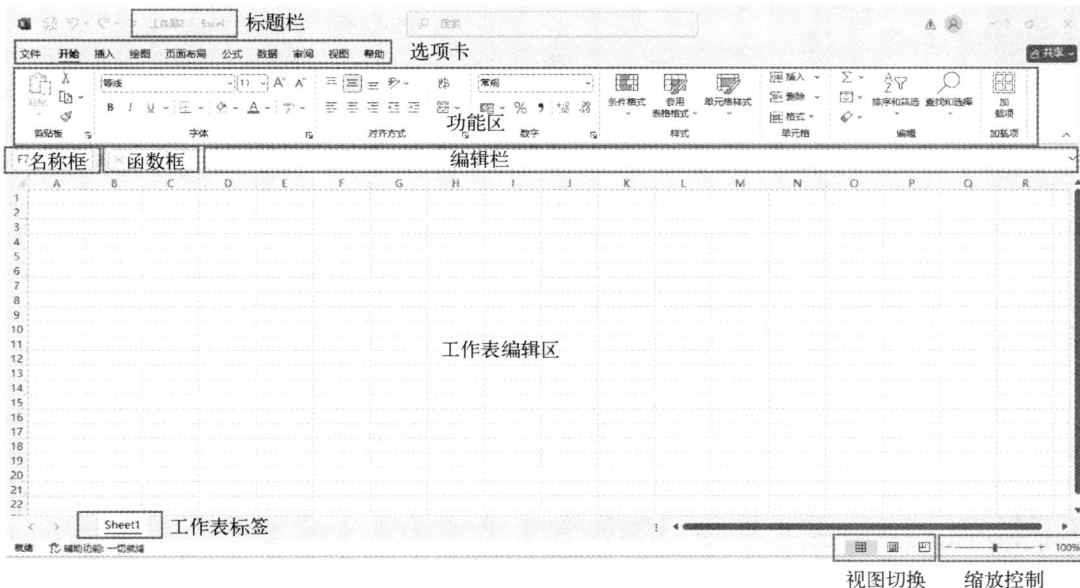

图 8-2　Excel 2024 工作界面

② 操作界面的最上面一行是标题栏，用来显示软件名称和当前文档名称。双击标题栏可以切换主窗口的"最大化"和"还原"状态。

表格的右上方有"▆▆▆▆"按钮，用于最小化、还原和关闭。

在标题栏左边有快速访问工具栏"▆▆▆▆"，在默认情况下，该工具栏上有保存、撤销、恢复3个快捷按钮，还可以添加和删除快速访问按钮，利用它可以直接进行操作，为文档的编辑提供便捷操作。

③ 新建立的工作簿中包含工作表，默认名称为Sheetl、Sheet2。工作表的张数可以根据需要进行修改，具体操作是在工作表标签上单击鼠标右键，在弹出的快捷菜单中选择相应的选项即可。当工作表标签为白底时，如"Sheet1 Sheet2 ⊕"表示工作表Sheet1处于可编辑状态，单击"Sheet2"标签，则工作表Sheet2被切换为可编辑的工作表。

④ Excel 2024有开始、插入、页面布局、公式、数据等选项卡标签，这些选项卡下有各自的选项组，分别包含着不同的功能。

"开始"选项卡如图8-3，可以设置单元格的字体、对齐方式、数字、样式以及对单元格进行简单的编辑等。

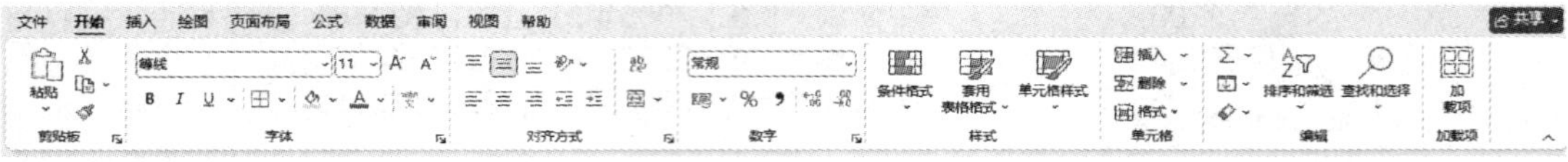

图 8-3 "开始"选项卡

单击"插入"标签即可切换并看到"插入"选项卡的内容，如图8-4所示。通过"插入"选项卡可以插入表格、插图、图表、链接、文本以及符号等对象。

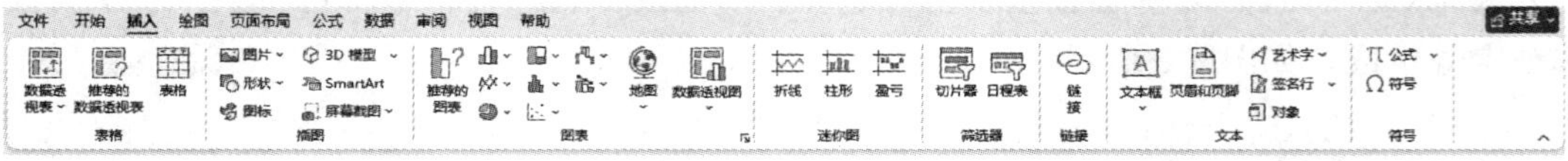

图 8-4 "插入"选项卡

单击"绘图"标签即可切换并看到"绘图"选项卡的内容，如图8-5所示。通过"绘图"选项卡可以绘制图形。

图 8-5 "绘图"选项卡

单击"页面布局"标签即可切换并看到"页面布局"选项卡的内容，如图8-6所示。通过"页面布局"选项卡可以设置工作表的版式和打印的页面等。

图 8-6 "页面布局"选项卡

单击"公式"标签即可切换并看到"公式"选项卡的内容，如图 8-7 所示。该选项卡中有 Excel 2024 自带的函数库和公式审核等内容。

图 8-7 "公式"选项卡

单击"数据"标签即可切换并看到"数据"选项卡的内容，如图 8-8 所示。通过该选项卡可以获取外部数据，对数据进行排序和筛选、分级显示等，对工作表中的数据进行管理与连接。

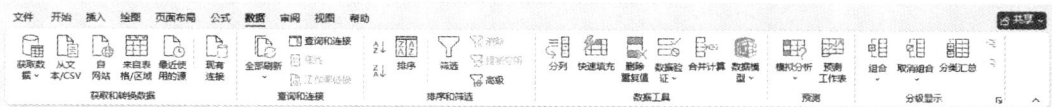

图 8-8 "数据"选项卡

单击"审阅"标签即可切换并看到"审阅"选项卡的内容，如图 8-9 所示。通过该选项卡可以对工作表进行校对、批注和保护等，还可以进行中文简/繁体的转换。

图 8-9 "审阅"选项卡

单击"视图"标签即可切换并看到"视图"选项卡的内容，如图 8-10 所示。通过该选项卡可以调整工作簿的视图、显示以及显示比例等，还可以调整编辑窗口和宏。

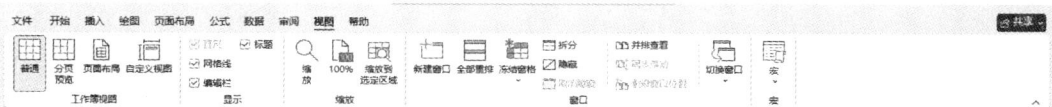

图 8-10 "视图"选项卡

⑤ 当文档编辑完成后，若要对编辑的工作簿或工作表进行保存，可以单击快速访问工具栏中的"保存"按钮，还可以在"文件"菜单中选择"保存"或"另存为"选项，在弹出的对话框中选择保存位置和输入文件名称，然后单击"确定"按钮即可。

单击快速访问工具栏右侧的"自定义快速访问工具栏"按钮，在弹出的下拉菜单中可以选择添加到快速访问工具栏中的按钮，以便提高编辑效率，如图 8-11 所示。

⑥ 关闭 Excel 2024 的方法主要有：单

图 8-11 "自定义快速访问工具栏"下拉菜单

击操作界面右上角的"关闭"按钮;在"文件"菜单中选择"关闭"选项;按"Alt+F4"快捷键进行关闭。

三、任务小结

本任务介绍了 Excel 2024 的基本概念和应用领域,了解了 Excel 2024 工作界面的组成部分。与传统的表格相比,电子表格在输入、修改方面具有简单、方便、效率高的特点,而且存储方便,节省空间。此外,在统计分析数据方面和现代办公中,电子表格也有着极为重要的应用。Excel 可以用来制作电子表格,即工作簿。工作簿包含多张不同的"页",称为工作表(work sheet),每一页均可以是一个电子表格,根据不同的内容加入各页的编码或命名,这样可以方便用户编辑和查找。

四、拓展提升

① 尝试用多种方法打开 Excel 2024。
② 打开一个电子表格,熟悉 Excel 2024。
③ 保存及退出 Excel 2024。

任务二　简单表格的制作

一、问题导入

"学生信息登记表"包括学生的基本信息和联络方式,人们主要关注文字内容,因此表格的文字要清楚。通过 Excel 2024 制作"学生信息登记表",深入了解 Excel 2024 的相关功能。本任务中包含宿舍号列、姓名列、班级列、出生年月列、联系电话列等数据输入的操作。

二、任务讲解

① 启动 Excel 2024,如图 8-12 所示。启动后会自动生成一个名为"工作簿"的空白工作表,并且定位于工作表 Sheet1 的 A1 单元格。

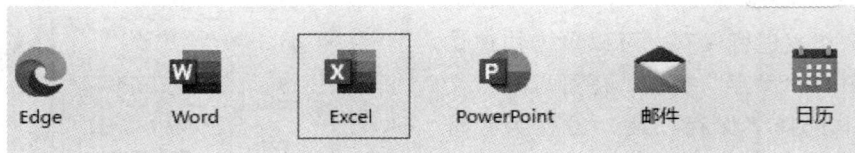

图 8-12　启动 Excel

② 在工作表中输入数据时,需要先用鼠标单击选中的单元格。在单元格 A1 中输入"宿舍号",输入过程中单元格内有光标闪烁,表明处于编辑状态。用户可以在单元格中进行数据的输入和编辑,也可以在编辑栏进行(图 8-13),然后按回车键确认,就完成了在单元格 A1 中的数据输入。此时选中框向下跳,方便纵向输入,单元格 A2 被选中。

若觉得横向输入方便(向右移),可以按 Tab 键(默认向右移),还可以使用鼠标单

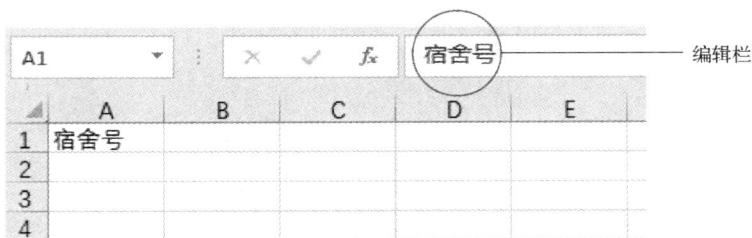

图 8-13　输入数据

击选择其他单元格。

通过键盘上的 ↑、↓、←、→ 键，也可以选择要编辑的单元格。

③ 选中 B1 单元格，输入"姓名"，并按 Tab 键确认。同样，在 C1 至 E1 单元格中分别输入"班级""出生年月""联系电话"。

④ 使用方向键或者鼠标选取单元格 A2 输入宿舍号"2201"并按"Tab"键确认，再在 B2 单元内输入姓名"张三"，并在后续单元依次输入张三的个人信息。

若在输入过程中单元格内并未显示输入的内容，而是一串"♯"或者类似"1.321E＋10"的数据，表明是单元格的宽度不够，如图 8-14 所示。将光标置于两列的列标之间，此时光标呈十字状左右带箭头，按下鼠标左键的同时向右拖动光标，此时光标的右上方会出现一个显示列宽的标签（图 8-15），将列宽调整到合适大小，单元格中的数据即可正确显示。选中出生年月的单元格，右键"设置单元格格式"选项，分类"日期"，在类型中选择不同的出生年月显示方式（图 8-16）。

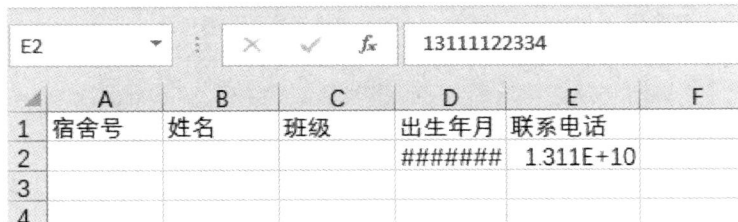

图 8-14　列宽不够时数据的显示

图 8-15　调整列宽

⑤ 选中 A3 单元格后，按下鼠标左键，然后向右下方拖动鼠标至 E6 单元格，释放鼠标左键，选中的这个单元格区域表示为 A3：E6。该区域的左上角 A3 单元格的颜色呈亮色，表明该单元格处于可编辑状态，输入第二名学生的宿舍号"2202"，如图 8-17 所示。

在图 8-17 中选中单元格区域并按"Tab"键，亮色单元格右移，这样依次输入第二个

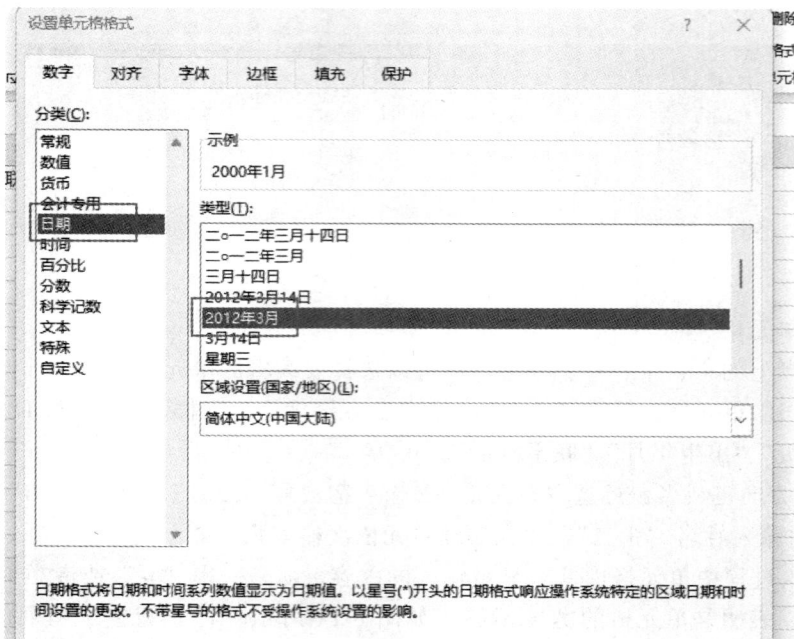

图 8-16　设置日期格式

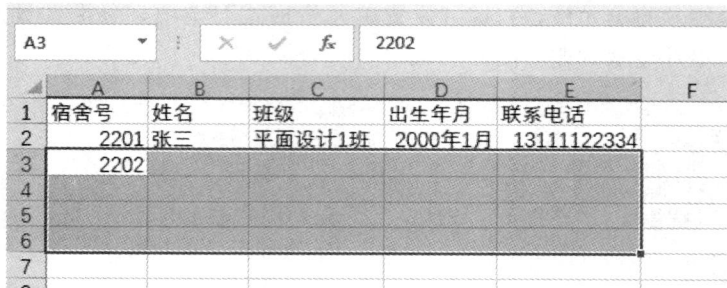

图 8-17　选中单元格区域

学生的个人信息。在选定区域内输入完毕 E3 单元格的内容后，按"Tab"键，亮色单元格自动换行，移动到 A4 单元格。

　　按"Enter"键可以使亮色单元格在选定区域内向下移动，按"Shift＋Enter"快捷键可以使亮色单元格在选定区域内向上移动，按"Shift＋Tab"快捷键可以使亮色单元格在选定区域内向左移动，如图 8-18 所示。

　　在选定区域内移动单元格不能使用鼠标左键或者方向键，否则将会取消区域选定。

　　⑥ 输入其他 3 人的全部资料，并将其保存，命名为"宿舍信息登记表"，如图 8-19 所示。

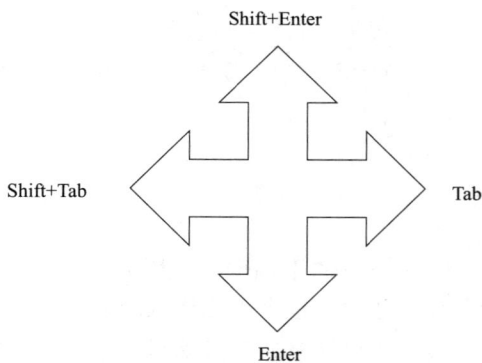

图 8-18　选中单元格区域的单元格移动

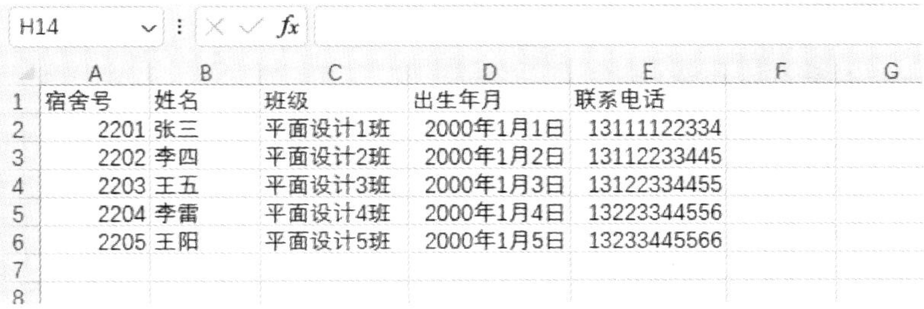

H14

	A	B	C	D	E	F	G
1	宿舍号	姓名	班级	出生年月	联系电话		
2	2201	张三	平面设计1班	2000年1月1日	13111122334		
3	2202	李四	平面设计2班	2000年1月2日	13112233445		
4	2203	王五	平面设计3班	2000年1月3日	13122334455		
5	2204	李雷	平面设计4班	2000年1月4日	13223344556		
6	2205	王阳	平面设计5班	2000年1月5日	13233445566		
7							
8							

图 8-19 “宿舍信息登记表”的数据输入

三、任务小结

本任务介绍了 Excel 2024 的基本功能，工作簿的建立、打开和保存，调整表格中的行、列宽度，对工作表数据输入有了基本的了解。

四、拓展提升

① 使用方向键选择单元格的方法，练习将本任务中的“宿舍信息登记表”重新制成电子表格。

② 将表 8-1 制作成电子表格。

表 8-1 学生信息表

姓名	班级	籍贯	出生年月
王一	平面设计 1 班	山东省	2002 年 1 月
赵二	平面设计 2 班	北京市	2002 年 2 月
李三	平面设计 3 班	天津市	2002 年 3 月

任务三 表格样式的设置

一、问题导入

本任务将介绍对电子表格进行一些格式修改，包括将“宿舍号”“姓名”“班级”列的文字居中显示，将第一行表头字体加粗并更改字体等。修改格式后的“宿舍信息登记表”如图 8-20 所示。

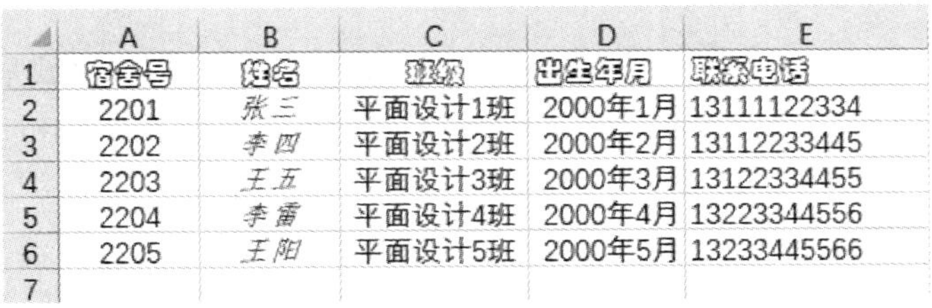

	A	B	C	D	E
1	宿舍号	姓名	班级	出生年月	联系电话
2	2201	张三	平面设计1班	2000年1月	13111122334
3	2202	李四	平面设计2班	2000年2月	13112233445
4	2203	王五	平面设计3班	2000年3月	13122334455
5	2204	李雷	平面设计4班	2000年4月	13223344556
6	2205	王阳	平面设计5班	2000年5月	13233445566
7					

图 8-20 修改格式后的“宿舍信息登记表”

二、任务讲解

1. 打开"宿舍信息登记表"

首先启动 Excel 2024，单击"文件"菜单选择"打开"选项，随后在对话框中选择自己保存的位置，找到后单击选中，单击"确定"按钮打开；还可以在"最近所用文件"中选择"宿舍信息登记表"进行打开。

除了上述途径外，还可以找到"宿舍信息登记表"的存储位置，通过双击"宿舍信息登记表"图标来打开文档。

2. 更改对齐方式

① 在打开的文档中，将光标放在列标 A 上，当出现一个向下的黑色箭头后，单击鼠标左键即可选中 A 列，如图 8-21 所示。

图 8-21　选中 A 列

② 想要让宿舍号居中，则在"开始"选项卡的"对齐方式"组中单击"居中"按钮，即可使 A 列的文本居中，如图 8-22 所示。

图 8-22　使选中列文本居中

③ 选中 A 列，然后单击"开始"选项卡"剪贴板"组中的"格式刷"按钮，再拖动鼠标选择 B1：C6 区域。释放鼠标左键，即将 A 列的格式复制到了 B1：C6 区域，B 列和 C 列的文字居中了，如图 8-23 所示。

3. 更改表头字体

单击行标 1，会出现一个向右的黑色箭头，这时选中了 1 行，在"开始"选项卡的"字体"组中单击"加粗"按钮，并将字体更改为"华文彩云"，如图 8-24 所示。

图 8-23　B 列和 C 列文字居中

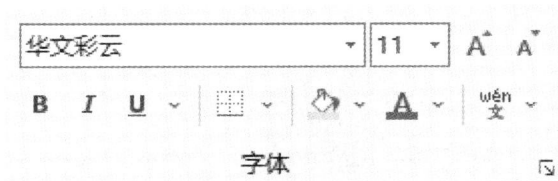

图 8-24　设置字体

4. 检查并保存"宿舍信息登记表"

① 在检查时若发现输入的文本有错误且需要修改时，可以单击选中单元格后在编辑栏中修改，也可以双击单元格，在出现光标后修改。

② 修改完毕后，选择"文件"菜单中的"另存为"选项，将工作簿另存为"宿舍信息登记表-修改"。如果选择"保存"选项，则会覆盖之前的原始文件"宿舍信息登记表"。

三、任务小结

Excel 2024 提供了对电子表格中的文字进行修改的功能。可以通过选取字体格式来修改文字的字体，如中文字体、英文字体等，也可以设置字体的加粗、斜体和下划线等。此外，为了美化工作表，还可以对文字的颜色以及文字在单元格中的对齐方式进行设置。其他格式方面的修改包括填充颜色、边框、条件格式化以及自动套用格式等。

四、拓展提升

① 将本任务电子表格中的"姓名"一列的数据字体改成仿宋，并斜体显示。修改完成后的效果如图 8-25 所示。

② 将本任务电子表格中的"联系电话"一列的对齐方式修改为左对齐。修改完成后的效果如图 8-26 所示。

图 8-25　"姓名"列修改完成后的效果

图 8-26　"联系电话"列修改完成后的效果

项目九

班级通信录的制作

【教学目标】

专业能力： 了解 Excel 2024 的基本功能，能运用 Excel 2024 制作工作表和工作簿。

社会能力： 掌握各类表格的制作方法，提高他们的创新创作能力，并能应用于实际案例中。

方法能力： 提高资料收集整理和自主学习能力，以及创造性思维能力。

【学习目标】

知识目标： 掌握 Excel 2024 的基本操作。

技能目标： 能够使用 Excel 2024 制作班级通信录，增强图表制作能力。

素质目标： 提高思维能力、实践能力，养成良好的团队协作能力和语言表达能力以及综合职业能力。

【教学建议】

（1）教师活动

① 教师通过前期收集的各类型 PPT 案例展示，提高学生对 Excel 2024 的直观认识。同时，运用多媒体课件、教学视频等多种教学手段，讲授如何运用 Excel 2024 制作工作表和工作簿。

② 教师通过对优秀工作表作品的展示，让学生感受如何运用 Excel 2024 制作优秀的工作表。

（2）学生活动

① 收集优秀的学生工作表和工作簿作业并进行点评，并让学生分组进行现场展示和讲解，训练学生的语言表达能力和沟通协调能力。

② 学生在教师的组织和引导下完成制作工作表和工作簿的学习任务，进行自评、互评、教师点评等。

任务一　工作表的基本操作

一、问题导入

工作表是 Excel 窗口中非常重要的组成部分，每个工作表都包含了多个单元格，Excel 数据主要就是以工作表为单位来存储的。

二、任务讲解

① 启动 Excel 2024 应用程序后，在弹出的界面中单击"空白工作簿"按钮，将自动创建一个名为"工作簿 1"的新工作簿。或者在应用 Excel 进行工作的过程中，单击"文件"按钮，在弹出的菜单中选择"新建"命令，然后在"新建"窗格中单击"空白工作簿"按钮新建工作簿，如图 9-1、图 9-2 所示。

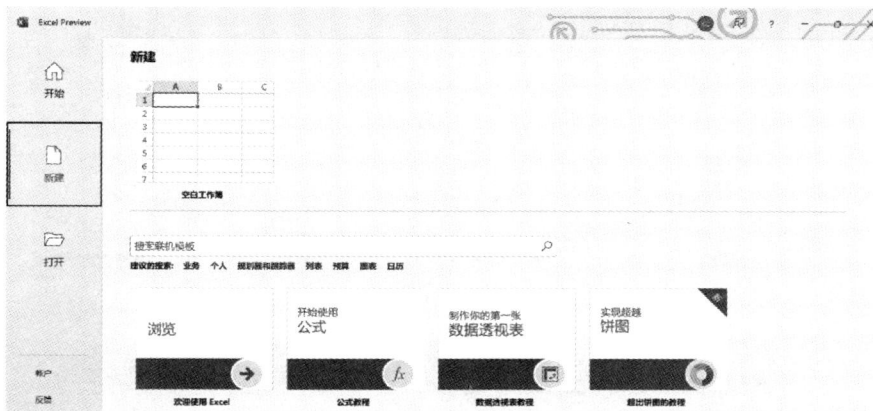

图 9-1　新建工作簿（一）

图 9-2　新建工作簿（二）

② 在 Excel 单元格中可以输入多种数据，其中包括文本、日期、数值等类型。掌握不同数据类型的输入方法是使用 Excel 必备的技能。针对不同的数据内容，可以采用不同的输入方式。

a. 在单元格中输入数据时，首先应选择单元格或双击单元格，然后直接输入数据，按"Enter"键确认输入，如图 9-3 所示。

b. 不同的工作领域对单元格中数字的类型有不同的需求，因此，Excel 提供了多种格式类型，如文本、数值、货币、日期等，该功能可通过"设置单元格格式"对话框来实现，如图 9-4 、图 9-5 所示。

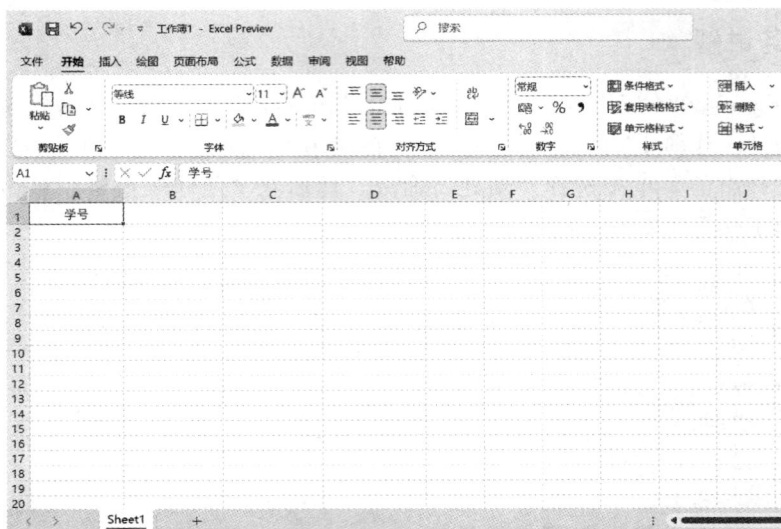

图 9-3　单元格数据输入

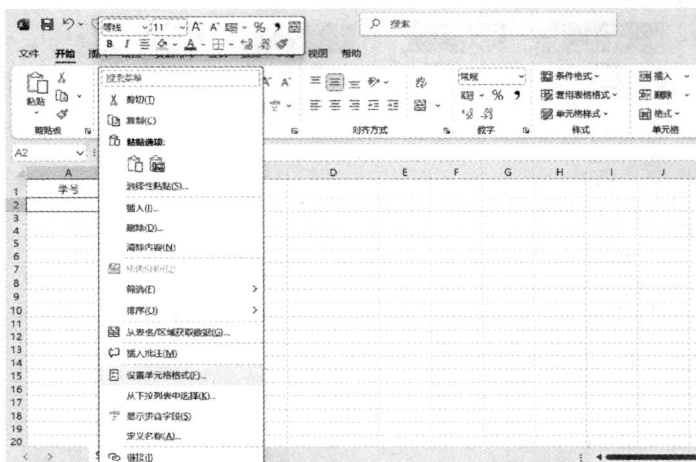

(a)

(b)

图 9-4　设置单元格格式

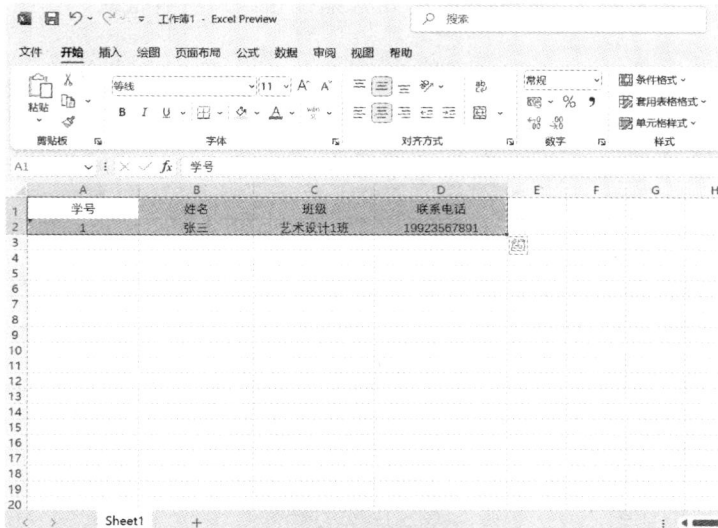

图 9-5　单元格内容输入

c. 自动填充功能是指将用户选择的起始单元格中的数据，复制或按序列规律延伸到所在行或列的其他单元格中。在实际应用中，工作表中的某一行或某一列中的数据经常是一些有规律的序列，对于这样的序列，可以使用 Excel 中的自动填充功能填充数据。

选择单元格后，其右下角有一个实心方块，即为填充柄。使用活动单元格右下角的填充柄，可以在同一行或列中填充有规律的数据。用户可以分别向上、下、左、右 4 个方向拖动填充柄进行数据填充。将鼠标指针移至单元格右下角，鼠标指针呈十字形状时按下鼠标左键向下拖动至目标单元格，如图 9-6 所示。

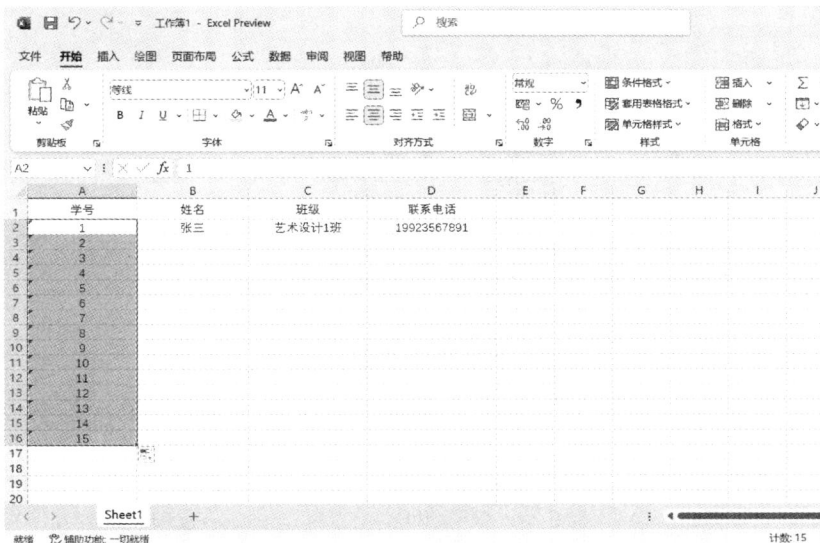

图 9-6　自动填充

③ 单元格数据输入完毕之后，需要对工作表单元格框线和行高进行调整，这样可以有效地提高工作表的可视性。

a. 鼠标左键选中所有单元格数据，点击边框按钮添加所有框线，如图 9-7 所示。

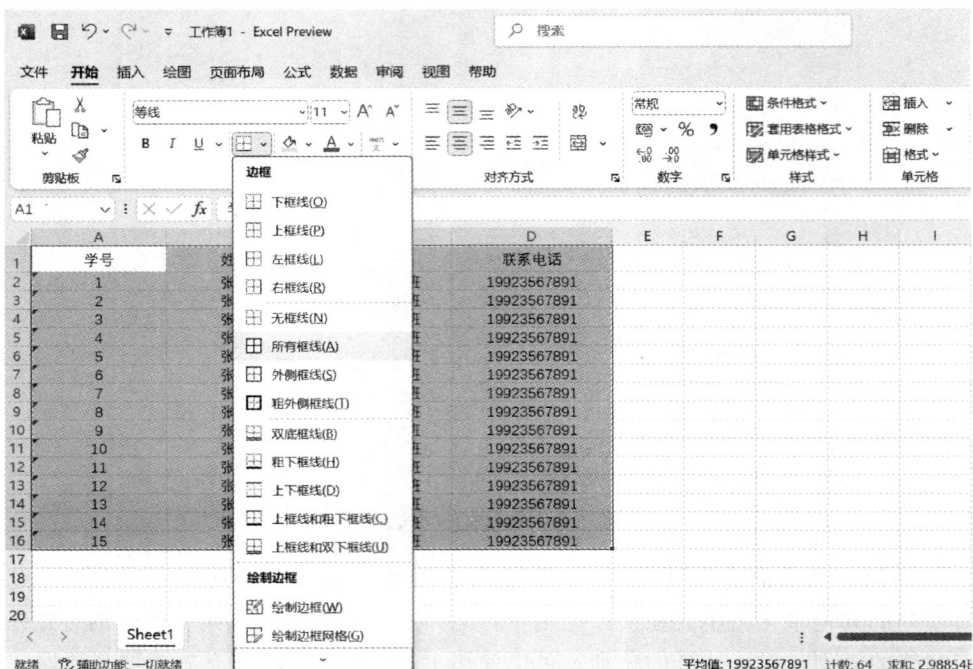

(a)

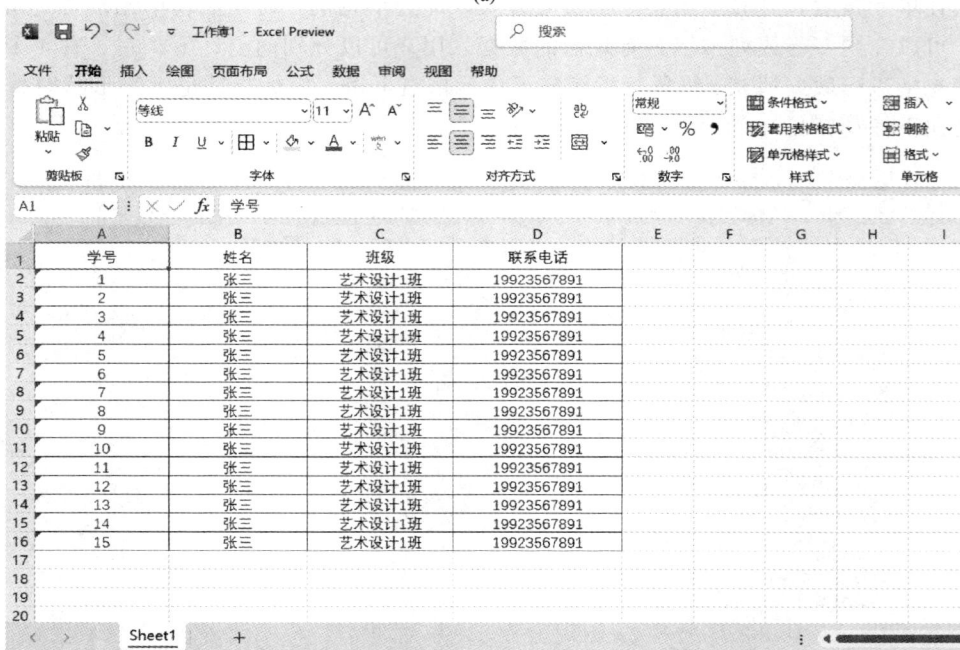

(b)

图 9-7　添加框线

b. 鼠标左键选中所有单元格数据，单击格式按钮，在下拉菜单中选择行高，对话框中设置行高为 20，如图 9-8 所示。

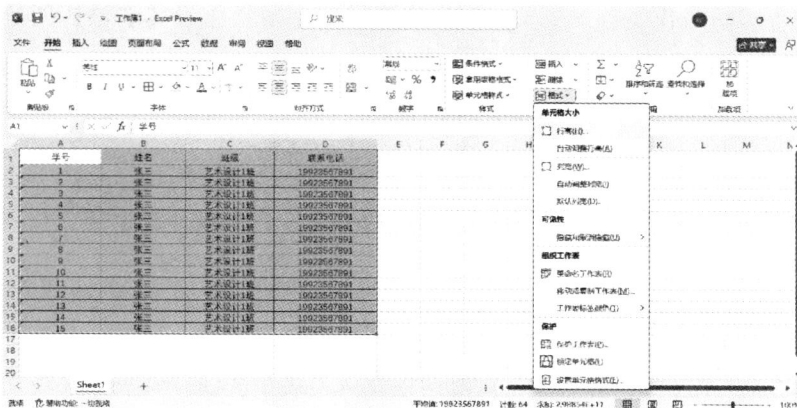

(a)

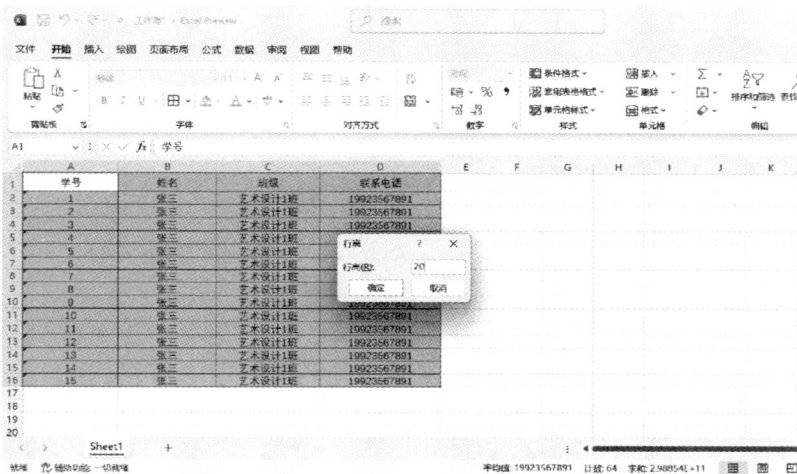

(b)

图 9-8　调整行高

三、任务小结

本任务介绍了 Excel 工作表的制作过程，Excel 工作界面中的文件命令以及相关参数设定。Excel 软件是目前最常用的表格制作软件之一，我们在今后的职场工作中将大有用途。

四、拓展提升

① 每位同学制作一份自己班级的通信录工作表。
② 掌握 Excel 2024 的工作表制作过程。

任务二　工作簿的基本操作

一、问题导入

Excel 2024 是目前最常用的表格制作软件之一，可以制作出多种类型的工作表。使用

Excel 进行文件编辑操作，首先要掌握工作簿的一些基本操作，其中包括创建、保存、关闭及打开工作簿等。

二、任务讲解

1. 设置工作表数量

一个工作簿可以包含多个工作表。在早期的 Excel 版本中，新建的工作簿默认包含 3 个工作表，而在 Excel 2024 中，新建的工作簿默认只包含 1 个工作表，用户可以通过如下方法设置新建工作簿包含工作表的数量。

① 单击"文件"按钮，在弹出的菜单中选择"选项"命令。

② 打开"Excel 选项"对话框，在对话框左侧列表中选择"常规"选项，然后在"新建工作簿时"选项栏中设置"包含的工作表数"的值为 3，然后单击"确定"按钮，如图 9-9 所示。

图 9-9　设置工作表数量

2. 新建工作表

在创建工作表的过程中，如果在工作簿中的工作表不够用，可以通过如下方法在工作簿中创建新的工作表。

单击工作表选项卡右侧的"新工作表"按钮，将插入新的工作表并自动命名，如图 9-10 所示。

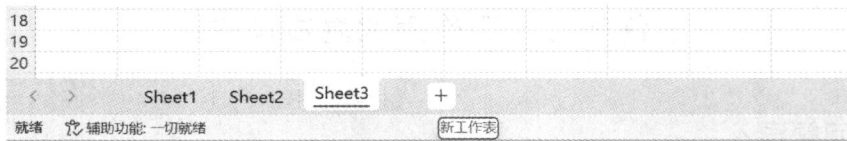

图 9-10　新建工作表

3. 重命名工作表

在工作簿中创建多个工作表后，为了快速查找需要的工作表，就需要对工作表进行重命名。右击工作表标签，在弹出的快捷菜单中选择"重命名"命令，工作表名称将变为可编辑状态，重新输入工作表名，如图 9-11 所示。

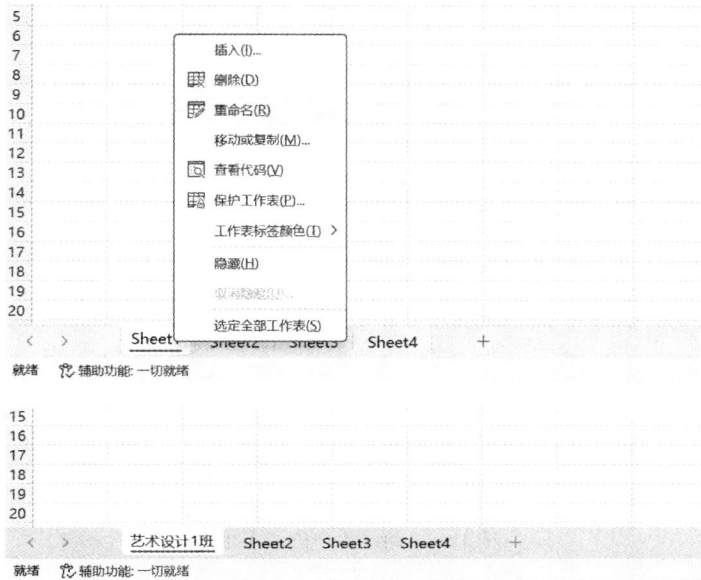

图 9-11　重命名工作表

4. 复制和移动工作表

在 Excel 中，除了可以重命名工作表外，还可以移动工作表的位置，或对工作表进行复制。选中工作表标签，按下鼠标左键并拖动，即可移动工作表。

选中工作表标签并右击，在弹出的快捷菜单中选择"移动或复制"命令，打开"移动或复制工作表"对话框，即可移动或复制工作表，如图 9-12 所示。

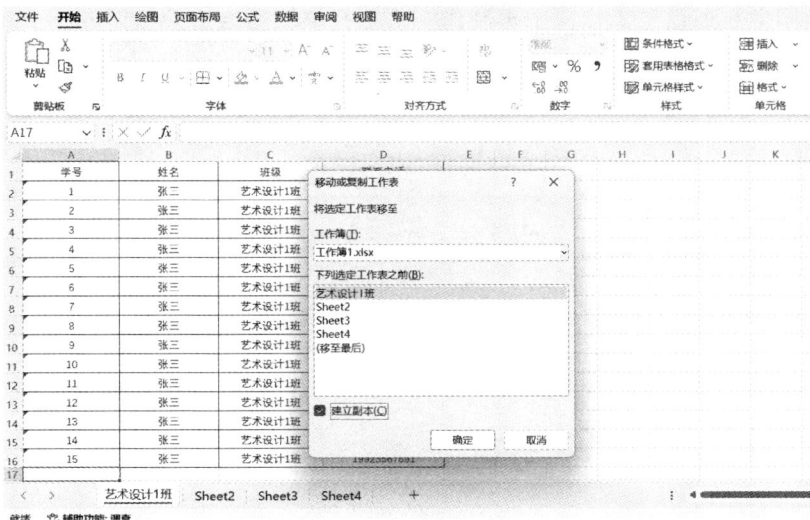

图 9-12　移动和复制工作表

5. 隐藏和显示工作表

在公共场所中，如果不想表格中的重要数据外泄，可以将数据所在的工作表进行隐藏，等待需要时再将其显示出来。

右击工作表标签，在弹出的快捷菜单中选择"隐藏"命令，如图 9-13 所示。

图 9-13　隐藏和显示工作表

三、任务小结

本任务介绍了工作簿的基本操作，即工作簿与工作表的新建、复制、移动、删除等操作。

四、拓展提升

① 练习并掌握工作簿和工作表的基础操作。

② 每位同学在通信录工作簿中再制作一份平行班级的通信录工作表。

项目十

期末考试成绩表的制作

【教学目标】

专业能力： 了解 Excel 2024 的基本功能；能运用 Excel 2024 制作考试成绩表。

社会能力： 掌握各类表格的制作方法，提高他们的创新创作能力，并能应用于实际案例中。

方法能力： 提高资料收集整理和自主学习能力，以及创造性思维能力。

【学习目标】

知识目标： 掌握 Excel 2024 的基本操作。

技能目标： 能够使用 Excel 2024 制作考试成绩表，增强图表制作能力。

素质目标： 提高思维能力、实践能力，养成良好的团队协作能力和语言表达能力以及综合职业能力。

【教学建议】

（1）教师活动

① 教师通过前期收集的各类型 PPT 案例展示，提高学生对 Excel 2024 的直观认识。同时，运用多媒体课件、教学视频等多种教学手段，讲授如何运用 Excel 2024 制作工作表和工作簿。

② 教师通过对优秀工作表作品的展示，让学生感受如何运用 Excel 2024 制作优秀的工作表。

（2）学生活动

① 收集优秀的学生工作表和工作簿作业并进行点评，并让学生分组进行现场展示和讲解，训练学生的语言表达能力和沟通协调能力。

② 学生在教师的组织和引导下完成制作工作表和工作簿的学习任务，进行自评、互评、教师点评等。

任务一　数据输入的格式

一、问题导入

在 Excel 中可以对单元格内的文字进行格式设置，包括设置文字的字体和对齐方式，从而实现对数据的排版设计，使表格更美观。

二、任务讲解

① Excel 设置数据字体格式的方法与 Word 基本相同。选中要设置字体的单元格区域，切换到"开始"选项卡，在"字体"组中可以设置文本的字体、字号和颜色等。也可以选中要设置字体的单元格区域，鼠标右键弹出快捷菜单，打开"设置单元格格式"对话框，在"字体"选项卡中设置文字的字体、字号、颜色，如图 10-1、图 10-2 所示。

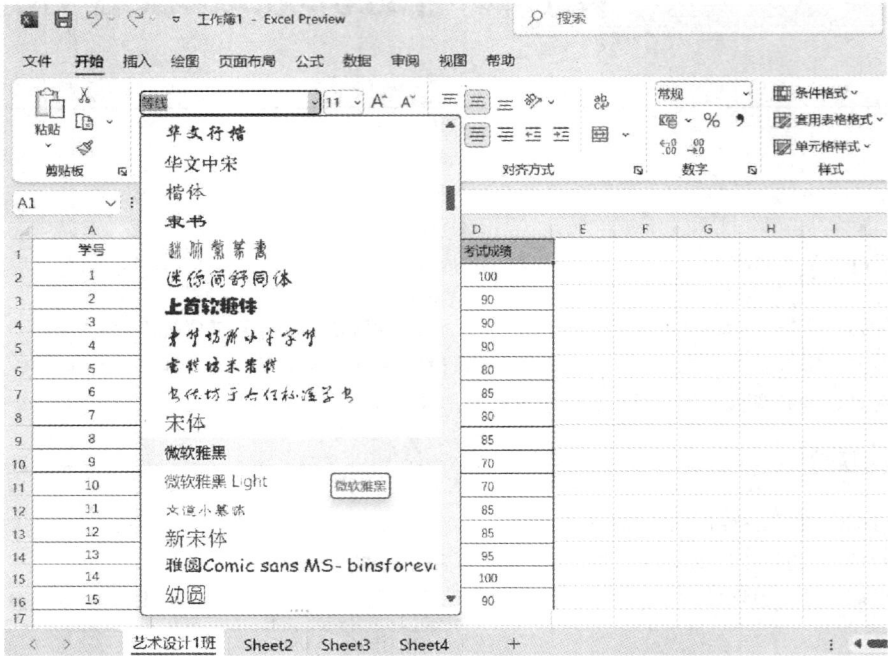

图 10-1　字体设置（一）

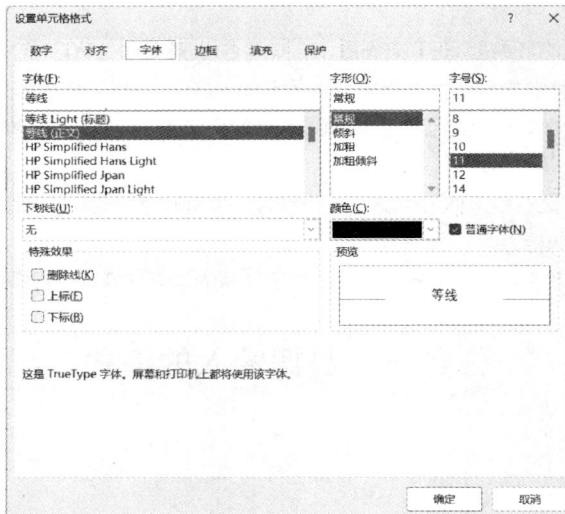

图 10-2　字体设置（二）

② 在 Excel 设置单元格格式对话框中还可以对输入数据格式进行调整，其中包括对齐、边框、填充等类型。针对不同的数据内容，可以采用不同的输入方式，如图 10-3、图 10-4 所示。

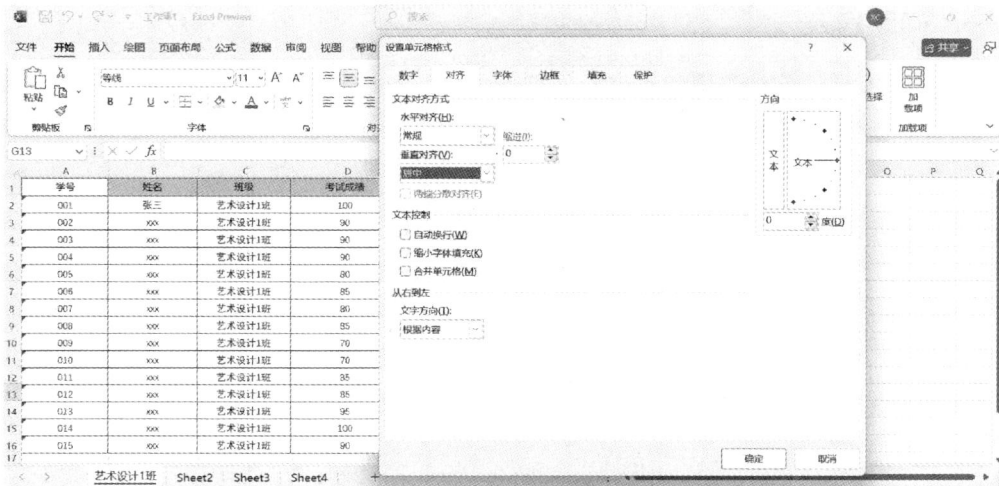

图 10-3　单元格数据对齐

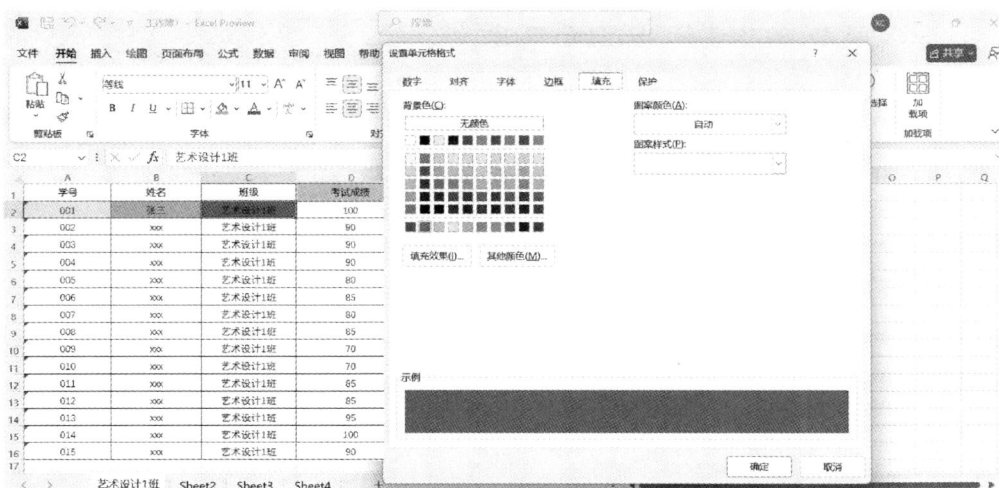

图 10-4　单元格颜色填充

三、任务小结

本任务介绍了 Excel 单元格输入数据格式的调整方法。使用这些方法，我们可以对单元格对齐方式、字体，颜色等进行设置，提高表格的可读性。

四、拓展提升

① 制作一份自己班级的期中考试成绩工作表。
② 掌握 Excel 2024 软件数据格式的设置过程。

任务二　表格样式的设置

一、问题导入

Excel 2024 是目前最常用的表格制作软件之一，可以制作出多种类型的工作表。使用 Excel 进行文件编辑操作，首先要掌握表格的一些基本操作，然后才能对表格样式进行设计。

二、任务讲解

1. 插入单元格

在处理工作表数据时，常常需要插入一些单元格，下面介绍插入单元格的方法。

① 选中第一行数据单元格，切换到"开始"选项，在"单元格"组中单击"插入"下拉按钮，在弹出的下拉列表中选择"插入单元格"选项，弹出"插入"对话框，设置插入单元格选项。

② 也可以单击右键选择"插入"选项，列表中选择"活动单元格下移（D）"选项，如图 10-5 所示。

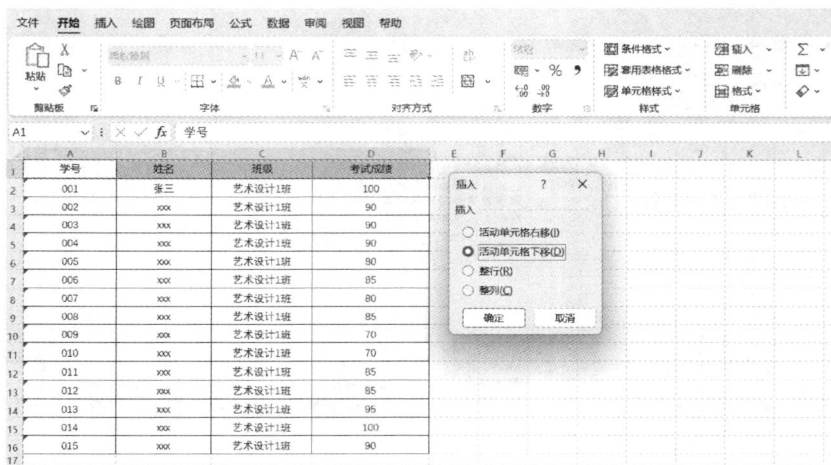

图 10-5　插入单元格

2. 合并拆分单元格

合并单元格也是常用的 Excel 操作技巧。根据具体的表格效果，有时需要对相邻的多个单元格进行合并，如用于存放标题栏的单元格等。选中单元格区域，切换到"开始"选项卡，在"对齐方式"组中单击"合并后居中"按钮，即可合并选中的单元格，如图 10-6 所示。

选中合并后的单元格，再次单击"合并后居中"按钮，即可拆分合并后的单元格。

3. 清除单元格数据

删除单元格后，其他单元格会移动位置来补充删除单元格的位置，如果只是想清除单

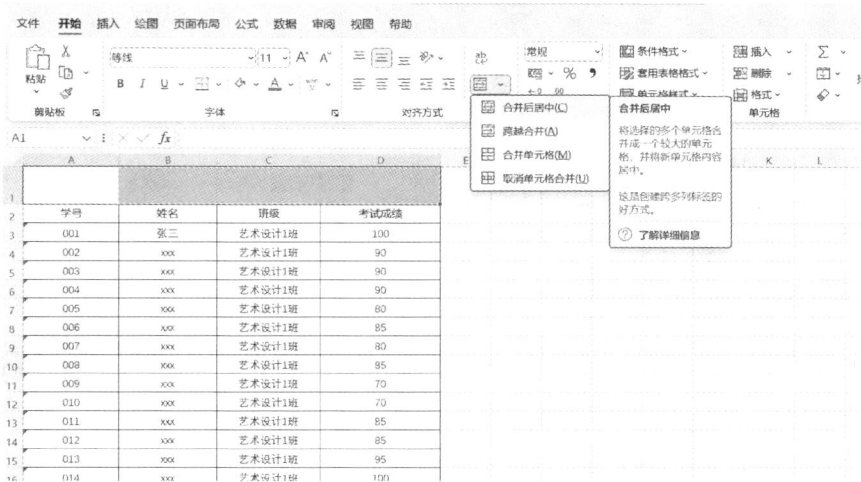

图 10-6　合并单元格

元格中的内容，而不想删除该单元格的位置，可以使用如下几种常用方法。

① 选中要清除单元格内容的单元格区域并右击，在弹出的快捷菜单中选择"清除内容"选项。

② 选中要清除单元格内容的单元格区域，切换到"开始"选项卡，单击"编辑"组中的"清除"下拉按钮，在弹出的下拉列表中选择要清除的对象。

③ 选中要清除单元格内容的单元格区域，按 Delete 键将其内容清除。

4. 应用表格样式和单元格样式

Excel 自带了一些比较常见的单元格样式和工作表样式，自动套用这些样式，可以使制表更加快捷、高效。选择单元格区域作为要套用表格样式的区域，单击"样式"选项组中的"套用表格格式""单元格格式"下拉按钮，在弹出的下拉菜单中选择要套用的样式，如图 10-7、图 10-8 所示。

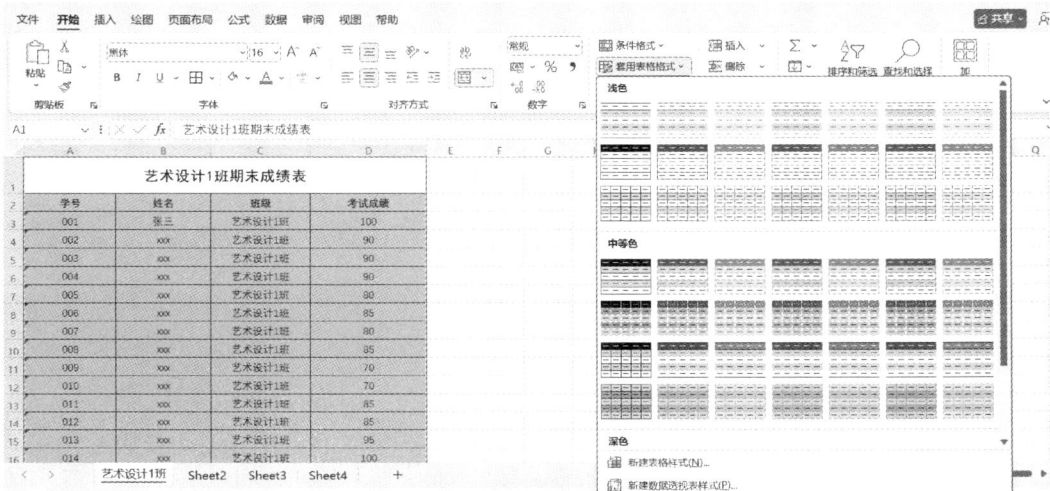

图 10-7　套用表格格式

图 10-8　单元格样式

三、任务小结

本任务介绍了工作表的基本操作，即工作表中单元格的插入、合并与拆分操作，并可以应用 Excel 自带的单元格样式和表格样式。

四、拓展提升

① 练习并掌握工作簿和工作表的基础操作。
② 每位同学在通信录工作簿中进行单元格的合并与拆分操作并设置表格格式。

项目十一

教师节贺卡的制作

【教学目标】

专业能力：了解 Excel 2024 软件，能熟练运用 Excel 2024 制作教师节贺卡。

社会能力：了解 Excel 2024 软件的应用背景，广泛收集作品资料，熟练掌握教师节贺卡制作方法与基本图表使用方法，切实提高创新创作能力，并能灵活应用于实际场景。

方法能力：提升资料收集整理、自主学习以及创造性思维能力。

【学习目标】

知识目标：掌握 Excel 2024 的图形对象用法，精通柱状图、折线图、条形图等基本图表的运用。

技能目标：能够独立、熟练地使用 Excel 2024 制作精美的教师节贺卡，大幅增强创意表现能力，精准掌握各类图标的应用。

素质目标：提升思维、实践能力，培养良好的团队协作、语言表达及综合职业能力，同时树立正确的价值观与职业操守。

【教学建议】

（1）教师活动

① 前期广泛收集不同风格的教师节贺卡案例，在课堂上进行展示，引导学生从设计思路、色彩搭配、图表运用等多方面分析探讨，拓宽视野、启发创作灵感。借助多媒体课件详细讲解 Excel 2024 制作贺卡的步骤，让学生更直观地学习操作技巧。

② 挑选具有代表性的优秀作品，从创意构思、技术运用、细节处理等维度深入剖析，让学生明白如何巧用 Excel 打造高品质作品，引导学生追求卓越、精益求精。

（2）学生活动

① 组织学生收集优秀同学的 Excel 作业，开展小组互评活动，各小组推选代表进行现场展示讲解，阐述作品亮点与不足，锻炼语言表达与沟通协调能力，营造相互学习、共同进步的氛围。

② 在教师引导下，学生分组完成教学课件学习任务实践，制作教师节贺卡过程中融入思政元素，如感恩教师的奉献精神，将之通过贺卡设计、文字表述体现出来。完成后依次进行自评，总结自身成长与不足；互评环节相互学习借鉴；最后教师点评，给予针对性指导与鼓励，助力学生持续提升。

任务一　教师节贺卡的设计

一、问题导入

本次任务以制作教师节贺卡为例来学习 Excel 2024 中图形部分（各种图形、图片、艺术字）的处理技巧。制作贺卡需要插入图形或者外部图片，本任务可以插入"心形"图形和外部图形，然后插入艺术字，并设置艺术字的样式。

二、任务讲解

① 打开 Excel 2024，新建空白工作簿，将其命名为"教师节贺卡"并保存。

② 插入外部图片。选定单元格 A1，在"插入"选项卡的"插图"组中单击"图片"，单击"放在单元格上"→"此设备"，选择外部编辑好的图片，单击"插入"按钮。将插入的图片在"图片工具"→"格式"→"大小"中设置高为 5cm、宽为 5cm，这时的图片样式如图 11-1 所示。

③ 插入编辑形状。单击"插入"→"插图"→"形状"下拉菜单"基本形状"中的"心形"按钮，将鼠标指针移动到工作表需要绘制图形的地方，即外部图片的左下角处，鼠标指针变化为十字线形状，这时按住鼠标左键和 Shift 键（保持原始宽高比例调整大小），拖动鼠标，将改变图形的大小，满意后松开鼠标左键和 Shift 键，即绘制完毕。双击插入的心形图片，在"格式"选项卡"形状样式"组左侧的形状线条样式下拉列表中选择与外部图片相配的形状样式。也可以在"形状填充"和"形状轮廓"下拉列表中选择填充和线条的颜色及样式，设置后的效果如图 11-2 所示。

图 11-1　插入外部图片效果

图 11-2　"形状样式"的设置

④ 插入艺术字。选中图片附近的单元格，在“插入”选项卡“文本”组的“艺术字”下拉菜单中选择一种文字效果。工作区出现“请在此放置您的文字”文本框，在此文本框中输入文字“节日快乐”，效果如图 11-3 所示。

图 11-3　完成教师节贺卡制作

三、任务小结

在 Excel 2024 中，用户可以很轻松地创建具有专业外观的图形和图表。本任务主要讲了形状、外部图片、艺术字等各种图形的使用方法。

四、拓展提升

发挥自己的创意，搜集素材，制作一个精美的新年贺卡。

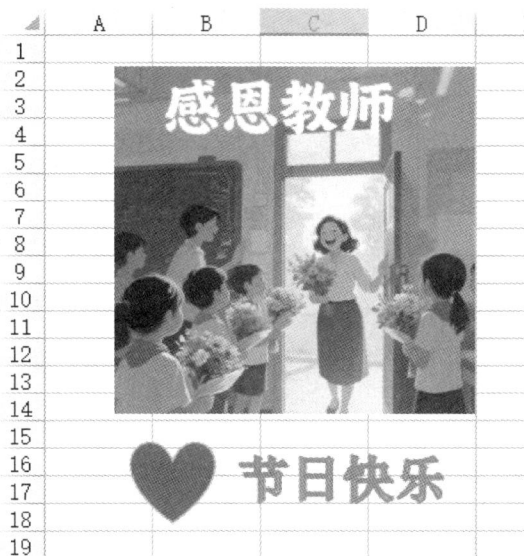

任务二　图表的创建与编辑

一、问题导入

利用 Excel 2024 的图表功能可以创建各种类型的图表，通过对其进行各种编辑，可以更直观、清晰地表现出数据的变化情况。

	A	B	C
1		男生	女生
2	一班	21	30
3	二班	24	26
4	三班	26	23
5	四班	20	33
6			

图 11-4　输入各班男女生人数

二、任务讲解

① 启动 Excel 2024，创建空白工作簿，命名为“各班男女生比例情况”并保存。

② 在工作表中输入如图 11-4 所示的数据。

③ 创建图表。选择输入的数据，单击“插入”选项卡“图表”组中的“柱形图”按钮，在下拉菜单中选择一个用户需要的子类型，这里选择“三维堆积柱形图”选项，插入图表后的效果如图 11-5 所示。

④ 图表区域的修饰。在图表工具功能区“图表设计”和“格式”选项卡的左侧都有“当前所选内容”组，打开“图表元素”下拉菜单，选择“图表区”选项（或者单击图表区域）后，图表区域被选中。选中图表区后，在“图表工具”功能区“格式”选项卡的“形状样式”组中选择一种合适的颜色样式，效果如图 11-6 所示。

⑤ 添加图表标题。单击图表中的“图表标题”如图 11-7 所示，在图表上的“图表标题”区输入“各班男女生比例情况”，如图 11-8 所示。

⑥ 修饰坐标轴标题。选中图表后，选择右上方的“+”→“坐标轴标题”→“主要纵坐

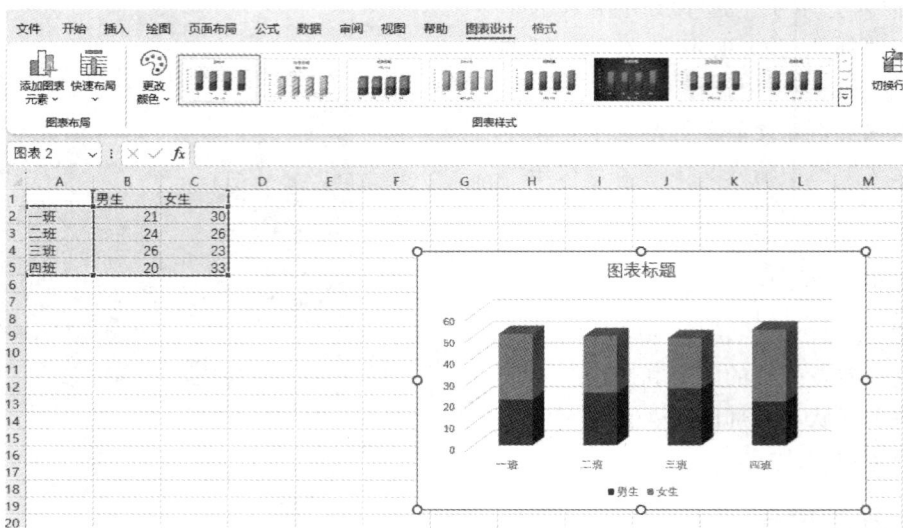

图 11-5　插入图表后的效果

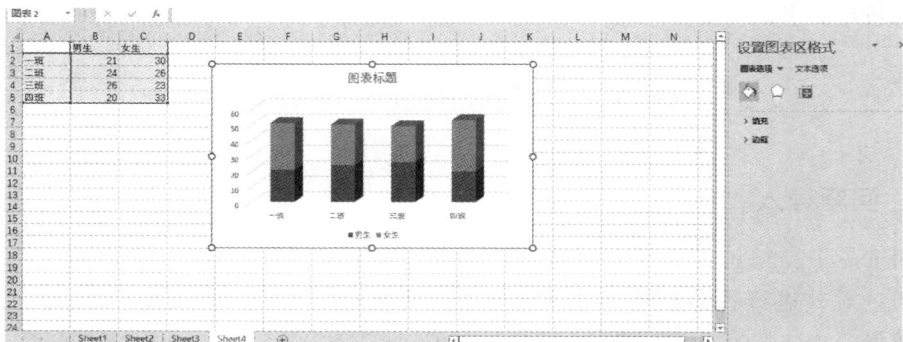

图 11-6　设定图表区域的形状样式

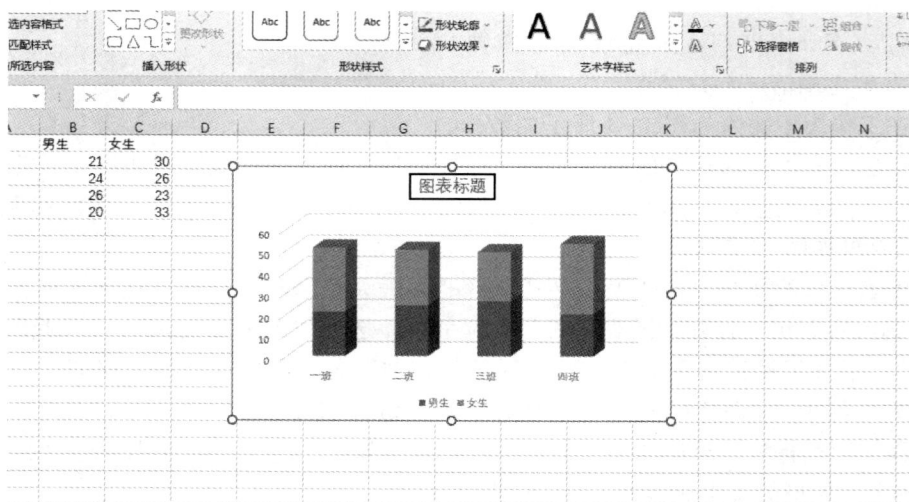

图 11-7　点击图表标题

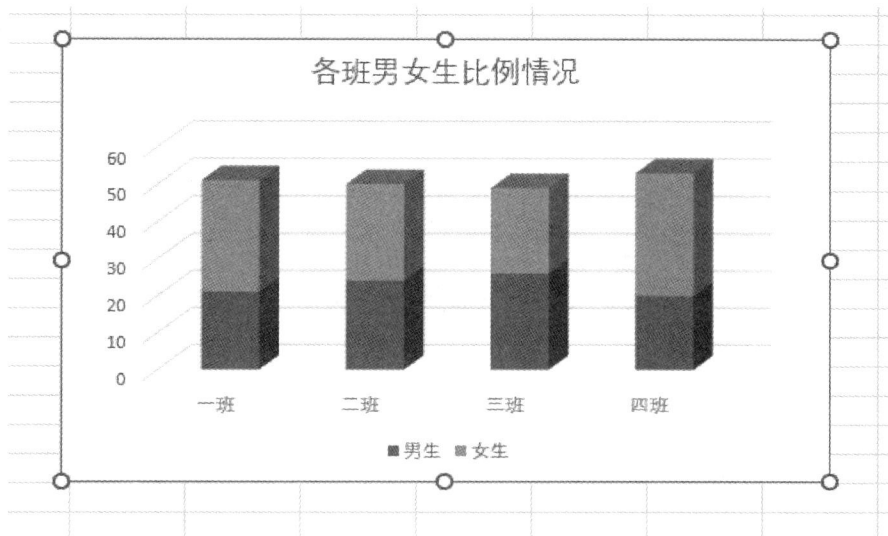

图 11-8　输入图表标题

标轴标题"，在纵坐标的"坐标轴标题"处输入"人数"，更改后的效果如图 11-9 所示。

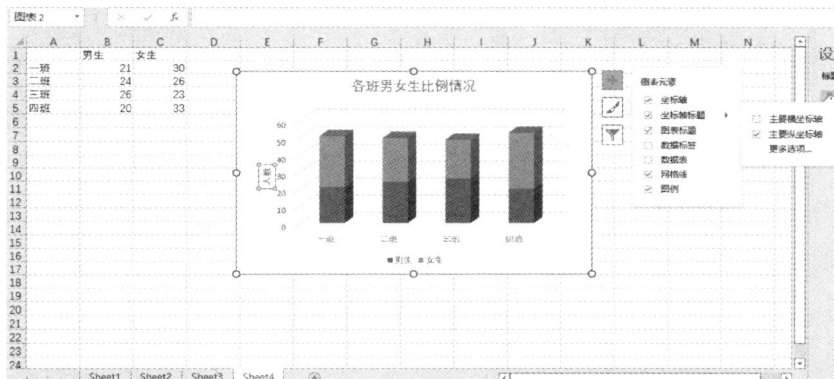

图 11-9　设置坐标轴标题后的效果

⑦ 选中图表→" "→"数据表"，在图表中显示数据表，如图 11-10 所示。若要修改

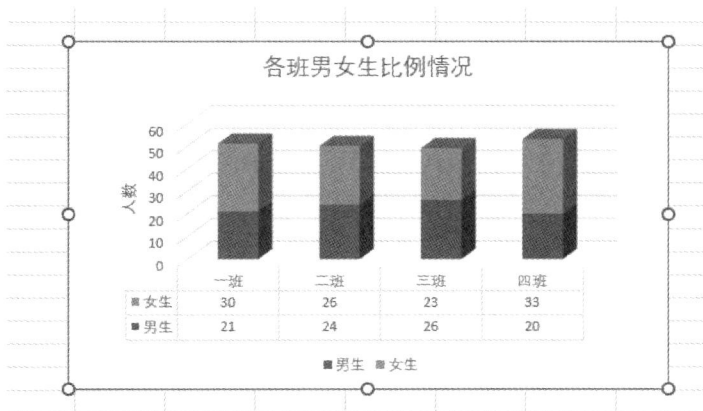

图 11-10　在图表中显示数据表

图表中的数据，只需要在原始数据中做修改，相互链接的数据会随之对图表进行改动。

⑧ 更改图表类型。选中图表，单击"图表工具"功能区"设计"选项卡"类型"组中的"更改图表类型"按钮，在弹出的"更改图表类型"对话框中选择"三维簇状柱形图"，单击"确定"按钮，更改后的效果如图 11-11 所示。

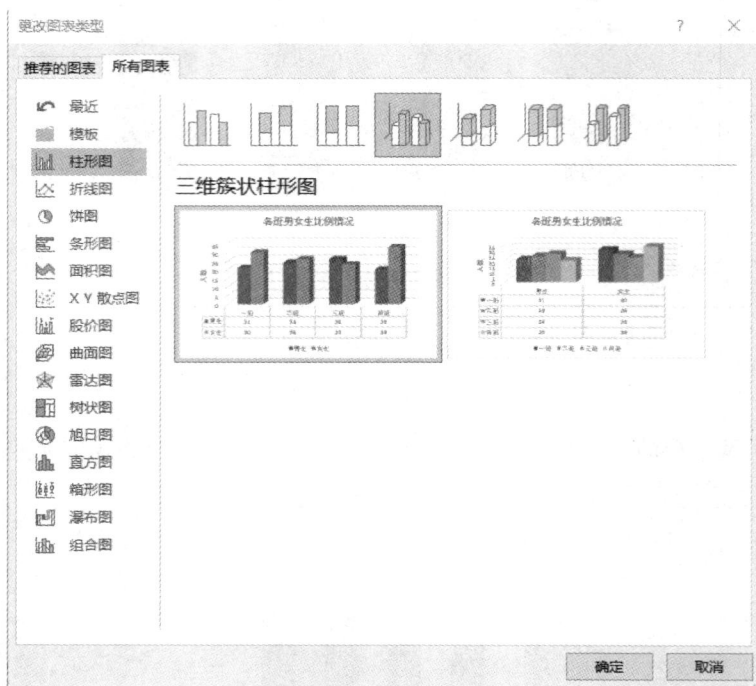

图 11-11　更改图表类型

⑨ 选中图表，单击鼠标右键，选择快捷菜单中的选项，还可以对制作好的图表进行复制、删除等操作，最后保存工作簿即可。

三、任务小结

本任务介绍了 Excel 的图表功能，介绍了如何绘制柱状图。

四、拓展提升

将"各班男女生比例情况"的数据绘制成三维饼图，并设置样式。

项目十二

工资汇总表的制作

【教学目标】

专业能力：熟练运用 Excel 2024 制作精准、规范的工资汇总表，精通打印参数设置及输出设置，确保工资数据准确无误、打印效果符合要求。

社会能力：了解数据计算与管理在实际工作中的关键作用，广泛收集各类表格资料，扎实掌握表格制作技巧，切实提高创新创作能力。树立职场责任意识，明白工资数据的严谨性对员工权益保障的重要性，同时培养诚实守信的品质，杜绝在数据处理过程中弄虚作假，保障每一位劳动者的合法所得。

方法能力：高效提升资料收集整理、自主学习以及创造性思维能力，养成学生独立解决复杂数据的习惯。

【学习目标】

知识目标：全面掌握数据计算、管理在 Excel 2024 中的基本原理与操作方法，牢记打印参数设置及输出设置的要点，为制作工资汇总表及高质量打印筑牢基础。

技能目标：能够独立、熟练地使用 Excel 2024 制作详细且准确的工资汇总表，并依据不同需求规范打印，在数据处理、表格设计上展现创意，大幅增强创意表现能力。

素质目标：显著提升思维、实践能力，深度养成良好团队协作、语言表达及综合职业能力，塑造严谨、细致、负责的职业素养。引导学生尊重企业薪酬保密制度，强化职业道德观念，并且通过了解工资背后反映出的社会分配公平性问题，激发学生努力提升专业技能的动力，为未来投身社会经济建设、推动社会公平发展积蓄力量。

【教学建议】

（1）教师活动

① 课前广泛收集涵盖财务、人力资源等多领域的实用表格案例，在课堂上全面展示，引导学生剖析表格架构、数据关联，提升对表格制作实用性的直观认知。在教学过程中，适时引入思政案例，讲述老一辈会计工作者在艰苦条件下，如何坚守职业道德底线，一丝不苟地处理财务数据，为国家建设和企业发展保驾护航，启发学生在面对工资数据时要秉持公正、严谨的态度。

② 甄选典型优秀作品，从数据准确性、表格合理性、打印规范性等角度深入剖析，引导学生不仅追求技术上的精湛，更要注重作品背后体现的价值观，激发学生对劳动者权益保障的关注，培养学生的社

会责任感。

（2）学生活动

① 组织学生收集优秀同学的 Excel 作业，开展小组互评活动，各小组推选代表进行现场展示讲解，阐述作品亮点与不足，锻炼语言表达与沟通协调能力，营造相互学习、共同进步的氛围。在互评过程中，引导学生学会欣赏他人的努力与创意，尊重不同的观点，营造包容友善的人际关系态度，同时强调诚信互评，不夸大、不贬低他人作品。

② 在教师引导下，学生分组完成制作工资汇总表与打印汇总表的学习任务实践，制作过程中融入思政元素思考。例如，讨论如何通过优化工资汇总表的设计，让员工更清晰地了解自己的劳动所得构成，增强员工对企业的信任。完成后依次进行自评，总结自身成长与不足；互评环节相互学习借鉴；最后教师点评，给予针对性指导与鼓励，助力学生持续提升。

任务一　数据的计算

一、问题导入

Excel 2024 具有强大的分析和处理数据的能力，这些主要是依靠公式和函数来实现的。Excel 2024 提供了 300 多个内置函数，在使用公式时调用这些函数可以对工作表中的数据进行计算，大大提高了处理数据的能力。本任务将系统介绍公式和函数的基础知识以及数据管理的相关知识及操作。

二、任务讲解

① 启动 Excel 2024，新建空白工作簿，将其命名为"工资汇总表"并保存。

② 在工作表中输入如图 12-1 所示的内容，即"姓名"、"一月工资"、"二月工资"、"三月工资"、"四月工资"、"前四个月工资"、"前四个月平均工资"。

▲	A	B	C	D	E	F	G
1	姓名	一月工资	二月工资	三月工资	四月工资	前四个月工资	前四个月平均工资
2	张三						
3	李四						
4	王五						
5	李雷						
6	王阳						
7							

图 12-1　输入表格元素

③ 将"一月工资"、"二月工资"、"三月工资"、"四月工资"数值分别输入表中的相应位置，如图 12-2 所示。

▲	A	B	C	D	E	F	G
1	姓名	一月工资	二月工资	三月工资	四月工资	前四个月工资	前四个月平均工资
2	张三	7563.21	8101.53	7653.41	5643.59		
3	李四	8513.56	6354.25	8920.34	4935.24		
4	王五	5585.35	6513.25	7651.31	6483.85		
5	李雷	5648.56	5312.35	6932.54	6535.98		
6	王阳	5264.51	5613.51	7056.34	5936.51		
7							

图 12-2　输入数值

④ 根据"前四个月工资＝一月工资＋二月工资＋三月工资＋四月工资"，计算张三前四个月的工资，在单元格 F2 中（或者编辑栏中）输人公式"＝B2＋C2＋D2＋E2"，如图 12-3 所示。在输人公式的过程中，引用单元格可以用鼠标单击，如用鼠标单击 B2 单

元格，再输入"＋"。输入完毕后，按回车键（或者单击编辑栏上的"输入"按钮）即可在 F2 单元格返回计算值，如图 12-4 所示。

图 12-3　输入公式（一）

图 12-4　输入公式后返回计算值

⑤ 将鼠标指针移至 F2 单元右下角，其变成黑色十字填充柄时，按住鼠标左键拖动选择 F2：F6 单元格。释放鼠标左键，其他人的前四个月工资也被计算出来了，填充公式后的表格如图 12-5 所示。

图 12-5　填充公式后的效果（一）

⑥ 根据"前四个月平均工资＝前四个月工资÷4"，在单元格 G2 内输入公式"＝F2/4"（/代表除号），如图 12-6 所示。用填充柄填充结果到 G3：G6 单元格区域，填充后的效果如图 12-7 所示。

图 12-6　输入公式（二）

图 12-7　填充公式后的效果（二）

⑦ 要将"前四个月平均工资"的小数设置为保留小数点后两位，可以选择 G2 单元格内数值，单击鼠标右键，在弹出的快捷菜单中选择"设置单元格格式"选项，打开"设置单元格格式"对话框，在"数字"选项卡的"分类"列表框中选择"数值"选项，将"小数位数"更改为"2"，单击"确定"按钮。还可以选中单元格后，在"开始"选项卡"数字"组中单击"减少小数位数"按钮，单击数次，直到小数点后为 2 位为止。

三、任务小结

本任务介绍了 Excel 2024 的基本概念和应用领域，介绍了 Excel 2024 工作界面的组成部分。与传统的表格相比，电子表格在输入、修改方面具有简单、方便、效率高的特点，而且存储方便节省空间。此外，在统计计算数据方面和现代办公中，电子表格也有着极为重要的应用。

四、拓展提升

① 计算所有人前四个月工资总和。
② 计算所有人前四个月工资总和的平均数。

任务二　数据的管理

一、问题导入

虽然利用"查找"的方法也能迅速找到内容，但是只能局限于某个单元格，而且利用"查找"操作并不能直观地观察符合某种条件的全部数据内容，因此，Excel 提供了筛选功能。

筛选操作是指用户根据需求在 Excel 中只显示符合要求的数据，以便更加方便、直观地观察和分析数据。Excel 中的筛选操作包括自动筛选和高级筛选。

排序是按照用户的设置对整个工作表的数据重新进行排列，主要包括单行或单列的排序、多行或多列的排序以及自定义排序。

二、任务讲解

1. 数据筛选

（1）自动筛选

① 选定任意单元格，单击"开始"选项卡"编辑"组中的"排序和筛选"按钮，在下拉菜单中选择"筛选"选项，或者单击"数据"选项卡"排序和筛选"中的"筛选"按钮，即在各列的第一行出现自动筛选按钮，如图 12-8 所示。

▲	A	B	C	D	E	F	G
1	姓名 ▾	一月工 ▾	二月工 ▾	三月工 ▾	四月工 ▾	前四个月工资 ▾	前四个月平均工资 ▾
2	张三	7563.21	8101.53	7653.41	5643.59	28961.74	7240.44
3	李四	8513.56	6354.25	8920.34	4935.24	28723.39	7180.85
4	王五	5585.35	6513.25	7651.31	6483.85	26233.76	6558.44
5	李雷	5648.56	5312.35	6932.54	6535.98	24429.43	6107.36
6	王阳	5264.51	5613.51	7056.34	5936.51	23870.87	5967.72
7							

图 12-8　单击"筛选"按钮后的工作表

② 单击需设置筛选条件列的自动筛选按钮，如"一月工资"列，在其下拉菜单中选择

"数字筛选"→"大于或等于"选项，打开如图12-9所示的"自定义自动筛选方式"对话框。

③ 在此对话框中，在"大于或等于"右侧的框中输入"6000"，单击"确定"按钮，则工作表只显示一月工资大于等于6000的工资情况，如图12-10所示。

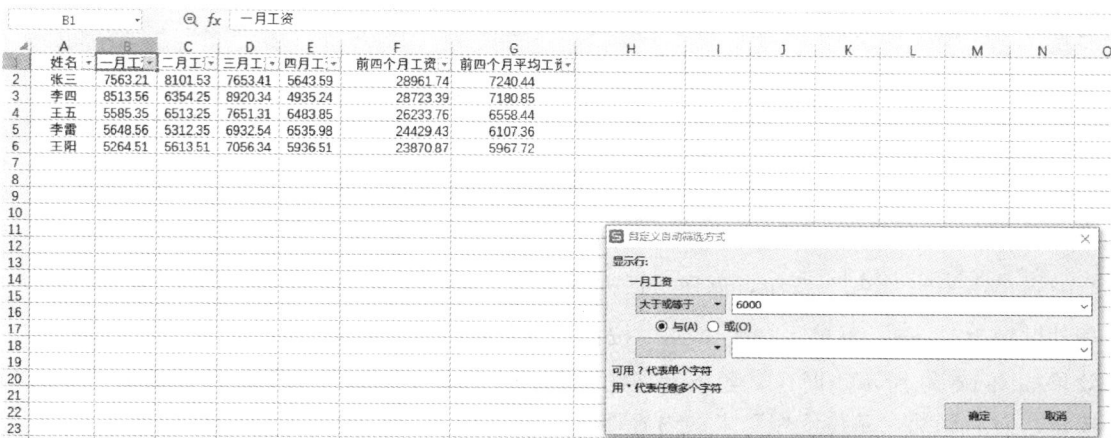

图12-9　"自定义自动筛选方式"对话框

图12-10　完成筛选后效果（一）

④ 完成筛选后，"一月工资"列的自动筛选按钮变为"⯆"，但是每项的名称并没有改变。

⑤ 在以上操作的基础上，继续单击"二月工资"列的自动筛选按钮，在下拉菜单中选择"数字筛选"→"大于或等于"选项，在右侧的框中输入"8000"，单击"确定"按钮，完成后的效果如图12-11所示。

图12-11　完成筛选后效果（二）

⑥ 此时的筛选就建立在"第一月工资大于等于6000""第二月工资大于等于8000"这两个选项之上。如果想取消某项条件的筛选，只需单击"⯆"按钮，在其下拉菜单中选择"从…中清除筛选"选项即可，或者再单击一次"开始"选项卡"编辑"组中的"排序筛选"按钮，选择"筛选"，或单击"数据"选项卡"排序和筛选"组中的"筛选"按钮，则返回普通的工作表模式。

（2）高级筛选

① 高级筛选用于比自动筛选更复杂的数据筛选，它与自动筛选的区别在于，高级筛选不显示列的自动筛选按钮，而是把数据表的上方或下方的一个单独的地方设为条件区

域，在条件区域内设置筛选条件。

图 12-12 "高级筛选"对话框

例如，要对"每个月的工资大于 5700"的数据进行筛选。首先在第 7 行的 B7：E7 单元格区域输入需要筛选的列名，然后在列名的下方单元格中分别输入条件，即">5700"。

② 设置完毕后，选定工作表中任意空白单元格，单击"数据"选项卡"排序和筛选"中的"高级"按钮，打开如图 12-12 所示的"高级筛选"对话框。

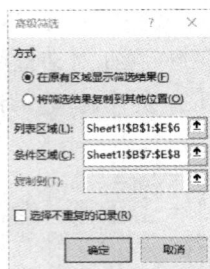

③ 这里在"方式"中选中"在原有区域显示筛选结果"单选按钮。单击"列表区域"右侧的"⬆"按钮，选择筛选区域 A2：E6 后，再单击一次"⬆"按钮，返回对话框。单击"条件区域"右侧的"⬆"按钮，选择条件区域 B7：E8，再单击一次"⬆"按钮，返回对话框，单击"确定"按钮。完成后的效果如图 12-13 所示。同样，各单元格的名称也没有改变。如果需要返回，单击"筛选"按钮，然后删除"条件区域"中的内容即可。

图 12-13 高级筛选后的工作表

2. 数据排序

（1）单列或单行数据的排序

① 选定数据区域 A1：G6，单击"数据"选项卡"排序和筛选"组中的"排序"按钮，或者单击"开始"选项卡"编辑"组中的"排序和筛选"按钮，选择"自定义排序"选项，打开"排序"对话框。

② 单击"选项"按钮，打开"排序选项"对话框。在"方向"选项组中选中"按列排序"单选按钮，在"方法"选项组中选中"字母排序"单选按钮，如图 12-14 所示，单击"确定"按钮。

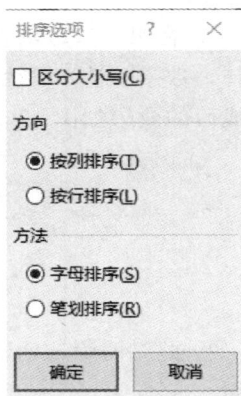

③ 在"排序"对话框中需要输入排序的条件。首先在"主要关键字"下拉列表中选择"三月工资"，在"排序依据"中选择"单元格值"，在"次序"中选择"降序"，如图 12-15 所示，单击"确定"按钮。工作表将按照三月份工资的降序重新排列，如图 12-16 所示。

（2）多列或多行数据的排列

图 12-14 "排序选项"对话框

当工作表某列或某行的数据有相同的情况时，单列或单行排序可能无法满足用户的要求，这时就需要用到多列或多行排序。

① 打开"排序"对话框，设置选项并选中"数据包含标题"复选框。先把工作表按"三月工资"降序排列，然后单击两次"添加条件"按钮，在两个"次要关键字"下拉列表中分别选择"一月工资"和"四月工资"，在"排序依据"中选择"单元格值"，在"次序"中选择"降序"，如图 12-17 所示。

② 单击"确定"按钮后，首先按三月工资的降序排列，三月工资相同的则按一月工

图 12-15　"排序"对话框

图 12-16　按三月工资降序排序后的工作表

图 12-17　多列数据排列设置

资降序排列，以此类推。

用户可以根据需要继续单击"添加条件"按钮，以实现更多条件的排序。

（3）自定义排序

自定义排序是指工作表数据按照用户自定义的序列进行排序。通常应用在需要按照工作表中具体内容排序时的情况，如按照一月工资、二月工资、三月工资、四月工资的顺序按行排序，具体操作方法如下。

选择 A1：G6 区域。单击"数据"选项卡"排序和筛选"组中的"排序"按钮，打开"排序"对话框，单击"选项"按钮，打开"排序选项"对话框，在"方向"选项组中选择"按行排序"单选按钮，单击"确定"按钮，返回"排序"对话框，在"主要关键字"下拉列表中选择"行 1"，在"次序"下拉列表中选择"自定义序列"，在弹出的"自定义序列"对话框左侧的"自定义序列"列表框中选择"新序列"，再在"输入序列"列表框中按图 12-18 或图 12-19 所示编辑添加"姓名，一月工资，二月工资，三月工资，四月工资"序列。单击"确定"按钮，返回"排序"对话框，此时"次序"下拉列表已设置完成，如图 12-20 所示。单击"确定"按钮后，工作表即按照一月工资、二月工资、三月工资、四月工资的顺序按行排序，如图 12-21 所示。

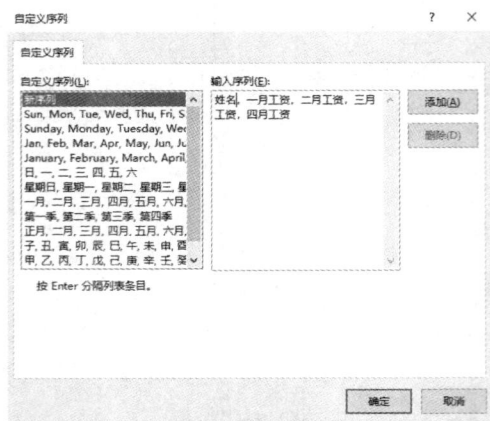

图 12-18　输入序列方式一

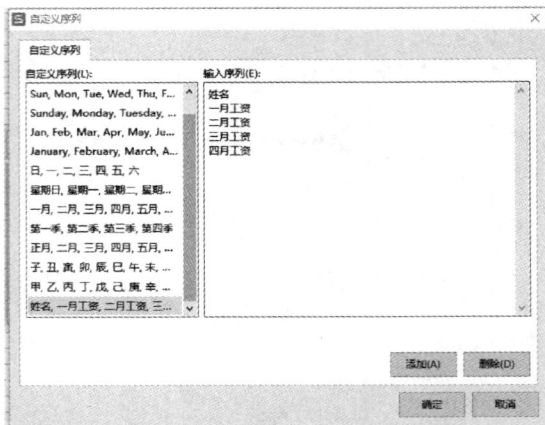

图 12-19　输入序列方式二

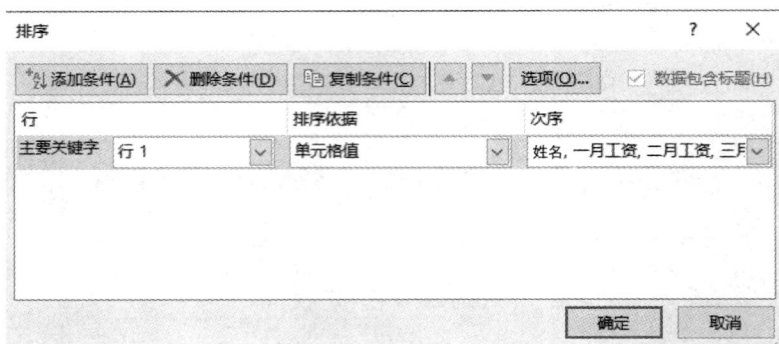

图 12-20　"排序"对话框

	A	B	C	D	E	F	G
1	姓名	一月工资	二月工资	三月工资	四月工资	前四个月工资	前四个月平均工资
2	李四	8513.56	6354.25	8920.34	4935.24	28723.39	7180.85
3	张三	7563.21	8101.53	7653.41	5643.59	28961.74	7240.44
4	王五	5585.35	6513.25	7651.31	6483.85	26233.76	6558.44
5	王阳	5264.51	5613.51	7056.34	5936.51	23870.87	5967.72
6	李雷	5648.56	5312.35	6932.54	6535.98	24429.43	6107.36
7							

图 12-21　自定义排序后的工作表

三、任务小结

本任务介绍了 Excel 的数据筛选与数据排序这两大核心功能，包括自动筛选、高级筛选，以及单列或单行数据排序、多列或多行数据排序等实用方法，能够更加高效地对数据进行整理与分析。

四、拓展提升

将自己班级的学号统计表按照学号升序排序。

任务三　打印页面的基本设置

一、问题导入

通常在打印工作表之前，还需要对工作表进行一些设置，如页面大小、打印方向以及打印的数据等。本任务主要学习打印工作表前进行打印设置的操作方法。

二、任务讲解

1. 页边距、页面大小以及方向的设置

单击"页面布局"选项卡"页面设置"组中的"页边距"按钮，打开如图 12-22 所示的下拉菜单，在此下拉菜单中可以预设"普通""宽""窄" 3 种既定的页边距方案。

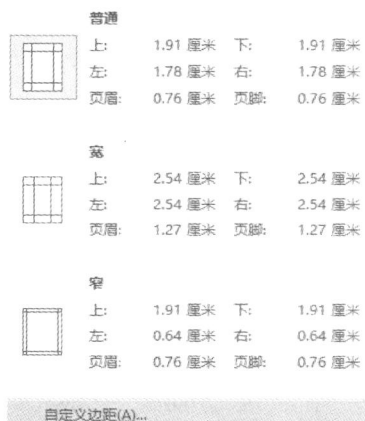

图 12-22　"页边距"下拉菜单

在该下拉菜单中选择"自定义边距"选项，打开"页面设置"对话框的"页边距"选项卡，在此可以设置自定义的页边距。设置页边距上、下、左、右的值均为"2"、页眉和页脚的值均为"1"，如图 12-23 所示，单击"确定"按钮完成设置。

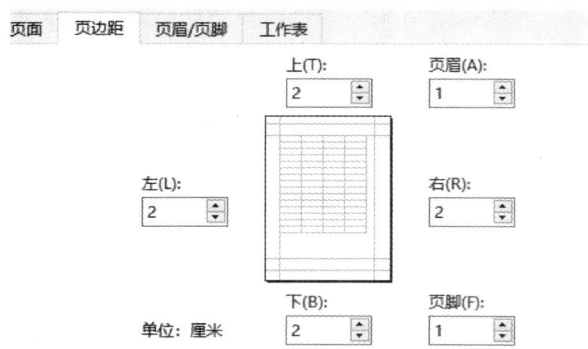

图 12-23　设置页边距

打印时，用户往往根据要求或者与提供的打印纸相符合来设置页面的大小，也就是纸张的大小。单击"页面布局"选项卡"页面设置"组中的"纸张大小"按钮，打开如图 12-24 所示的下拉菜单，在此选择所需的纸张大小为 A4。如果需要其他格式的页面大小，也可以选择"其他纸张大小"选项，在其对话框中进行设置即可。

根据要求，还可以对打印的页面方向进行设置。单击"页面布局"选项卡"页面设置"组中的"纸张方向"按钮，出现"横向"和"纵向"两个选项，根据需要选择即可，这里选择"纵向"选项。

2. 打印区域的设置

如果不需要打印整个工作表，可以通过此项设置来完成。对于工资汇总表，如果只需要打印 A1：E5 区域，则选定 A1：E5 区域，单击"页面布局"选项卡"页面设置"组中的"打印区域"按钮，在其下拉菜单中选择"设置打印区域"选项，可以看到此区域周围出现了框，如图 12-25 所示，即完成了打印区域的设置。如果要删除打印区域，则在"打印区域"下拉菜单中选择"取消打印区域"选项。

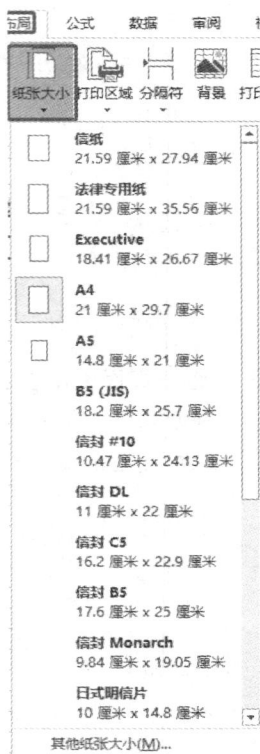

图 12-24 "纸张大小"下拉菜单

图 12-25 设置打印区域的工作表

3. 打印标题的设置

当工作表需要打印多页时，往往需要在每页都打印表头的标题。单击"页面布局"选项卡"页面设置"组中的"打印标题"按钮，打开"页面设置"对话框。在"工作表"选项卡中单击"打印标题"选项组"顶端标题行"右侧的"折叠"按钮，选择打印标题所在的第一行，如图 12-26 所示。

图 12-26 选择"打印标题"所在的第一行

单击"关闭"按钮后，回到"页面设置"对话框，如图 12-27 所示，单击"确定"按钮即可。

图 12-27 "打印标题"设置完成后的对话框

4. 打印预览

同学们可以通过打印预览来观察打印的效果。单击"文件"菜单，选择"打印"选项，窗口右侧即为打印预览区域，如图 12-28 所示。

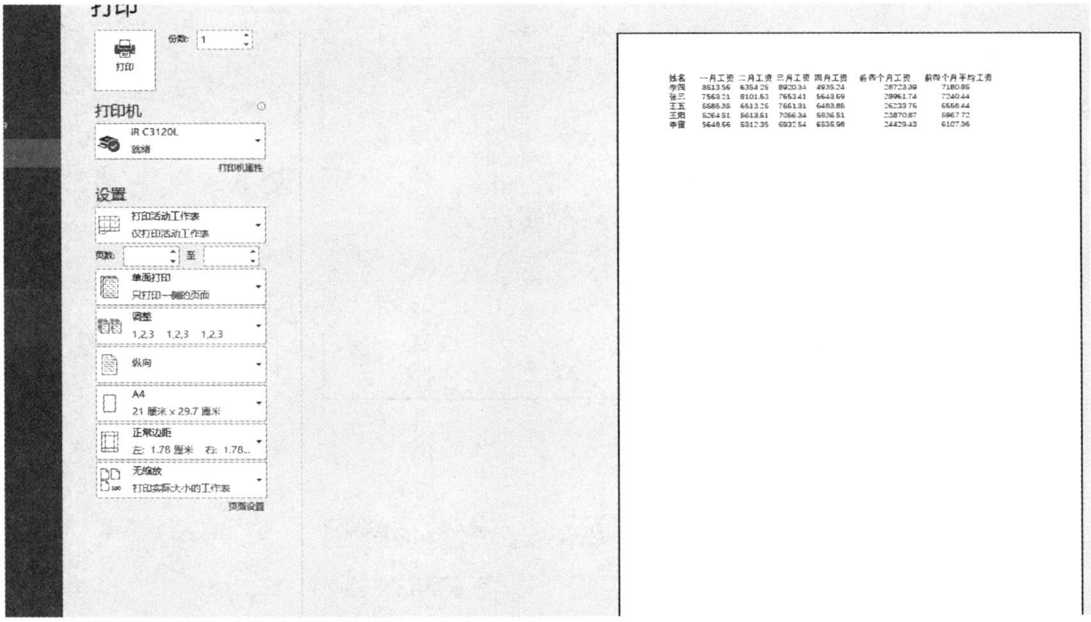

图 12-28 打印预览

三、任务小结

本任务介绍了打印参数的设置，如设置页边距、页面大小、方向、打印区域、打印标题等。

四、拓展提升

创建一个"学生信息登记表",内容自定,将打印参数设置为页面 B5,横向打印,页边距选择"宽"。

任务四　打印页面的特殊设置和打印输出设置

一、问题导入

本次任务将介绍对工作表添加页眉和页脚,并对工作表进行打印批注、行列标号等设置。所谓页面的特殊设置是指在基本设置的基础上,对工作表的打印进行更加详细的设置,这些操作可以在"页面设置"对话框中完成,主要包括页眉和页脚的设置、页面的设置、工作表的设置等。打印输出设置是指对打印参数进行最后的设置,即完成打印操作。

二、任务讲解

1. 页眉和页脚的设置

单击"页面布局"选项卡"页面设置"组右下角的按钮,打开"页面设置"对话框,选择"页眉/页脚"选项卡,如图 12-29 所示。

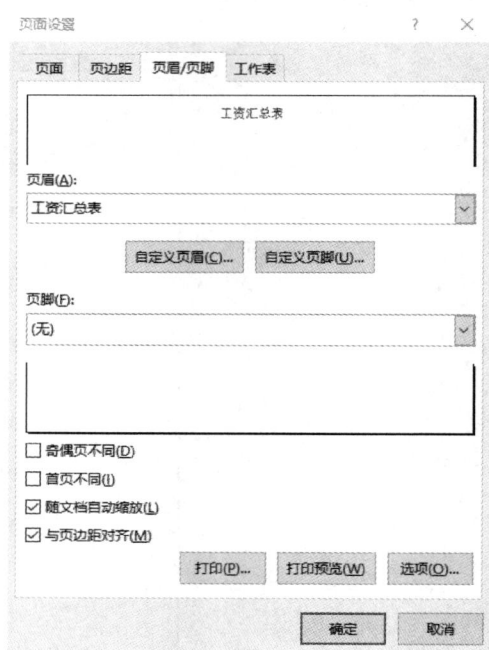

图 12-29　"页眉/页脚"选项卡

对于页眉的设置,可以在"页眉"下拉列表中选择格式,也可以自定义页眉格式。单击"自定义页眉"按钮,弹出"页眉"对话框。

用户可以对页眉的左、中、右 3 个区域分别进行设置,而且可以利用图标选项进行快速插入。

本任务把"左部"设置为日期;"中"设置为文件名;"右部"不设置,单击"确定"按钮,如图 12-30 所示。各个图标的含义如下:" A "为字体设置;" "为页码设置;" "为总页数;" "为插入日期;" "为插入时间;" "为插入文件路径;" "为插入文件名;" "为标签名;" "为插入图片;" "为设置图片格式。

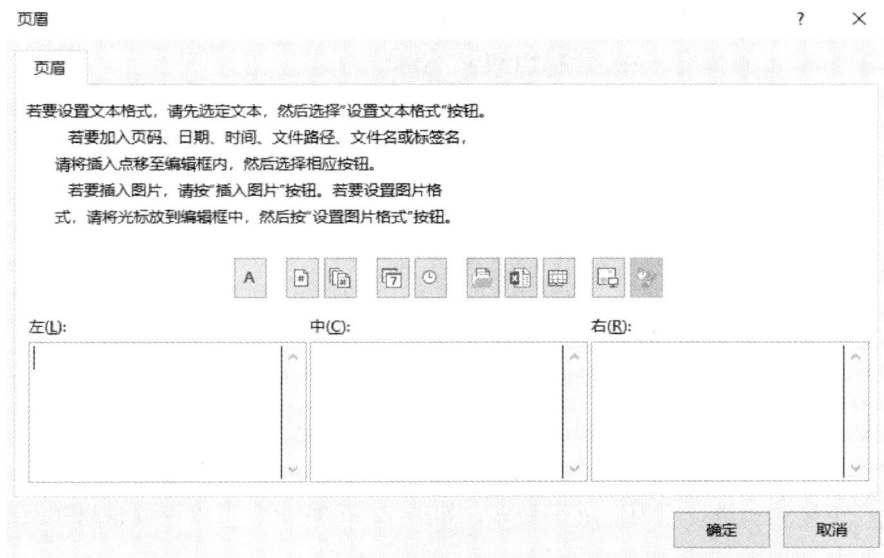

图 12-30　设置页眉

设置页脚与设置页眉的操作一致。单击"自定义页脚"按钮,在"页脚"对话框中把"右部"设置为页码,单击"确定"按钮即可,如图 12-31 所示。

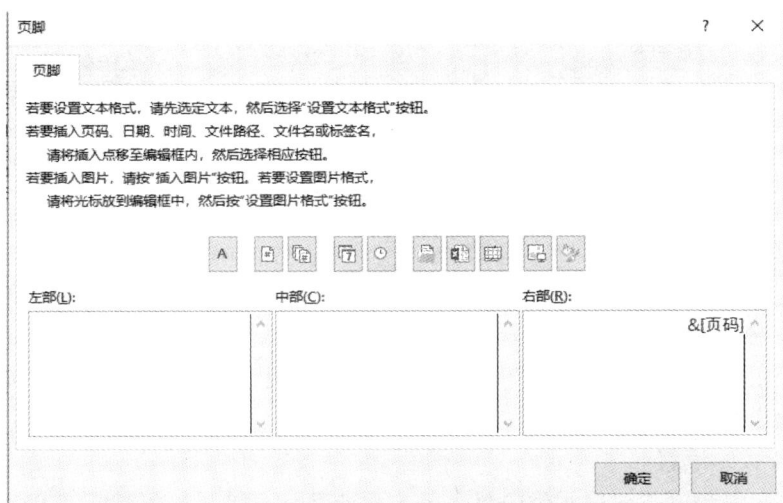

图 12-31　设置页脚

在如图 12-29 所示的"页面设置"对话框中,可以通过选中"奇偶页不同""首页不同"复选框,来设置不同的页眉和页脚。

2. 页面的设置

打开"页面设置"对话框，选择"页面"选项卡。在此选项卡中，除了可以进行页方向以及纸张大小的设置外，还可以进行缩放打印的设置，如图 12-32 所示。

所谓缩放打印就是缩小或放大打印的比例，这尤其适用于 Excel 默认打印成两页，而用户需在一页内打印工作表的情况。在"缩放比例"微调框中选择比例值，或者在"调整为"微调框中选择页宽或页高即可。

3. 工作表的设置

在"页面设置"对话框中选择"工作表"选项卡。在此选项卡中，除了可以进行打印区域、打印标题的设置外，还可以进行其他特殊的打印设置。

图 12-32 "页面"选项卡

选中"单色打印"复选框，则工作表以黑白的形式打印，不打印设置背景的颜色和图案；选中"草稿质量"复选框，则不打印图形和边框；选中"行和列标题"复选框，则可以打印出 Excel 中的行列标号。

打开"错误单元格打印为"下拉列表，如图 12-33 所示，可以设置错误单元格的打印选项。

打开"注释"下拉列表，如图 12-34 所示，选择"工作表末尾"选项，可以打印出设置的批注。

图 12-33 错误单元格打印设置

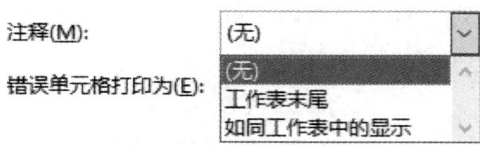

图 12-34 注释打印设置

另外，用户还可以对打印的顺序进行设置，如"先列后行"或"先行后列"。

4. 不打印零值的设置

打印时，如果用户不想让单元格内的"0"值打印出来，可以单击"文件"菜单，选择"选项"，在弹出的"Excel 选项"对话框中选择"高级"选项卡，在"此工作表的显示选项"选项组中，取消选中"在具有零值的单元格中显示零"复选框，如图 12-35 所示，单击"确定"按钮即可。

5. 打印公式的设置

在图 12-35 中选中"在单元格中显示公式而非其计算结果"复选框，单击"确定"按钮，则可以设置为打印公式。

6. 打印输出的设置

在完成了以上设置后，用户还可以进行打印输出的设置，从而完成打印工作。单击

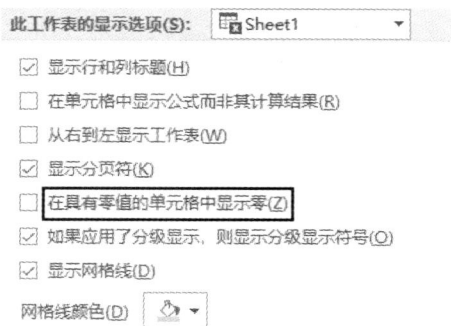

图 12-35　不打印 "0" 值的设置

"文件"菜单,选择"打印"选项,出现打印详情页面。在"打印机"下拉列表中可以看所选的打印机,在"页数"中可以输入某些打印页数,在"设置"中可以根据需要选择打印"选定区域""活动工作表""整个工作簿"。本任务选择"打印活动工作表",并在"份数"中选择"2"份。

设置完成后,单击"打印"按钮,打印机即按用户所设置的形式来打印工作表。

7. 不同工作簿中多个工作表的打印

打开多个工作簿,单击要打印的第一个工作表,按住,单击其工作簿中的工作表标签。单击"文件"菜单,选择"打印"选项,在"设置"中选择"打印活动工作表"选项,单击"打印"按钮,即可打印不同工作簿中的多个工作表。

三、任务小结

本任务介绍了打印页面时的页眉和页脚的设置、页面的设置、工作表的设置等的设置方法。

四、拓展提升

对上一个任务拓展提升中的"学生信息登记表"工作表进行"打印批注""不打印错误单元格""草稿打印"3 项打印设置。

第四篇
PowerPoint 2024
基本操作

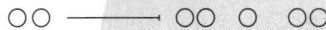

Microsoft PowerPoint（PPT）是微软 Office 套件中用于创建演示文稿的软件。它界面友好，操作简单，即使新手也能快速上手。用户可轻松添加文字、图片、图表、视频等元素，丰富演示内容。它还提供多种模板和主题，能快速打造风格统一的幻灯片；支持动画和切换效果设置，增强演示的趣味性和吸引力；还可实时预览，方便调整优化。 PPT 常用于商务汇报、教学授课、产品展示等场景，能有效提升信息传递效果，助力精彩表达。

项目十三

教学课件的制作

【教学目标】••

专业能力：了解 PowerPoint 2024 软件；能运用 PowerPoint 2024 制作教学课件。

社会能力：收集各种作品资料，掌握多媒体制作方法，提高创新创作能力，并能应用于实际案例中。

方法能力：提高资料收集整理和自主学习能力，以及创造性思维能力。

【学习目标】••

知识目标：掌握 PowerPoint 2024 的基本操作。

技能目标：能够使用 PowerPoint 2024 制作教学课件，增强创意表现能力。

素质目标：提高思维能力、实践能力，培养良好的团队协作能力和语言表达能力以及综合职业能力。

【教学建议】••

（1）教师活动

① 教师通过前期收集的各类型 PPT 案例展示，提高学生对 PowerPoint 2024 的直观认识。同时，运用多媒体课件、教学视频等多种教学手段，讲授如何运用 PowerPoint 2024 制作教学课件。

② 教师通过对优秀 PPT 作品的展示，让学生感受如何运用 PowerPoint 2024 制作优秀的作品。

（2）学生活动

① 收集优秀的学生 PPT 作业进行点评，并让学生分组进行现场展示和讲解，训练学生的语言表达能力和沟通协调能力。

② 学生在教师的组织和引导下完成制作教学课件的学习任务，进行自评、互评、教师点评等。

任务一　PowerPoint 2024 界面初识

一、问题导入

PowerPoint 2024 是微软公司出品的 Office 办公软件中的重要组件，它是一款功能非常强大的演示文稿（俗称"幻灯片"）制作软件。其界面友好、操作简便、功能强大，被广泛地应用于产品宣传推广、教育培训、工作总结、会议演示等领域，如图 13-1 所示。

图 13-1　教学 PPT 示例

二、任务讲解

PowerPoint 2024 的工作界面主要由快速访问工具栏、标题栏、功能区、编辑工作区、幻灯片/大纲窗格、状态栏等组成，如图 13-2 所示。

图 13-2　PowerPoint 2024 工作界面

◎"文件"按钮：PowerPoint 2024 中的"文件"按钮集成了新建、打开、保存、另存为等文件基本操作，包含查看和设置文件信息、个性化软件参数等功能，还支持文件共享、导出、打印、发布以及快速访问最近使用文件等操作，是对演示文稿进行综合管理和操作的重要入口。

◎快速访问工具栏：该工具栏中集成了多个常用的按钮，默认状态下包括"保存""撤消""恢复"按钮，用户也可以根据需要进行添加或更改。

◎标题栏：位于窗口的最上方，显示程序和当前编辑的文档的文件名，还可通过按钮调整窗口大小、移动窗口和关闭窗口，左边有窗口控制图标、文件名与程序名称，右端有最小化、还原/最大化、关闭按钮。

◎功能区：包含多个功能选项卡，如"开始""插入""设计"等，在每个标签对应的选项卡下，功能区中收集了相应的命令。

开始选项卡：主要用于幻灯片基本操作、字体和段落格式设置以及剪贴板相关功能。

插入选项卡：可插入文本框、图片、图表、链接等多种元素，丰富幻灯片内容。

设计选项卡：提供主题样式和背景设置功能，以统一和美化演示文稿。

切换选项卡：能为幻灯片添加切换效果，并设置效果的持续时间、声音等参数。

动画选项卡：可以给幻灯片中的对象添加动画效果，并对其进行详细设置和管理。

审阅选项卡：具备拼写检查、添加批注、处理修订以及翻译等功能，方便团队协作。

视图选项卡：支持多种视图模式切换，可进入母版视图进行统一设置，还能设置显示工具。

◎编辑工作区：编辑工作区是用户进行幻灯片内容创作和编辑的核心区域，在此可以输入和编辑幻灯片的内容。

◎幻灯片/大纲窗格：在界面左侧，包括"大纲"选项卡和"幻灯片"选项卡。"大纲"选项卡显示幻灯片文本大纲；"幻灯片"选项卡显示幻灯片缩略图，方便用户快速查看和选择演示文稿中的幻灯片，可在其中对幻灯片进行重新排列、添加、删除等操作。

◎状态栏：位于窗口底部，显示当前幻灯片的序号和总幻灯片数、当前幻灯片所采用的设计模板文件名字等信息，让用户了解当前文档的基本状态和相关信息，方便使用者掌握演示文稿的整体情况。

三、任务小结

本任务介绍了 PowerPoint 2024 软件和它的应用领域。通过对 PowerPoint 2024 工作界面的学习，了解 PowerPoint 2024 工作界面的组成部分。

四、拓展提升

① 每位同学对各类 PPT 作品进行资料收集以及赏析，风格不限。

② 掌握 PowerPoint 2024 的工作界面组成。

任务二　幻灯片的基本操作

一、问题导入

PowerPoint 2024 是目前最流行的幻灯片演示软件之一，可以创作出集文字、图形、图像、声音、视频等多媒体元素于一体的文稿。所有的元素都需要在幻灯片中进行处理。因此，首先要掌握新建、移动、复制、删除幻灯片等基本操作。

二、任务讲解

1. 新建演示文稿

在启动 PowerPoint 2024 后，选择要创建的演示文稿类型，如图 13-3 所示。

选择"空白演示文稿"选项，将新建一个名为"演示文稿 1"的演示文稿，其中自动包含一张幻灯片，如图 13-4 所示。

图 13-3　选择要创建的演示文稿类型

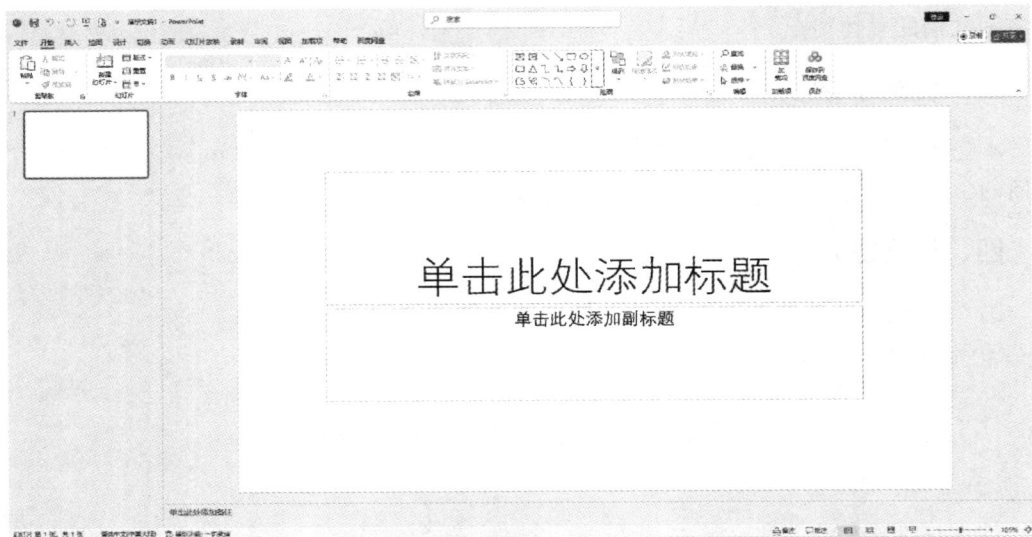

图 13-4　新建演示文稿

2. 新建幻灯片

一个完整的演示文稿通常包含多张幻灯片，这就需要用户新建幻灯片。

① 在幻灯片浏览窗格中右击，在弹出的快捷菜单中选择新建幻灯片命令，即可在演示文稿中插入一张"标题和内容"样式的幻灯片，如图 13-5 所示。

② 选中第 2 张幻灯片，切换到"开始"选项卡下，单击"新建幻灯片"下拉按钮，在弹出的下拉列表中选择"内容与标题"选项，如图 13-6 所示。

③ 此时即可看到在演示文稿中插入了一张"内容与标题"样式的幻灯片，如图 13-7 所示。

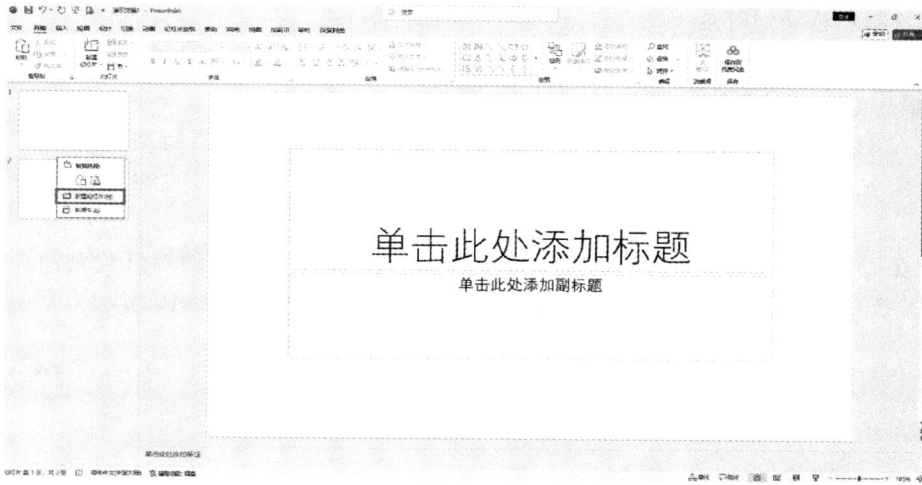

图 13-5　新建幻灯片

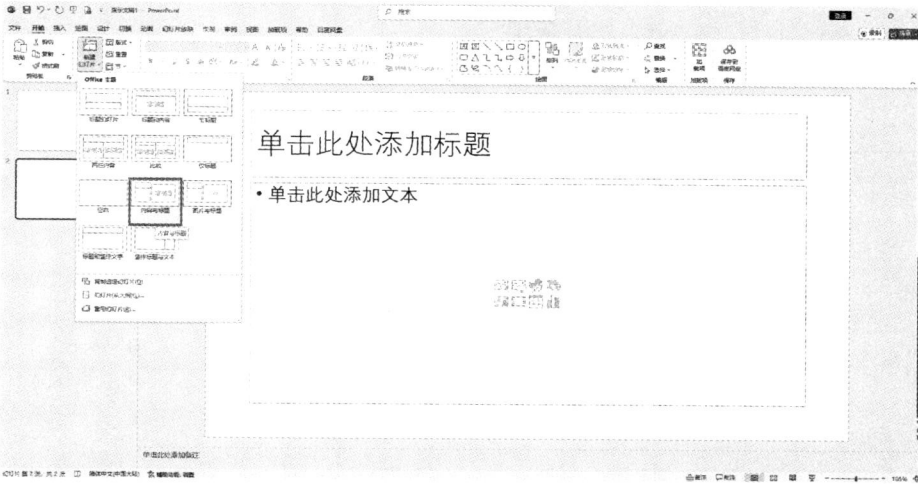

图 13-6　选择新建幻灯片

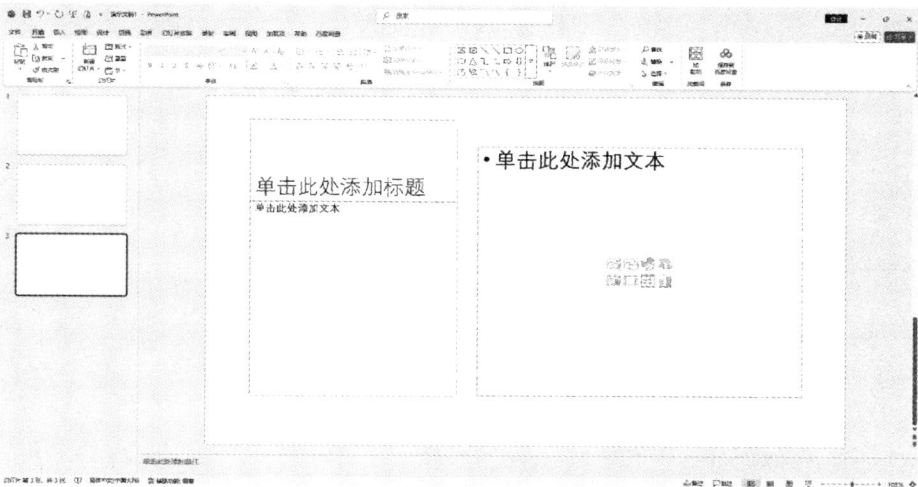

图 13-7　新建幻灯片后效果

3. 复制和移动幻灯片

在演示文稿中，用户可以将具有较好版式的幻灯片复制到其他位置，也可以重新调整演示文稿中幻灯片的次序。

① 在幻灯片缩略图上右击，在弹出的快捷菜单中选择"复制幻灯片"命令，如图 13-8 所示，即可在该幻灯片后插入一张具有相同内容和版式的幻灯片，如图 13-9 所示。

② 在幻灯片浏览窗格中选中第 2 张幻灯片，按住鼠标左键拖动幻灯片到第 4 张幻灯片后面，然后释放鼠标左键，即可完成幻灯片的移动操作，如图 13-10 所示。

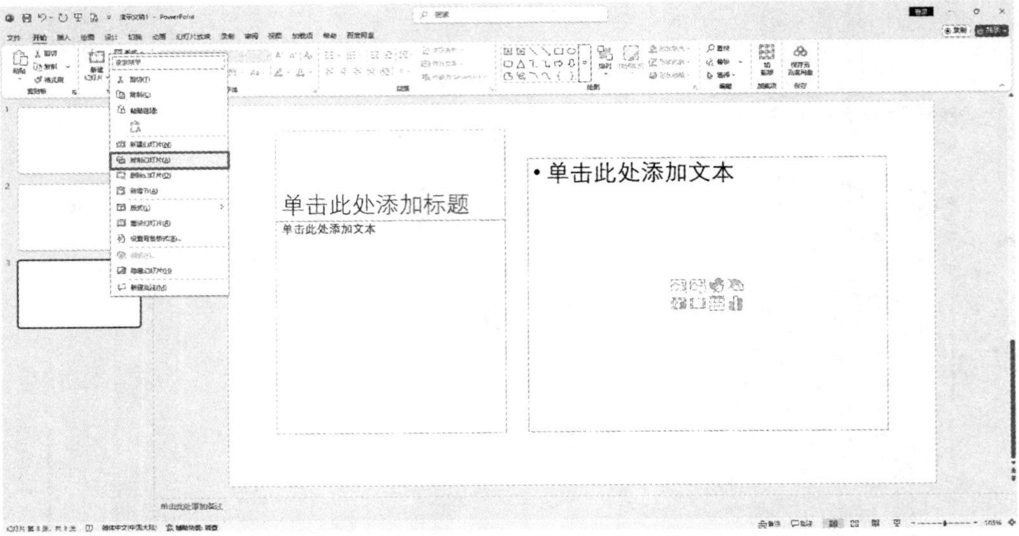

图 13-8　选择复制幻灯片命令

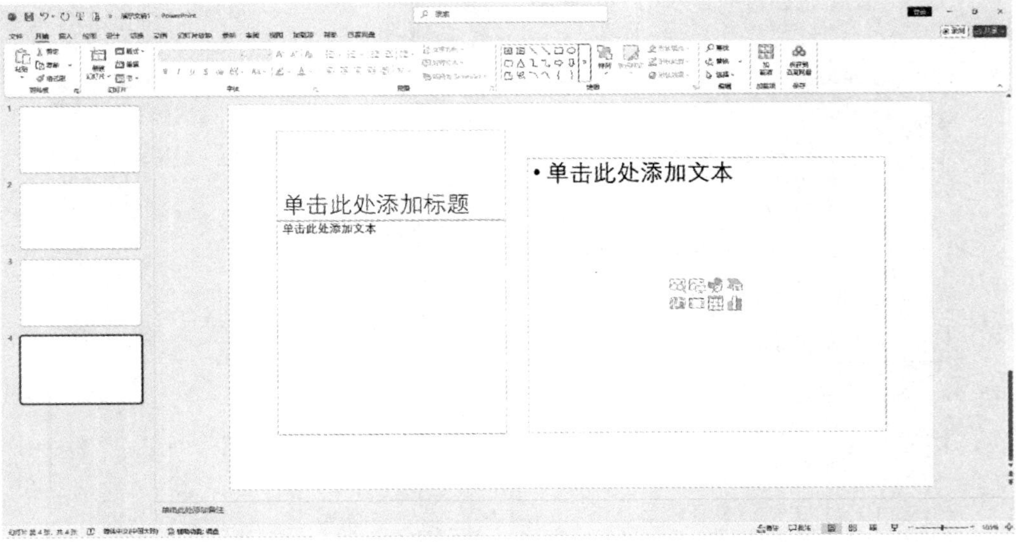

图 13-9　复制幻灯片后效果

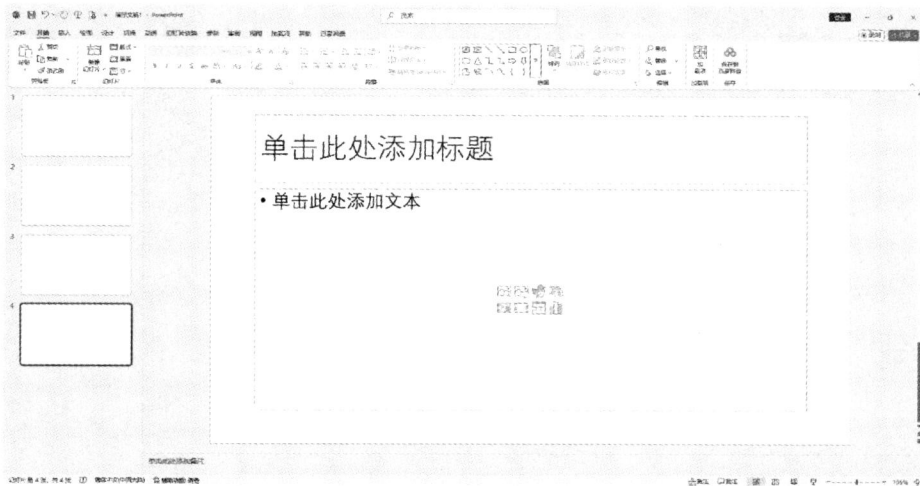

图 13-10　移动幻灯片后的效果

4. 删除幻灯片

在编辑幻灯片过程中，对于不需要的废幻灯片，用户可以将其删除。

在幻灯片浏览窗格中按住 Shift 键同时选中第 2 张和第 3 张幻灯片，右键单击鼠标，在弹出的快捷菜单中选择"删除幻灯片"命令，如图 13-11 所示。也可按键盘上的 Delete 键，即可看到选中的幻灯片被删除掉了。

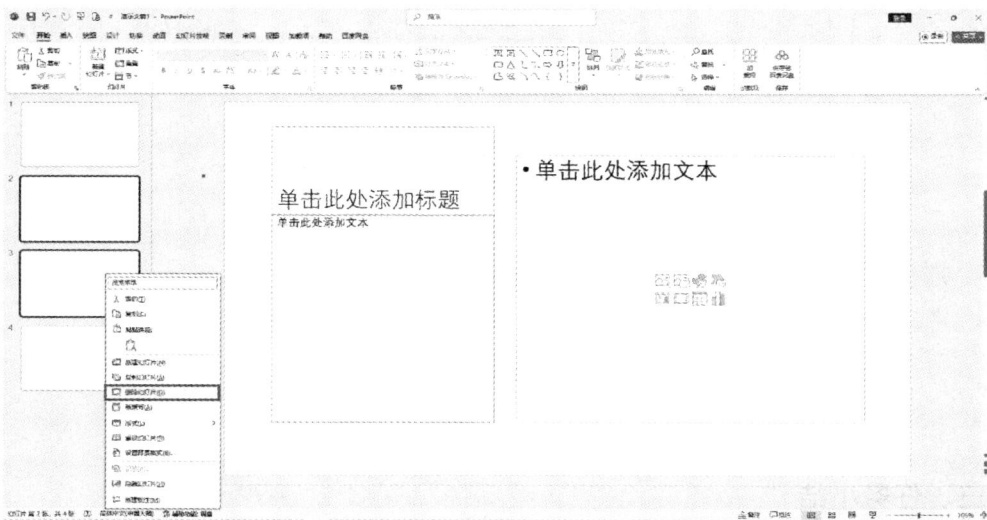

图 13-11　选择删除幻灯片命令

5. 在幻灯片上输入文字

① 点击"单击此处添加文本"，即可在该幻灯片中输入文字，如图 13-12 所示。

② 在光标处输入"广告设计与制作"，选中文字，单击"开始"选项卡，选择"字体"主题，可以设置文字的字体、字号、颜色等，选择"段落"主题，可以设置文字的行距、对齐方式等，如图 13-13 所示。

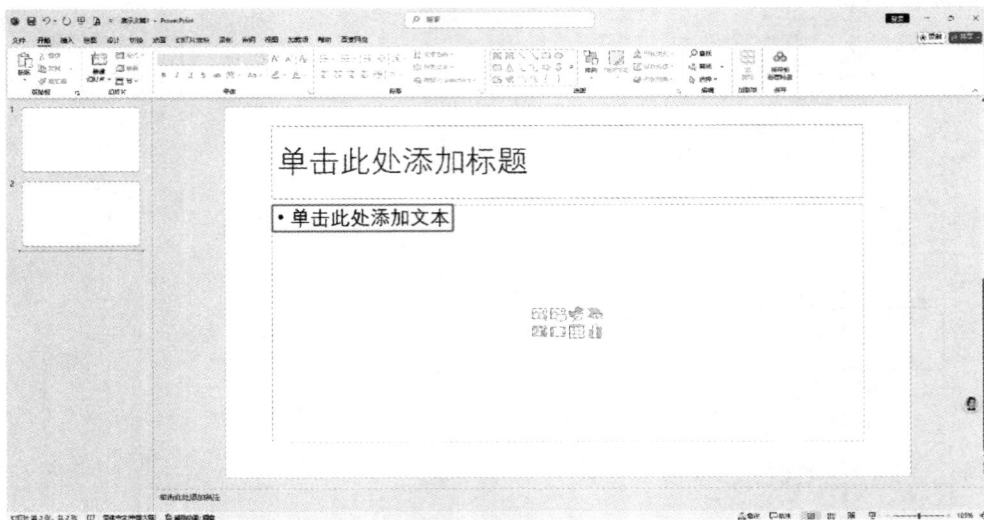

图 13-12　单击添加文字

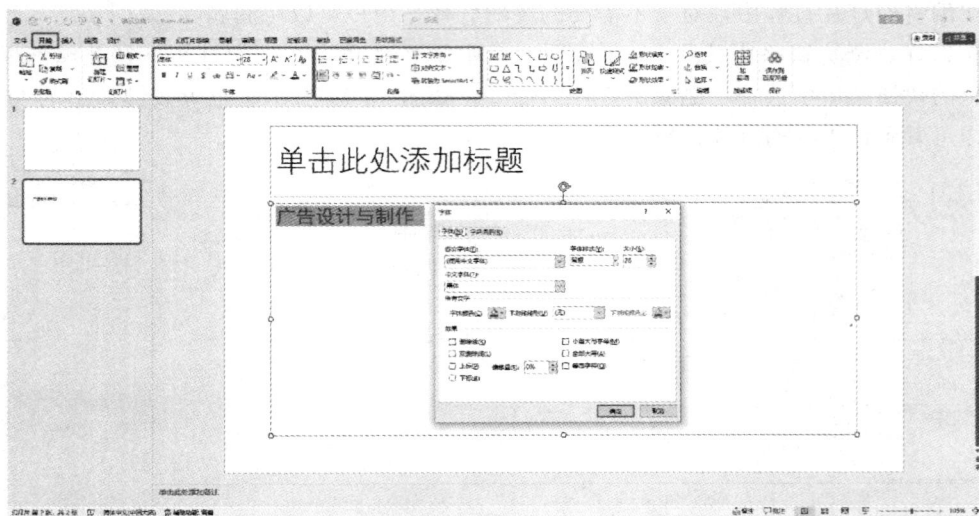

图 13-13　设置字体、颜色、对齐方式等

三、任务小结

本任务介绍了 PowerPoint 2024 的基本操作，即 PowerPoint 2024 的新建、复制、移动、删除幻灯片等操作。

四、拓展提升

① 练习并掌握 PowerPoint 2024 的基础操作。
② 练习在建立的空白幻灯片上输入文字。

任务三　PowerPoint 2024 视图的设置

一、问题导入

视图是 PowerPoint 2024 文档在电脑屏幕中的显示方式。PowerPoint 2024 中有 5 种显示方式，分别是普通视图、大纲视图、幻灯片浏览视图、备注页视图和阅读视图。单击"视图"选项卡，在"演示文稿视图"组中单击视图选项，可以选择相应的视图方式。

二、任务讲解

1. 输入教学课件标题及内容

① 在幻灯片浏览窗格单击第 1 张幻灯片，在编辑区域单击标题占位符，占位符变为可编辑状态，如图 13-14 所示。

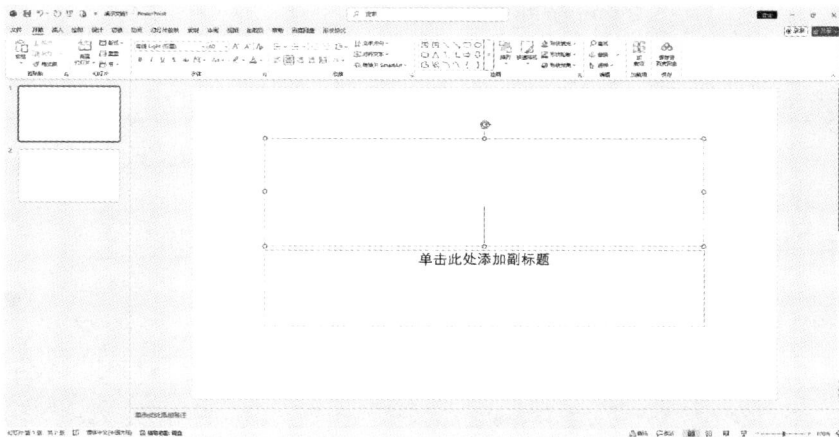

图 13-14　在占位符中单击

② 在标题占位符中输入标题文本，如图 13-15 所示。

图 13-15　输入标题文本

③ 在幻灯片浏览窗格单击第 2 张幻灯片，在编辑区分别添加标题和文本内容，选中文字，打开"段落"对话框，对齐方式设置为"左对齐"，特殊选择"首行"，度量值为"1.6 厘米"，如图 13-16 所示。

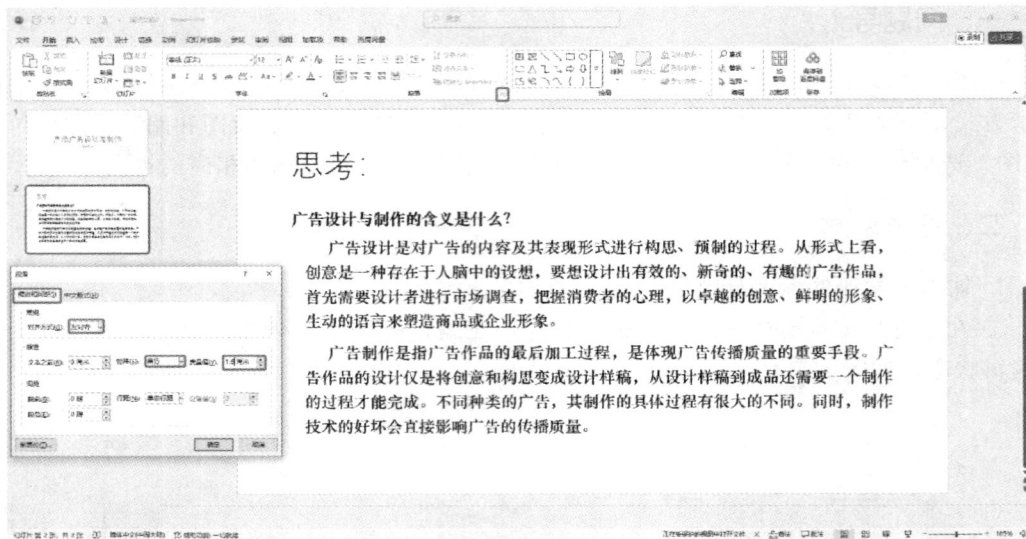

图 13-16　添加标题和文本

④ 单击"设计"选项卡，选择"环保"主题，如图 13-17 所示。

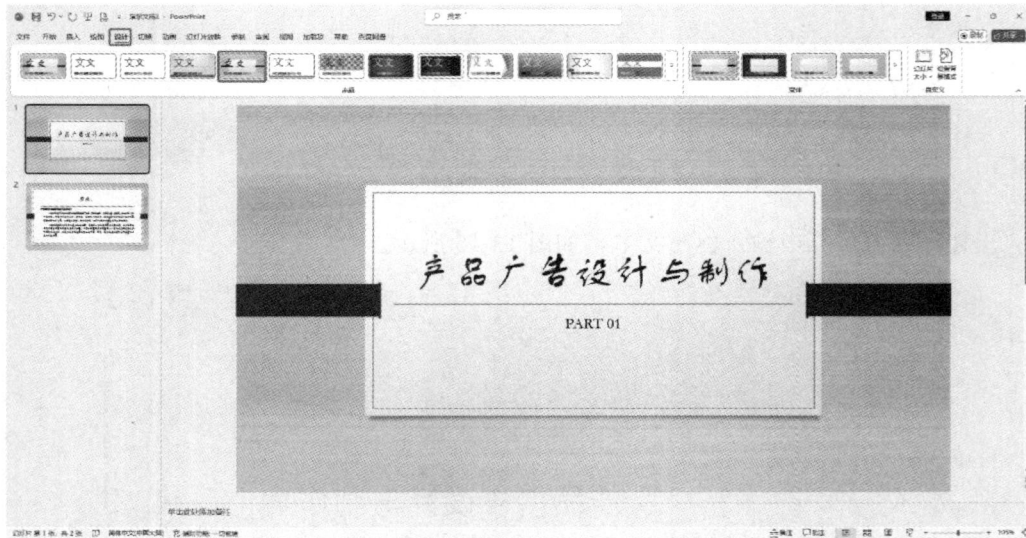

图 13-17　选择"环保"设计

2. 普通视图

普通视图是创建或打开演示文稿后的默认视图方式，主要用于撰写或设计演示文稿。其中状态栏显示了当前演示文稿的总页数和当前显示的页数，如图 13-18 所示。

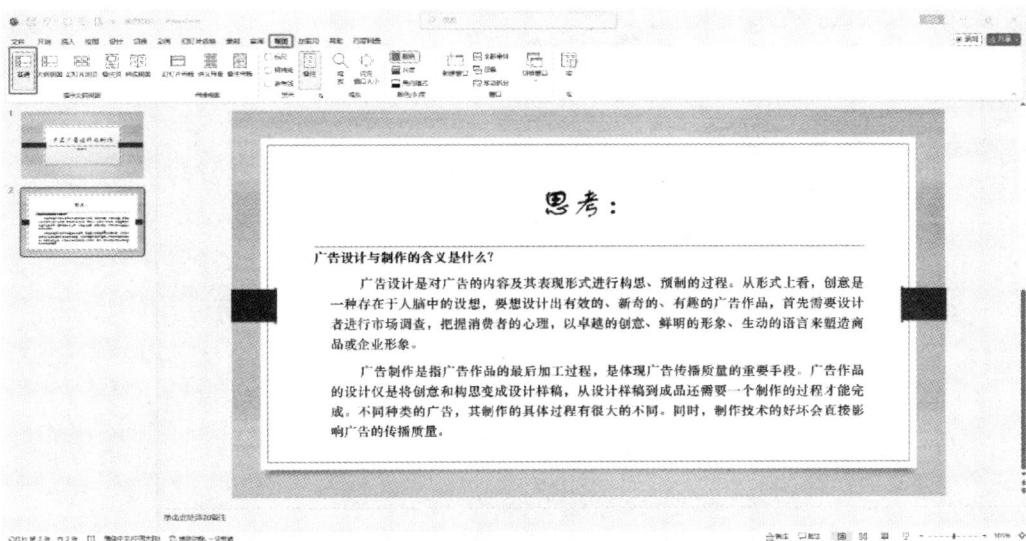

图 13-18　普通视图

3. 大纲视图

大纲视图中的幻灯片浏览窗格中显示了文稿的大纲内容，在幻灯片浏览窗格中单击幻灯片大纲列表可以快速跳转到相应的幻灯片中，如图 13-19 所示。

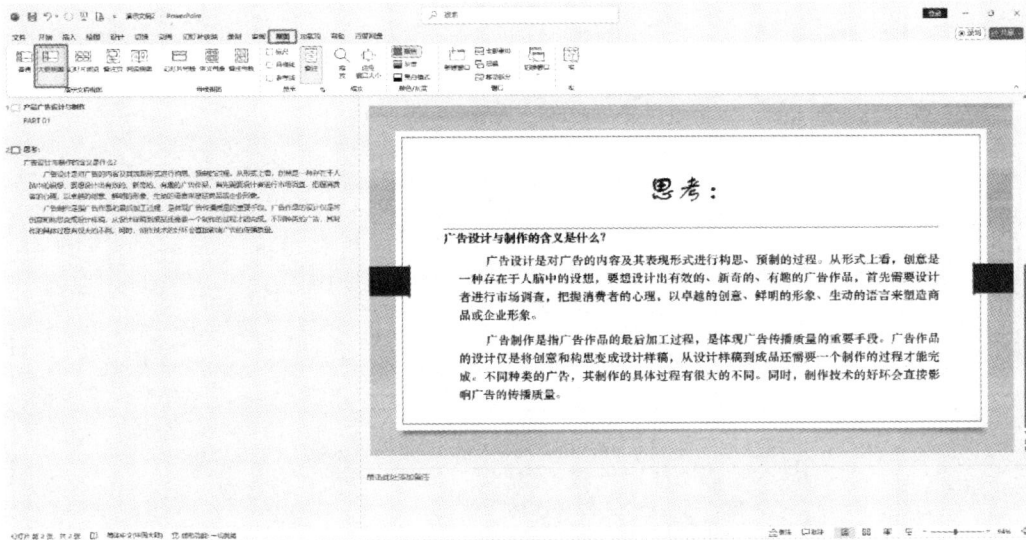

图 13-19　大纲视图

4. 幻灯片浏览视图

幻灯片浏览视图可以显示演示文稿中的所有幻灯片的缩图、完整的文本和图片，在该视图中，可以调整演示文稿的整体显示效果，也可以对演示文稿中的多个幻灯片进行调整，主要包括设置幻灯片的背景和配色方案、添加或删除幻灯片、复制幻灯片，以及排列幻灯片，但是在该视图中不能编辑幻灯片中的具体内容，如图 13-20 所示。

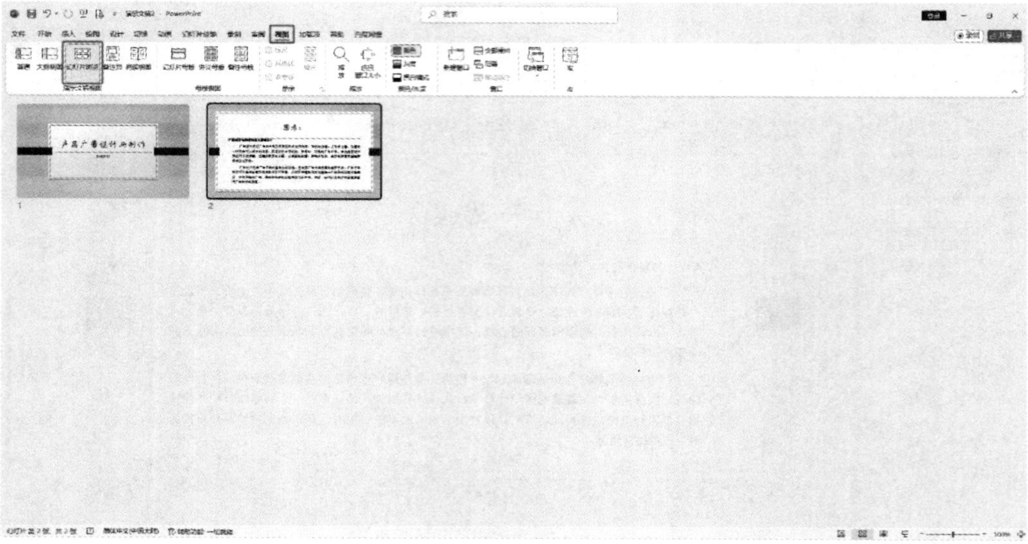

图 13-20　幻灯片浏览视图

5. 备注页视图

在备注页视图中，幻灯片窗格下方有一个备注窗格，用户可以在此为幻灯片添加需要的备注内容，在普通视图下备注窗格中只能添加文本内容，而在备注页视图中，用户可以在备注窗格中插入图片，如图 13-21 所示。

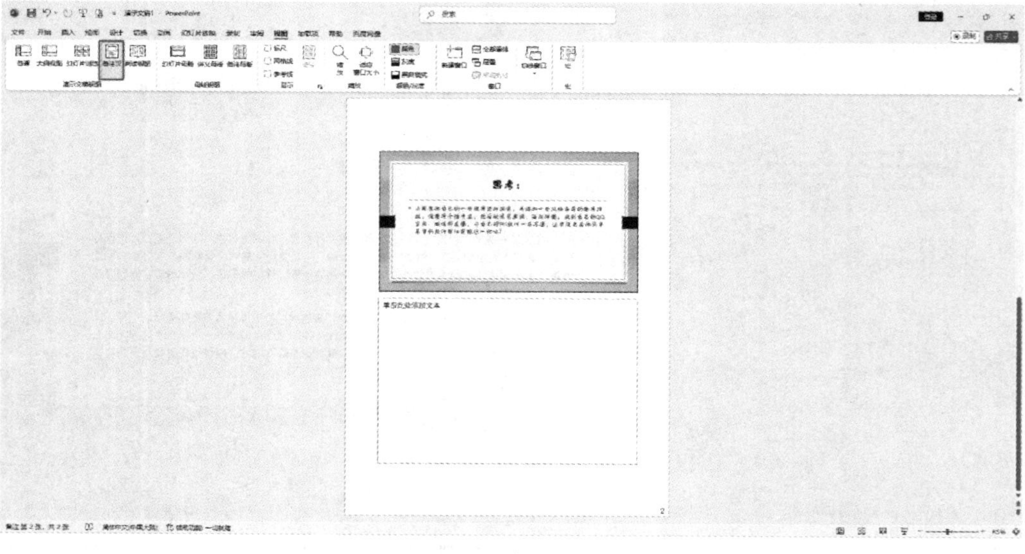

图 13-21　备注页视图

6. 阅读视图

在阅读视图中所看到的演示文稿就是观众将看到的效果，其中包括在实际演示中图形、计时、影片、动画效果和切换效果的状态，在阅读视图中放映幻灯片时，用户可以对幻灯片的放映顺序、动画效果等进行检查，按 Esc 键可以退出幻灯片阅读视图，如图 13-22 所示。

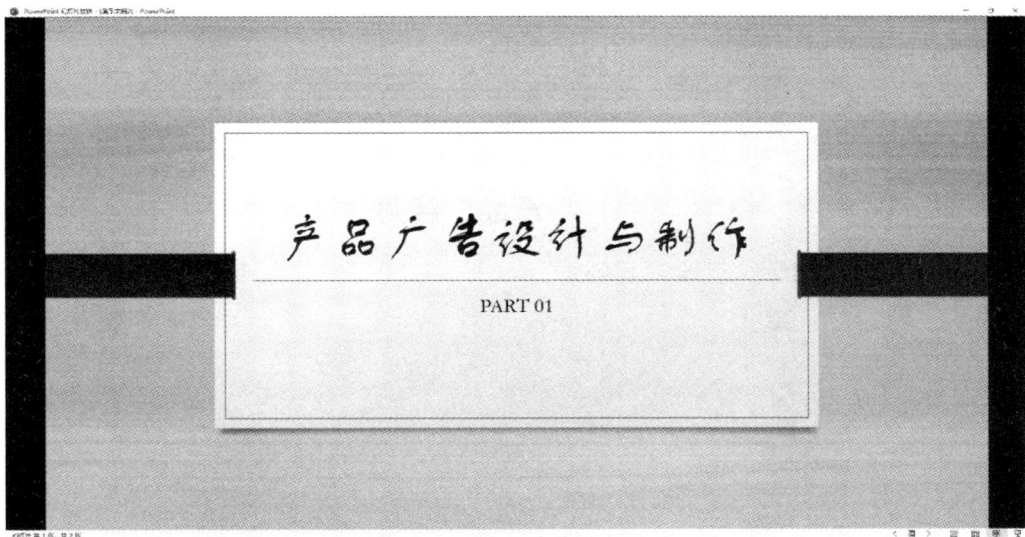

图 13-22　阅读视图

三、任务小结

本任务介绍了 PowerPoint 2024 的文档显示方式，PowerPoint 2024 "视图" 选项卡下 "演示文稿视图" 组中的各视图选项的作用及呈现方式。

四、拓展提升

① 完成教学课件项目中的前两页幻灯片的制作。

② 练习五种幻灯片的视图显示方式。

任务四　文本段落格式的设置

一、问题导入

无论创建空白幻灯片还是创建模板幻灯片，创建后都要为幻灯片输入内容。在幻灯片中可以通过两种方式输入文本：一是在占位符中直接输入文本，二是插入文本框并在其中输入文本。然后再进一步设置文字的格式和段落的格式。

二、任务讲解

① 切换到 "开始" 选项卡，单击 "新建幻灯片" 下拉按钮，在弹出的下拉列表中选择 "标题和内容" 选项。选中新建的幻灯片，在标题占位符中输入 "产品广告简介"，并将字体设置为 "微软雅黑"，加粗，字号为 "44"，对齐方式为 "居中"，如图 13-23 所示。

② 在内容占位符中输入广告产品的相关内容，选中文字，打开 "字体" 选项卡，可以设置字体、字号、字符间距、大小写改变、字体加粗、下划线等，将字体设置为 "华文楷体"，字号为 "24"，如图 13-24 所示。

图 13-23　输入并设置标题文字

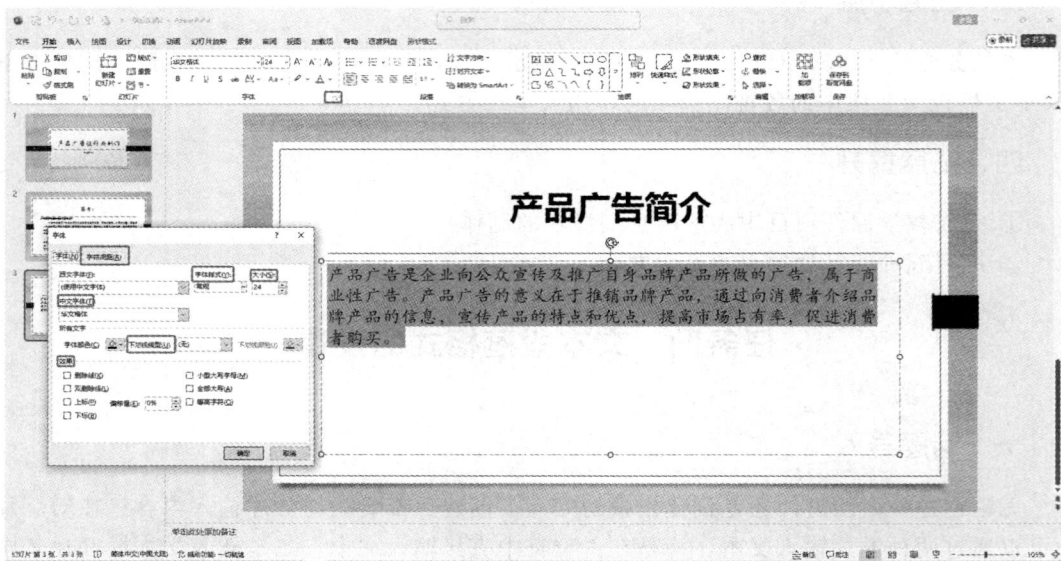

图 13-24　输入并设置内容文字

③ 选中第三张幻灯片内容占位符中的所有文字，单击"开始"选项卡，选择"段落"主题，可以设置文字的行距、文字方向、对齐文本、分栏等，设置文字方向为"横向"，对齐文本为"顶端对齐"，分栏为一栏，如图 13-25 所示。

④ 打开"段落"对话框，设置行距为"1.5 倍"，特殊格式为"首行缩进"，度量值为"1.6 厘米"。段后间距设置为 8 磅，如图 13-26 所示。

⑤ 切换到"开始"选项卡，单击"新建幻灯片"按钮，并在标题占位符中输入标题文本，将其字体设置为"微软雅黑"，字号为"44"，对齐方式选择"居中"，如图 13-27 所示。

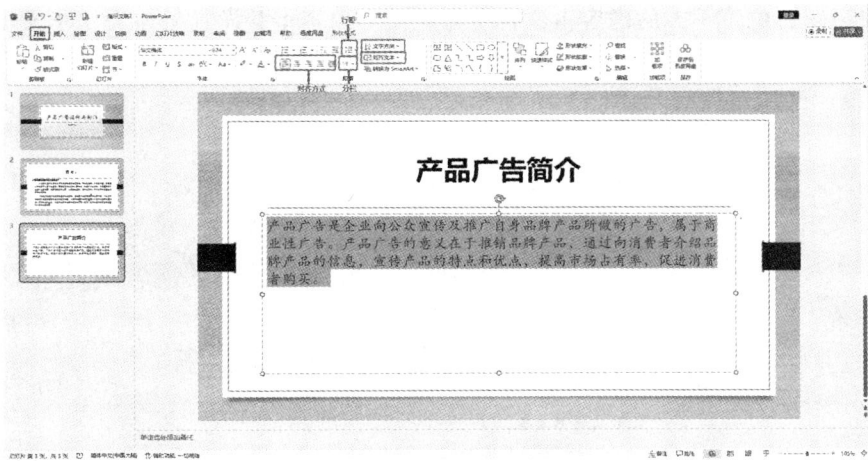

图 13-25　选择段落选项

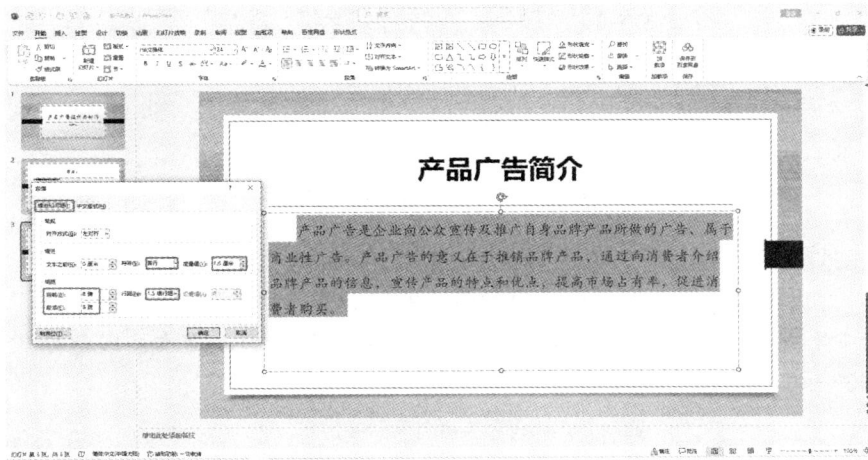

图 13-26　设置段落效果

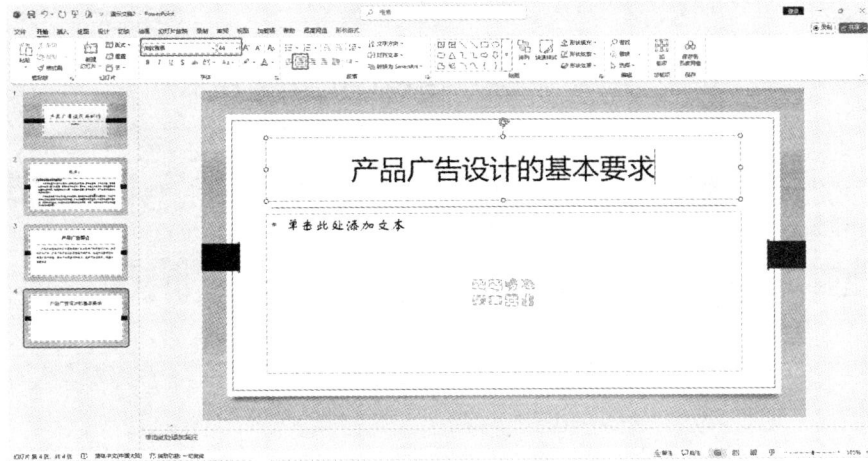

图 13-27　输入并设置标题内容

⑥ 在标题占位符下方的内容占位符中输入文本内容，并设置字体为"华文楷体"，两个标题分别设置字号为"24"，加粗，其余内容设置字号为"20"，设置"首行缩进"，对齐方式选择"两端对齐"，如图 13-28 所示。

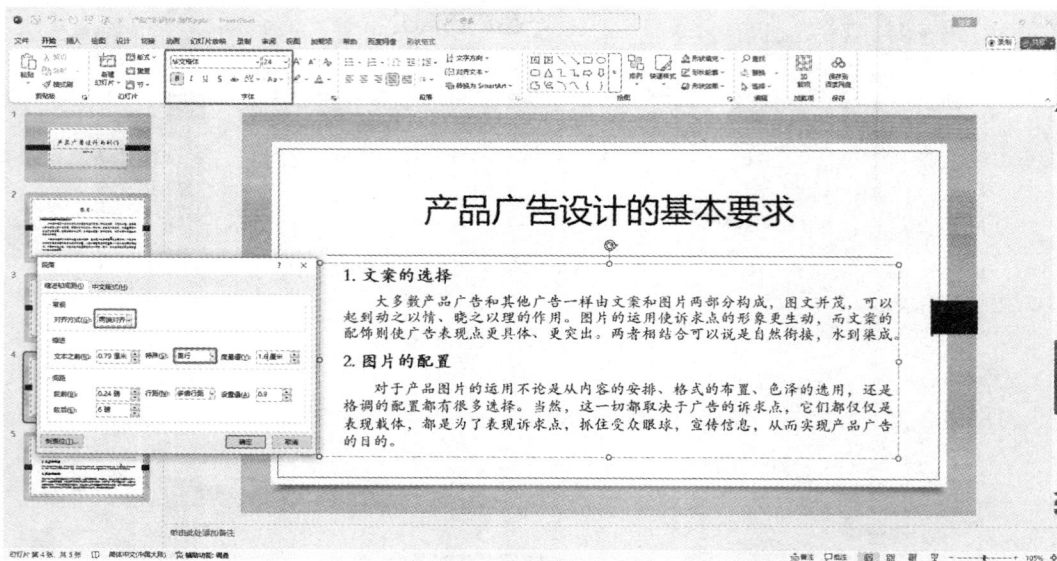

图 13-28　输入并设置文本内容

⑦ 在幻灯片浏览窗格中，选中第四张幻灯片并右击，选择"复制幻灯片"，即可在第四张幻灯片之后插入一张具有相同内容和版式的幻灯片，如图 13-29 所示。

⑧ 选中第五张幻灯片，在内容占位符中输入相应的内容，文本及段落格式与第四张幻灯片保持一致，如图 13-30 所示。

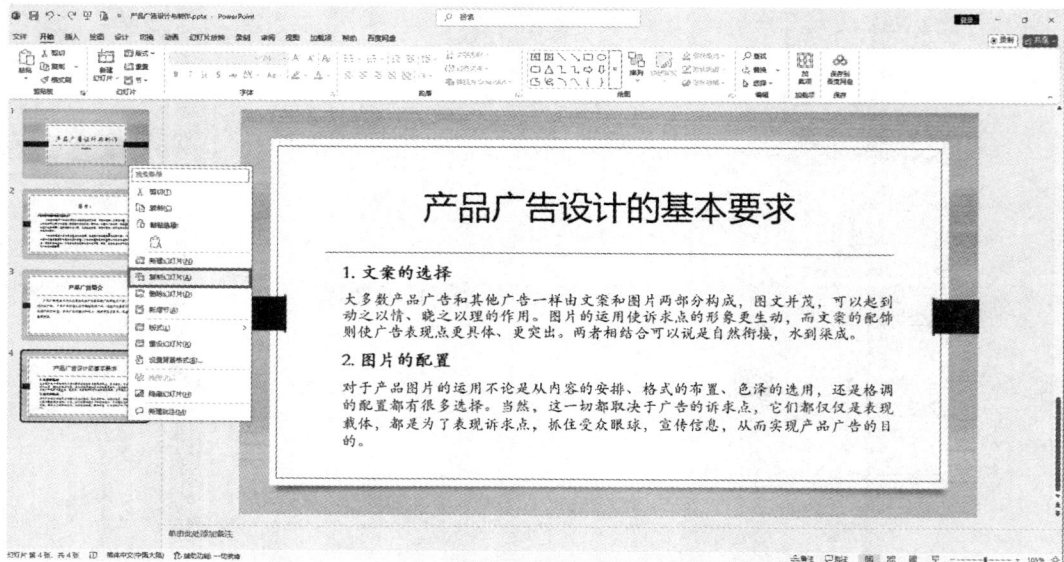

图 13-29　复制幻灯片

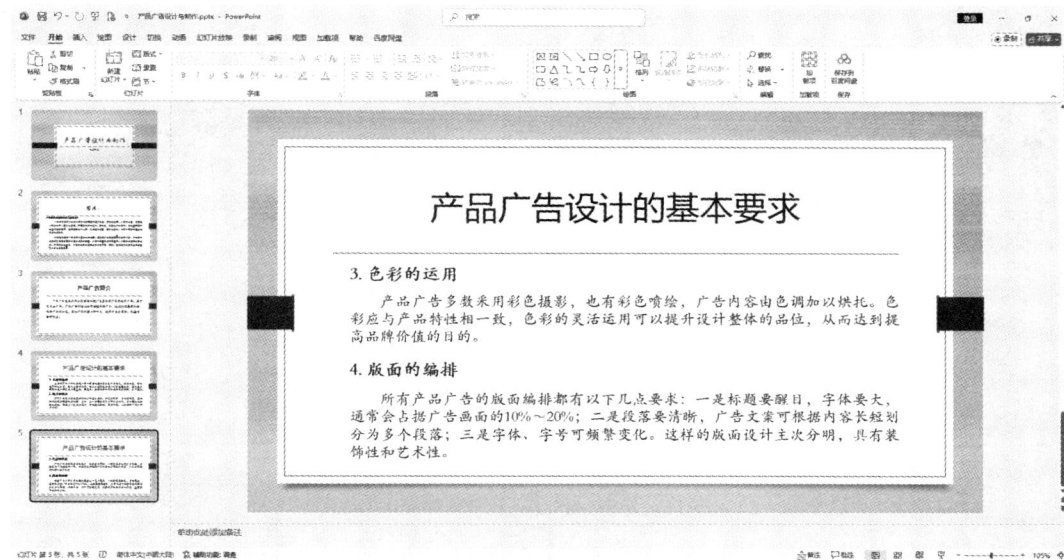

图 13-30　输入并设置文本内容

三、任务小结

本任务介绍了在教学课件中输入文本内容以及设置文本格式和段落格式。既可以在"开始"选项卡下的字体和段落组直接进行设置，也可以打开"字体"或"段落"对话框进行字体段落格式的设置。

四、拓展提升

① 上网搜集 2 个制作精美的教学课件案例并分析学习。

② 制作教学课件项目中的后三页幻灯片并完成字体段落格式设置。

任务五　项目符号和编号的设置

一、问题导入

小张制作了一份演示文稿，但是其中用于讲解的条目很多，怎样才能更好地展现内容的层次性呢？

二、任务讲解

在 PowerPoint 2024 演示文稿中，我们可以使用项目符号和编号展现文稿内容，从而突出内容的层次性。

① 在第二张幻灯片后插入一张幻灯片，选中第三张幻灯片，在标题占位符中输入目录，设置字体为"微软雅黑"，字号为"44"，对齐方式为"居中"。在内容占位符中输入相应内容，设置字体为"华文楷体"，字号为"36"，对齐方式为"居中"，如图 13-31 所示。

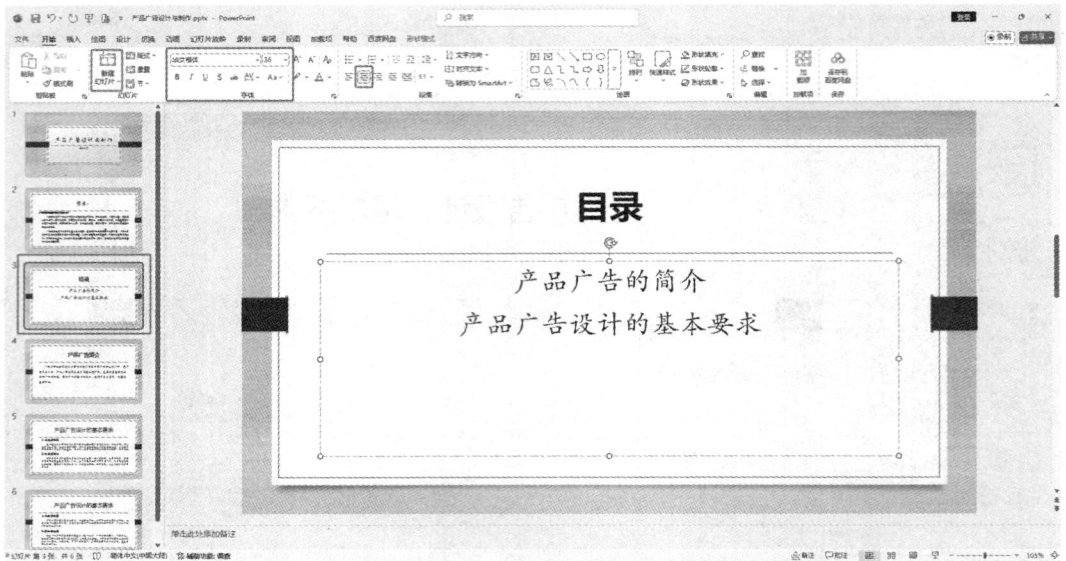

图 13-31 输入并设置标题和文本

② 选中第三张幻灯片中的目录内容，切换到"开始"选项卡，在"段落"组中单击"项目符号"下拉按钮，在弹出的下拉列表中选择"箭头项目符号"选项，如图 13-32 所示。

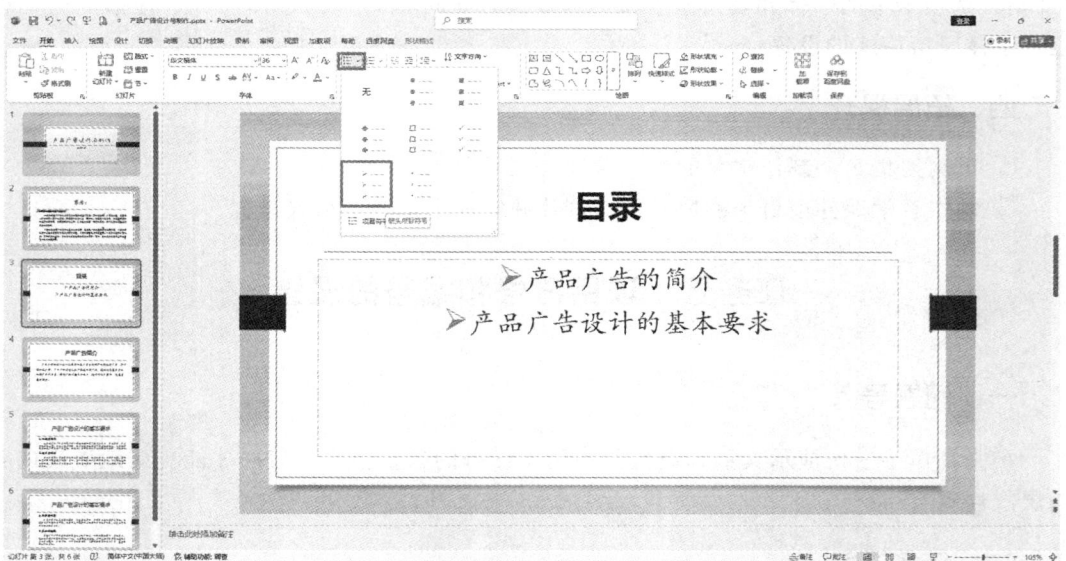

图 13-32 添加项目符号

③ 选中第四张幻灯片中的相应内容，切换到"开始"选项卡，在"段落"组中单击"编号"下拉按钮，可以在弹出的下拉列表中选择"1、2、3，"选项，如图 13-33 所示。

④ 切换到"视图"选项卡，单击"演示文稿视图"组中的"幻灯片浏览"按钮，浏览幻灯片效果，如图 13-34 所示。然后按"Ctrl＋S"组合键保存制作完成的教学课件。

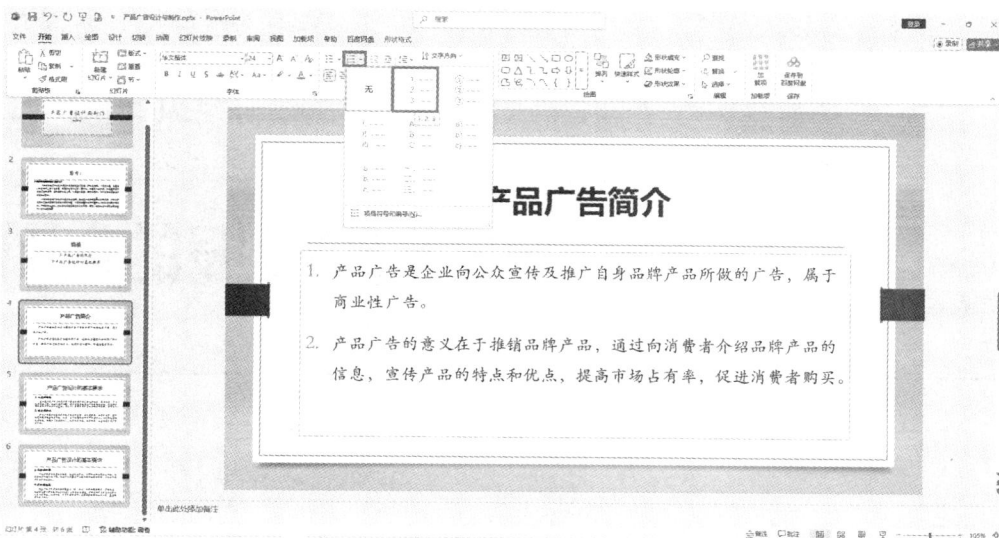

图 13-33　添加编号

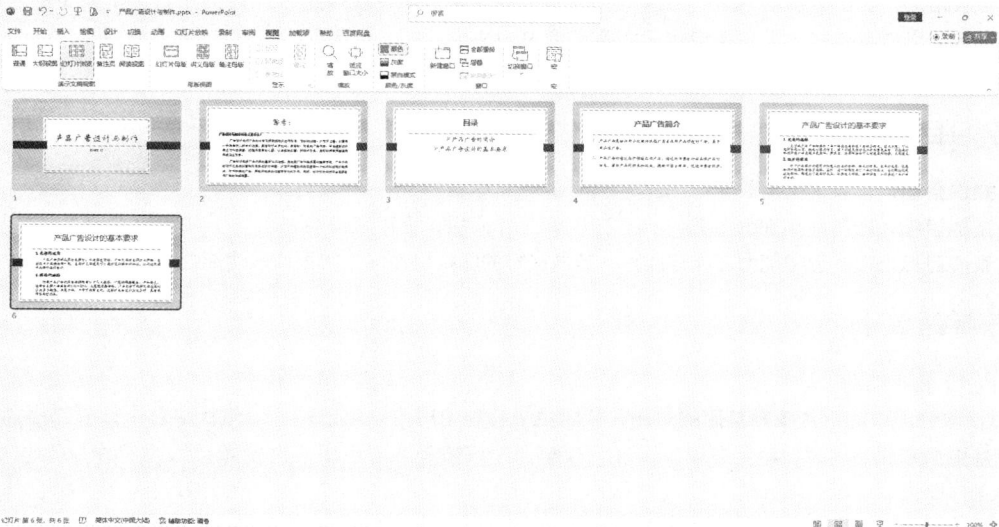

图 13-34　浏览幻灯片效果

三、任务小结

本任务介绍了在教学课件中添加项目符号与编号的方式。在一些条目性的文本中，使用项目符号和编号，可以使内容结构清晰、条理清楚、层次分明。PowerPoint 提供了七种标准的项目符号和编号，同时用户可以根据自己的需要自定义项目符号和编号。

四、拓展提升

① 结合优秀案例，小组讨论并总结制作优秀课件的方法。
② 完成教学课件的制作并进一步优化。

项目十四

工作简报的制作

【教学目标】

专业能力： 掌握 PowerPoint 2024 的基本操作；能运用 PowerPoint 2024 制作工作简报。

社会能力： 了解 PowerPoint 2024 等相关软件的应用背景，能收集各种作品资料，掌握多媒体制作方法，提高创新创作能力，并能应用于实际案例中。

方法能力： 提高自主学习能力，以及思维能力。

【学习目标】

知识目标： 掌握 PowerPoint 2024 幻灯片的美化编辑。

技能目标： 能够使用 PowerPoint 2024 制作工作简报，提高审美能力。

素质目标： 提高思维能力、实践能力，养成良好的团队协作能力和语言表达能力以及综合职业能力。

【教学建议】

（1）教师活动

① 教师通过幻灯片编辑前后的对比，让学生了解到用户可以自己设计幻灯片中各个元素的格式，使幻灯片更加专业。同时，运用多媒体课件、教学视频等多种教学手段，讲授如何运用 PowerPoint 2024 制作工作简报。

② 教师通过对优秀 PPT 作品的展示，让学生感受如何运用 PowerPoint 2024 制作优秀的作品。

（2）学生活动

① 收集优秀的学生 PPT 作业进行点评，并让学生分组进行现场展示和讲解，训练学生的语言表达能力和沟通协调能力。

② 学生在教师的组织和引导下完成制作教学课件的学习任务，进行自评、互评、教师点评等。

任务一　图片的编辑

一、问题导入

在幻灯片中插入图形图像，可以使幻灯片图文并茂，增强幻灯片的表达水平。在 PowerPoint 中，不仅可以插入图片，还可以插入剪贴画和 SmartArt 图形。

二、任务讲解

① 打开工作简报 PPT，在首页输入标题文字，如图 14-1 所示。

图 14-1　输入标题

② 单击第二张幻灯片，在标题栏输入产品展示，单击"插入"选项卡，在"图像"组中单击"图片"按钮，打开"插入图片"对话框，选择"数码产品"图片，单击"插入"按钮，如图 14-2 所示。

③ 插入图片后，拖动图片四周的控制点，重新调整图片大小，单击"图片格式"选项卡，单击"图片样式"组，可以在列表中选择一种图片样式，如图 14-3 所示。

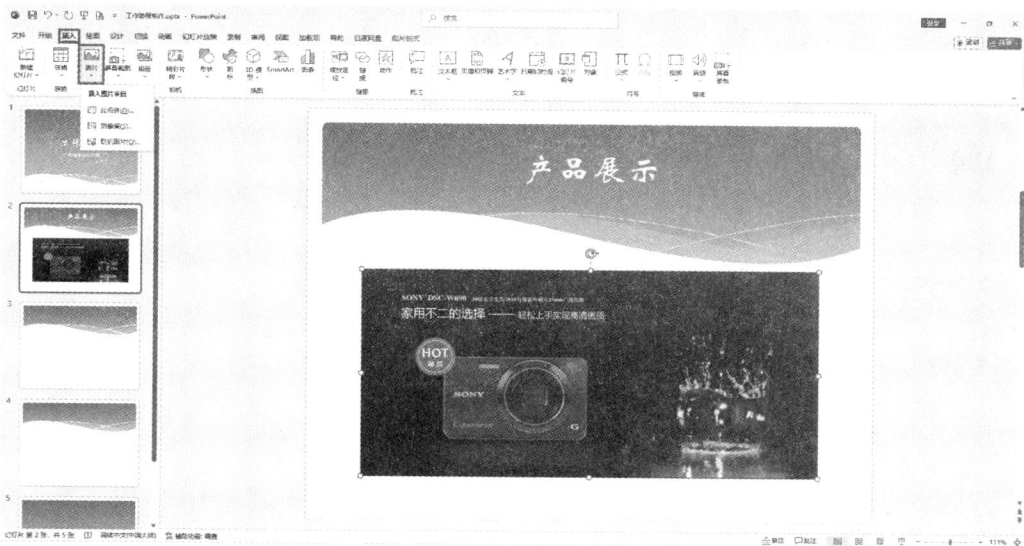

图 14-2　插入图片

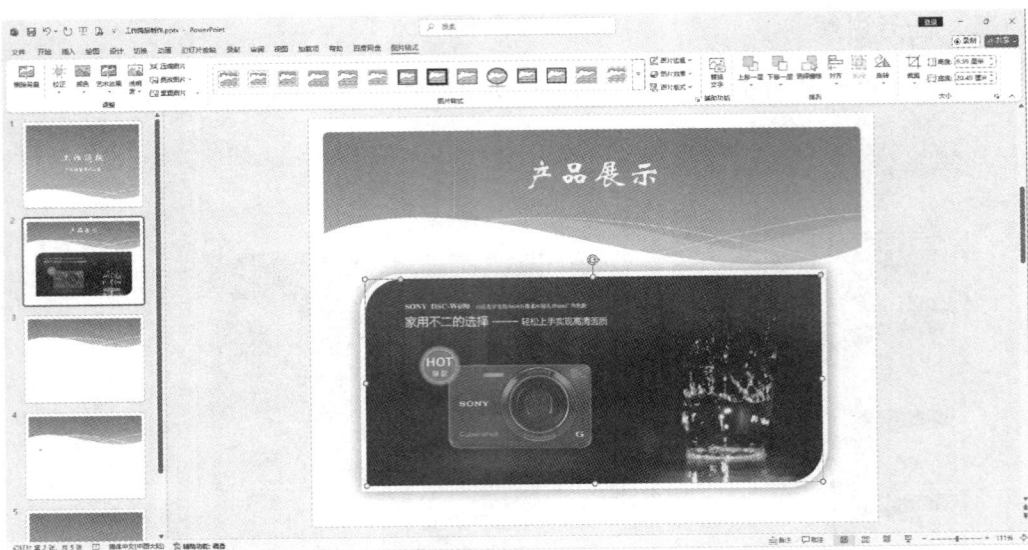

图 14-3　应用图片样式

④ 单击"调整"组，可以设置"校正""颜色""艺术效果""透明度""压缩图片"等，也可以在右侧"设置图片格式栏"进行设置，设置亮度/对比度为"亮度＋10％，对比度＋0％"，设置透明度"＋10％"，如图 14-4 所示。

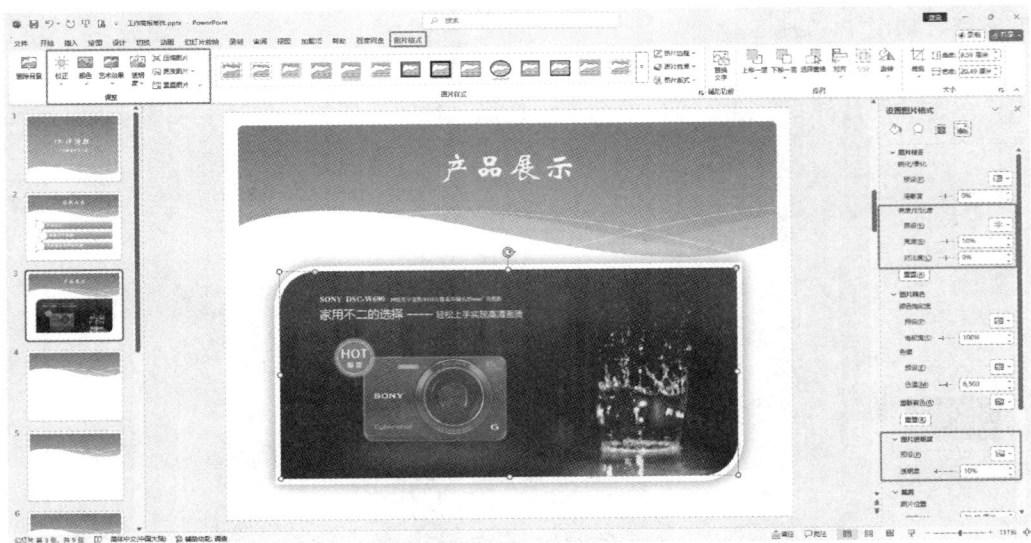

图 14-4　调整图片

⑤ 在首页幻灯片后插入一张新幻灯片，在标题栏输入文本"简报内容"，在文本栏单击"插入"选项卡，在"插图"组中单击"SmartArt"按钮，打开"选择 SmartArt图形"对话框，单击"列表"选项卡，在右侧选择"垂直曲形列表"选项，如图 14-5所示。

图 14-5　选择 SmartArt 图形

⑥ 依次输入每条形状的文本，单击"设计"选项卡，选择适合的 SmartArt 样式，如图 14-6 所示。

图 14-6　应用样式后效果

三、任务小结

本任务介绍了在 PowerPoint 2024 中插入图片的基本操作，以及调整图片格式等操作。

四、拓展提升

① 练习并掌握 PowerPoint 2024 插入图片的操作。

② 完成工作简报 PPT 前三页的制作。

任务二　表格的编辑

一、问题导入

在 PowerPoint 中，可以制作表格类型的幻灯片，以便条理清晰地表达幻灯片中的各个数据。

如果需要在演示文稿中添加有规律的数据，可以使用表格来完成。

二、任务讲解

① 启动 PowerPoint 2024 应用程序，打开"工作简报"演示文稿。

② 选中第 4 张幻灯片，在标题栏输入文本"销售分布数据"，在文本栏单击"插入表格"，在对话框中选择 4 列 5 行的表格范围，如图 14-7 所示。

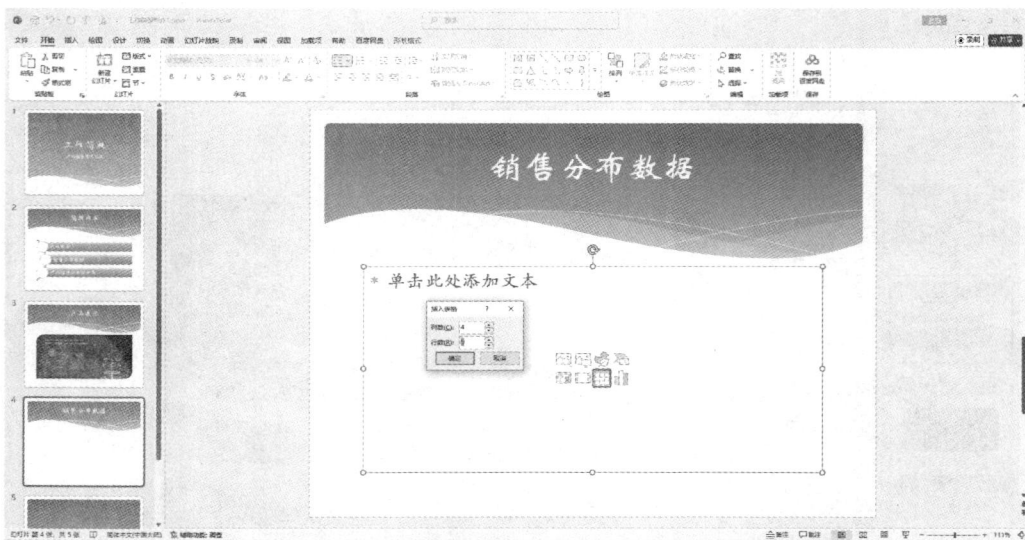

图 14-7　选择表格范围

③ 在幻灯片中插入表格后，拖动表格调整其位置，如图 14-8 所示。

④ 在表格中依次输入项目标题和相应的文本，然后在"开始"选项卡的"字体"组中设置各个文本的字体格式，如图 14-9 所示。

⑤ 选中表格中的全部文本，单击"表布局"选项卡，在"对齐方式"组中分别单击"居中"按钮和"垂直居中"按钮，对表格内的文本进行水平和垂直居中对齐，如图 14-10 所示。

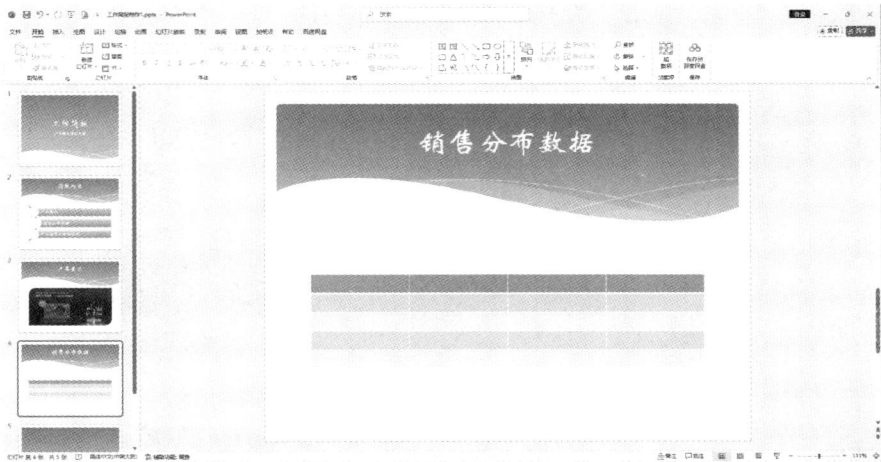

图 14-8　调整表格位置

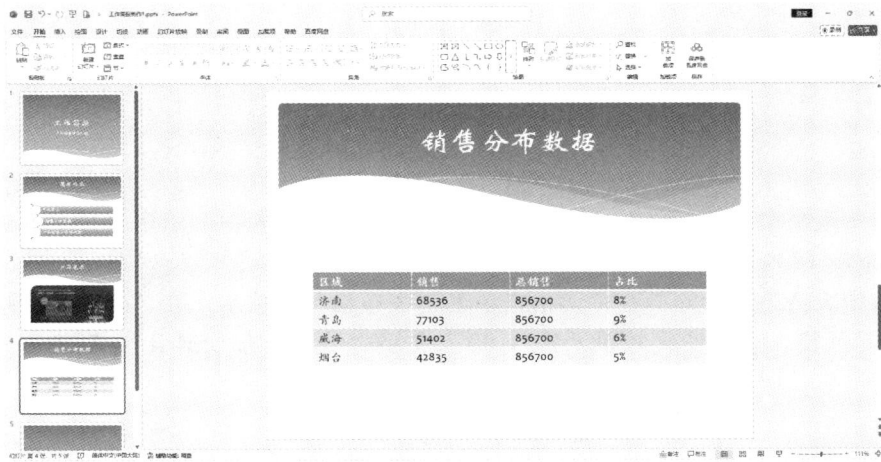

图 14-9　输入并设置文本

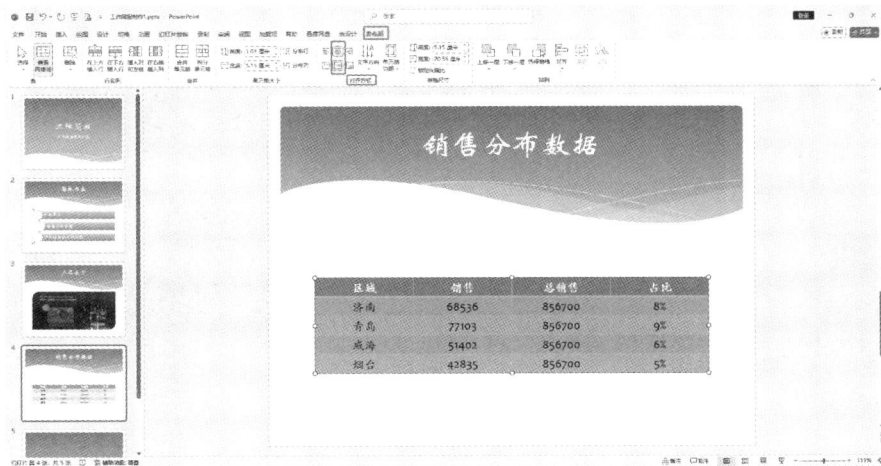

图 14-10　设置文本居中对齐

⑥ 选中表格，单击"表设计"选项卡，在"表格样式"组中选择"中度样式 2-强调 2"，也可以设置底纹、边框和效果，如图 14-11 所示。

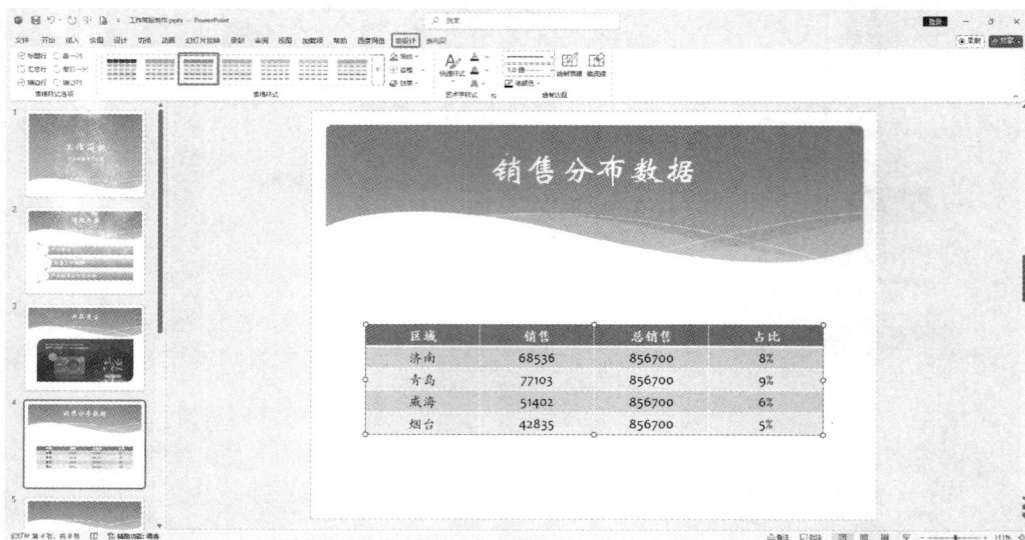

图 14-11　设置表格样式

⑦ 选中表格第一行，单击"表布局"选项卡，在"行和列"组中选择"在上方插入行"，如图 14-12 所示。

⑧ 选中表格第一行的所有单元格，单击"表布局"选项卡，在"合并"组中可以合并或拆分单元格，选择"合并单元格"，输入文字"销售分布数据表"，对齐方式为"居中"，如图 14-13 所示。

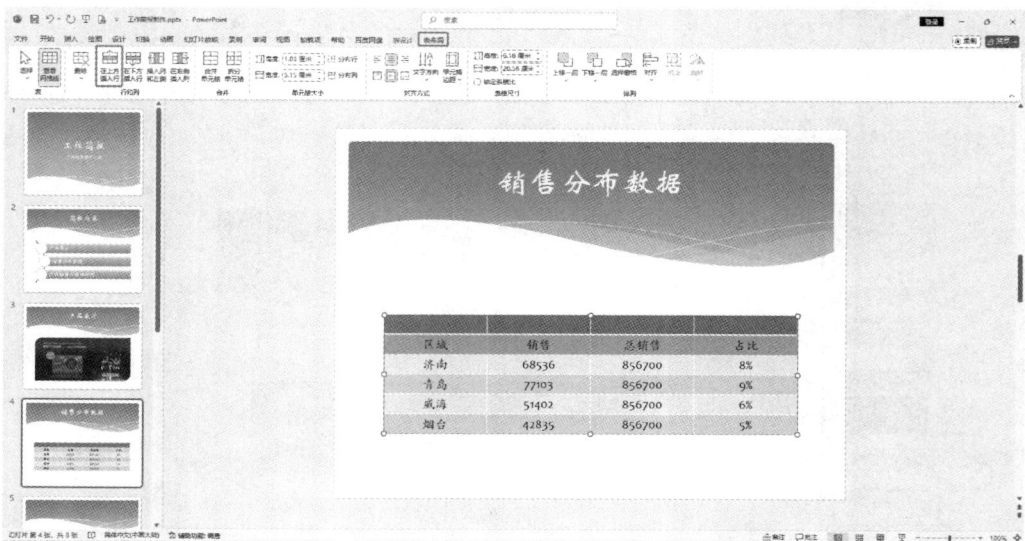

图 14-12　插入行

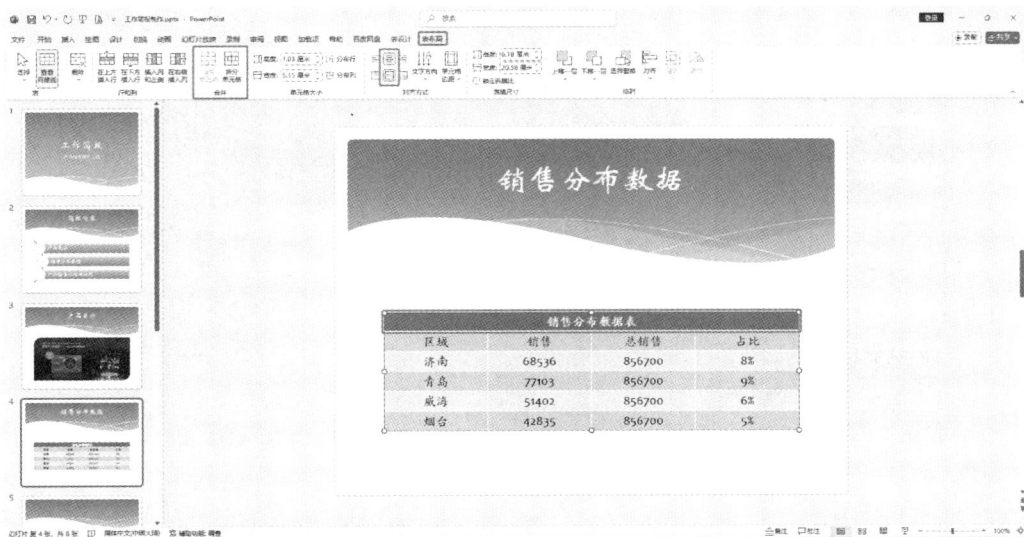

图 14-13　合并单元格

三、任务小结

本任务介绍了 PowerPoint 2024 的插入表格、对表格进行调整等操作，为后续的进一步学习打下基础。

四、拓展提升

① 练习并掌握 PowerPoint 2024 插入表格的操作。
② 完成工作简报 PPT 第四页的制作。

任务三　图表的编辑

一、问题导入

图表是数据的图形化表示方式，采用合适的图表类型来显示数据有助于理解数据，可以在幻灯片中插入图表以增强幻灯片的可读性。

二、任务讲解

① 启动 PowerPoint 2024 应用程序，打开"工作简报"演示文稿。
② 选中第 5 张幻灯片，在标题栏输入文本"产品销售分布饼状图"，在文本栏单击"插入图表"，如图 14-14 所示。
③ 打开"插入图表"对话框，单击"饼图"选项卡，在右侧选择"三维饼图"选项，单击"确定"按钮，如图 14-15 所示。
④ 此时弹出图表数据编辑工作簿，删除工作表中默认的数据，如图 14-16 所示。

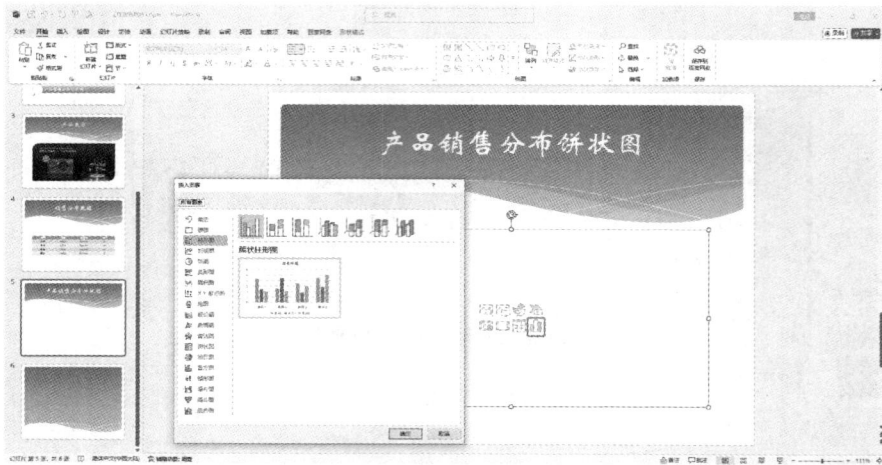

图 14-14 单击插入图表

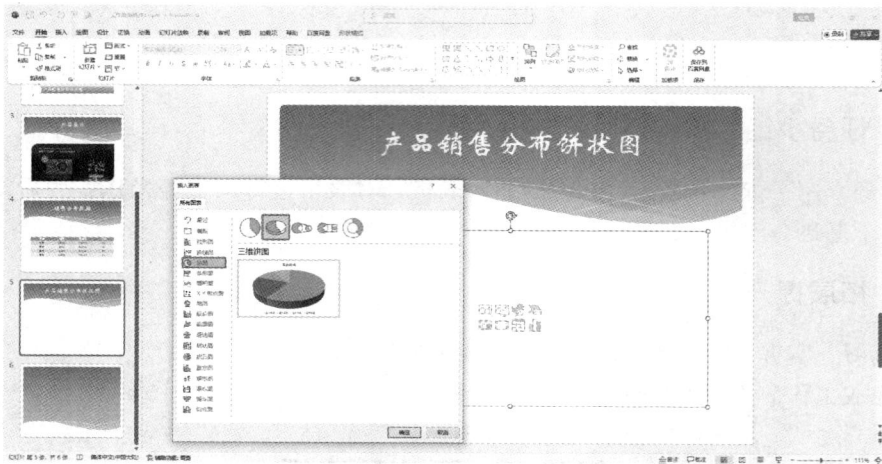

图 14-15 选择图表样式

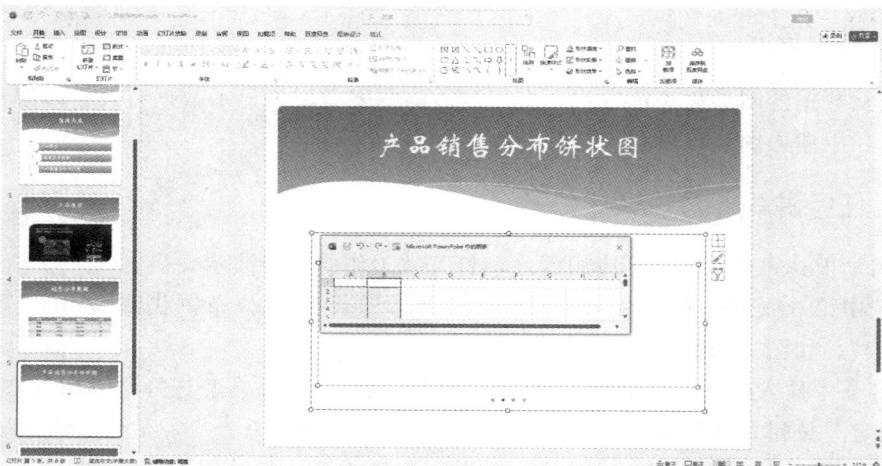

图 14-16 图表数据编辑工作簿

⑤ 返回到演示文稿中，选中第 4 张幻灯片表格中前两列的全部文本数据并右击，在弹出的快捷菜单中选择"复制"选项，如图 14-17 所示。

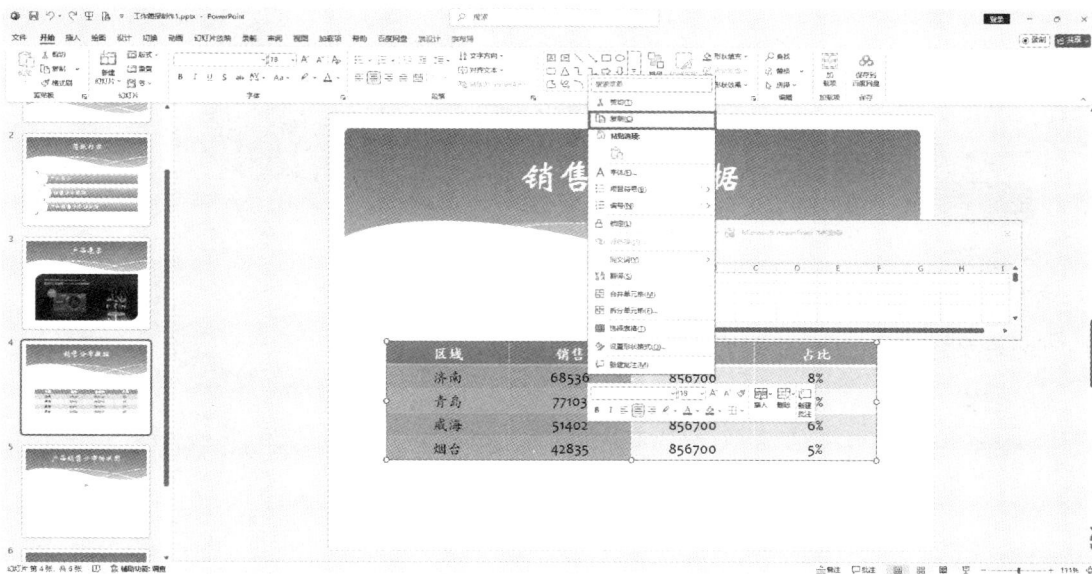

图 14-17　复制数据

⑥ 返回到图表数据编辑工作簿中，选中第一个单元格并右击，在弹出的快捷菜单中选择"粘贴"命令，将复制的数据粘贴到表格中，如图 14-18 所示。

⑦ 选中第 5 张换灯片，关闭图表数据编辑工作簿，即可看到插入的饼形图表，拖动图表四周的控制点调整图表的大小，如图 14-19 所示。

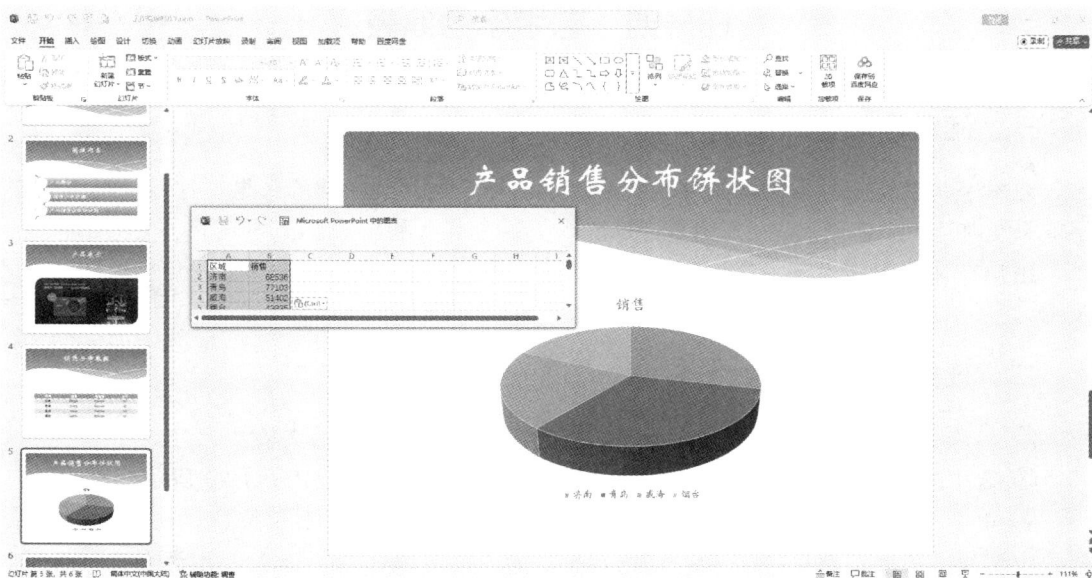

图 14-18　粘贴数据

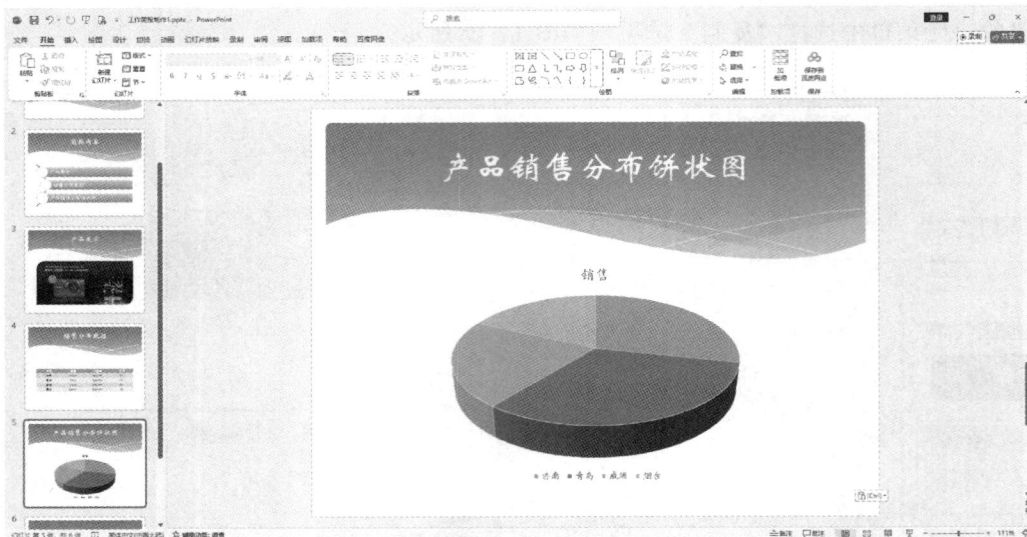

图 14-19　插入的饼形图表

三、任务小结

本任务介绍了在 PowerPoint 2024 中插入图表的基本操作，以及编辑图表等操作。

四、拓展提升

① 练习并掌握 PowerPoint 2024 插入图表的操作。

② 完成工作简报 PPT 第五页的制作。

任务四　艺术字的编辑

一、问题导入

艺术字是具有特殊效果的文字，如阴影、斜体、旋转和拉伸等效果，这些效果能使文字效果更加生动。

用户在文档中插入艺术字后，可以对艺术字的效果进行设置。

二、任务讲解

① 启动 PowerPoint 2024 应用程序，打开"工作简报"演示文稿。

② 选中第 6 张幻灯片，删除标题文本框和副标题文本框，如图 14-20 所示。

③ 单击"插入"选项卡，在"文本"组中单击"艺术字"下拉按钮，在弹出的下拉列表中选择"填充：白色；边框：蓝色，主题色 2；清晰阴影：蓝色，主题色 2"选项，如图 14-21 所示。

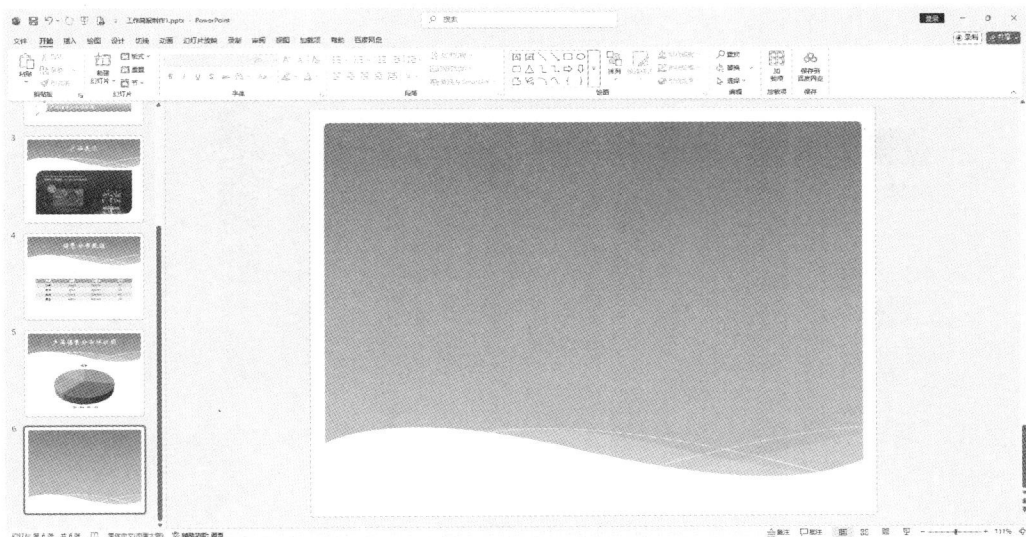

图 14-20　删除文本框

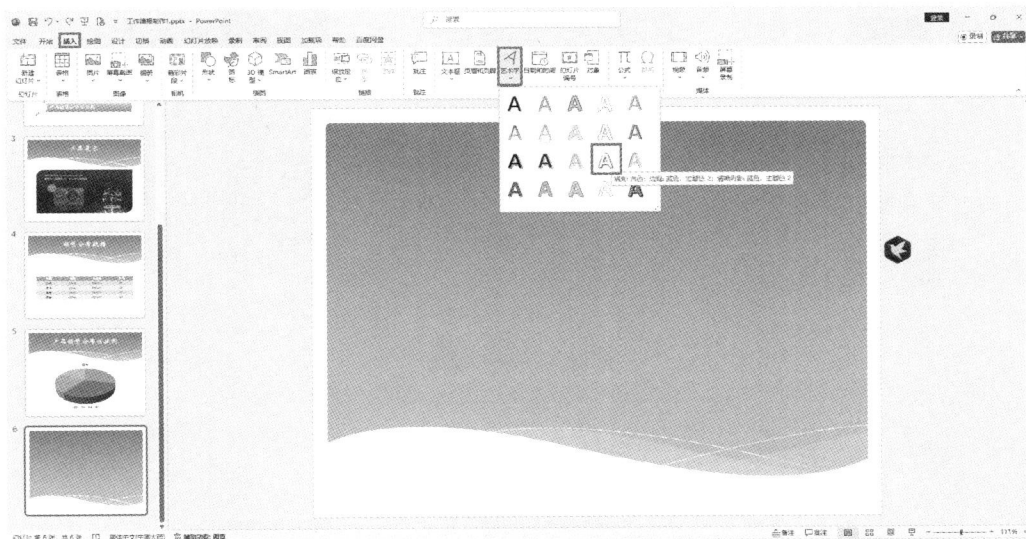

图 14-21　选择艺术字效果

④ 此时会在文档中插入所选的艺术字文本框，在文本框中重新输入标题文本"汇报结束 谢谢观看"，如图 14-22 所示。

⑤ 保持艺术字的选中状态，单击"形状格式"选项卡，在"艺术字样式"组中单击"文本效果"下拉按钮，在弹出的下拉列表中选择"阴影"下的"偏移：右下"选项，如图 14-23 所示。

⑥ 再次单击"文本效果"下拉按钮，在弹出的下拉列表中选择"映像"→"紧密映像：接触"选项，如图 14-24 所示。

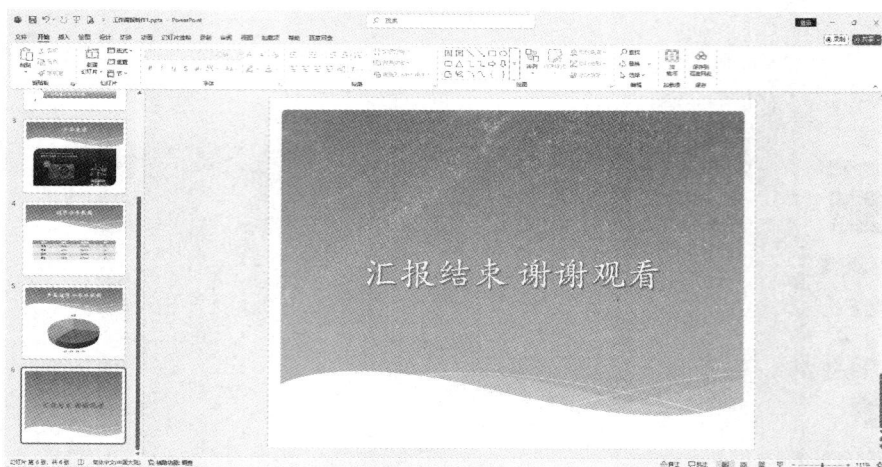

图 14-22 输入艺术字内容

图 14-23 设置阴影

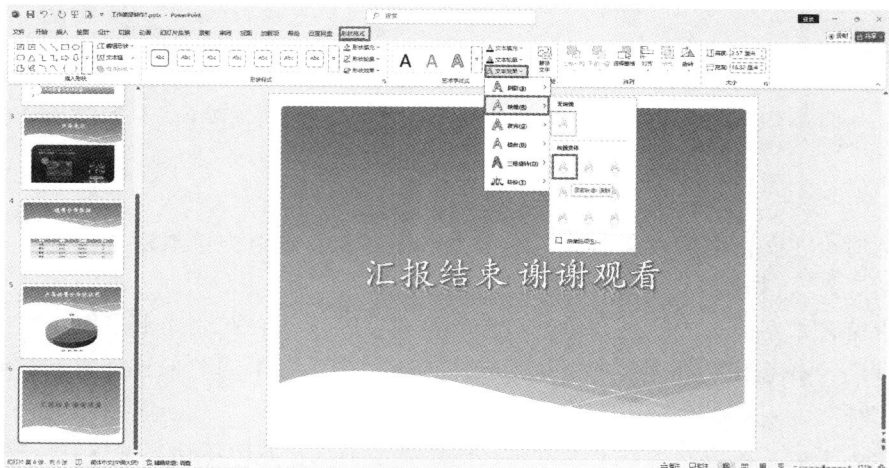

图 14-24 设置映像效果

⑦ 再次单击"文本效果"下拉按钮，在弹出的下拉列表中选择"发光"，参数设置为
"发光：5 磅；蓝色，主题色 1"选项，如图 14-25 所示。

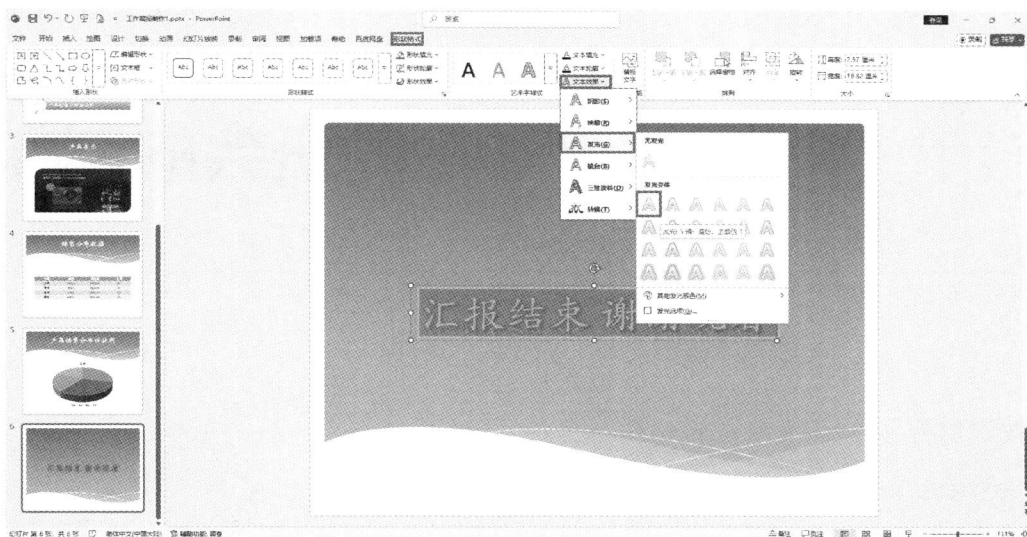

图 14-25　设置发光效果

三、任务小结

本任务介绍了在 PowerPoint 2024 中编辑艺术字的基本操作，以及插入、编辑艺术字
等操作。

四、拓展提升

① 练习并掌握 PowerPoint 2024 插入艺术字的操作。
② 完成工作简报 PPT 的制作。

项目十五

主题班会的制作

【教学目标】

专业能力：能运用 PowerPoint 2024 制作主题班会。

社会能力：了解 PowerPoint 2024 等相关软件的应用背景，能收集各种作品资料，掌握多媒体制作方法，提高创新创作能力，并能应用于实际案例中。

方法能力：提高自主学习能力，以及思维能力。

【学习目标】

知识目标：掌握 PowerPoint 2024 幻灯片的个性化设置。

技能目标：能够使用 PowerPoint 2024 制作主题班会，提高学生的设计和创新能力。

素质目标：提高观察、分析和解决问题的能力，激发创新思维，提高团队合作沟通能力。

【教学建议】

（1）教师活动

① 教师通过幻灯片编辑前后的对比，让学生了解到可以通过设计幻灯片的各种元素来满足用户的个性化要求，使幻灯片更加美观。同时，运用多媒体课件、教学视频等多种教学手段，讲授如何运用 PowerPoint 2024 制作主题班会。

② 教师通过对优秀 PPT 作品的展示，让学生感受如何运用 PowerPoint 2024 制作优秀的作品。

（2）学生活动

① 收集优秀的学生 PPT 作业进行点评，并让学生分组进行现场展示和讲解，训练学生的语言表达能力和沟通协调能力。

② 学生在教师的组织和引导下完成制作教学课件的学习任务，进行自评、互评、教师点评等。

任务一　演示文稿主题的设置

一、问题导入

设置幻灯片的主题，可以使幻灯片具有丰富的色彩和良好的视觉效果。

二、任务讲解

① 启动 PowerPoint 2024 应用程序，新建一个主题班会演示文稿并输入文稿内容，如图 15-1～图 15-6 所示。

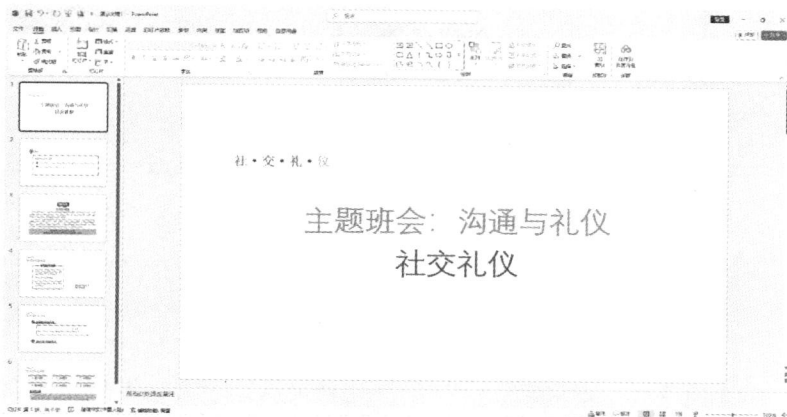

图 15-1　第一张幻灯片

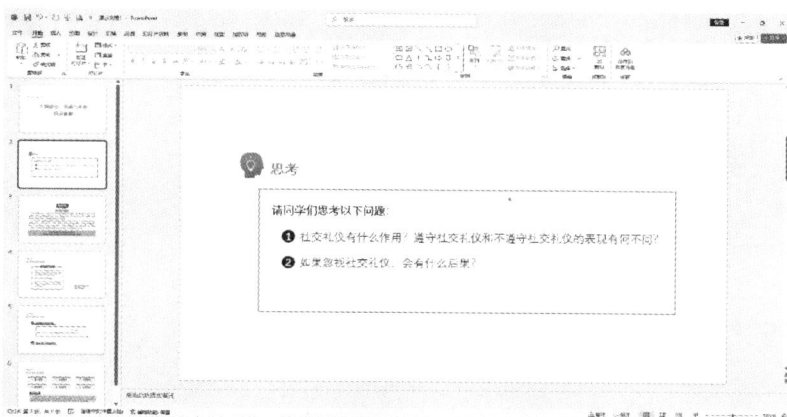

图 15-2　第二张幻灯片

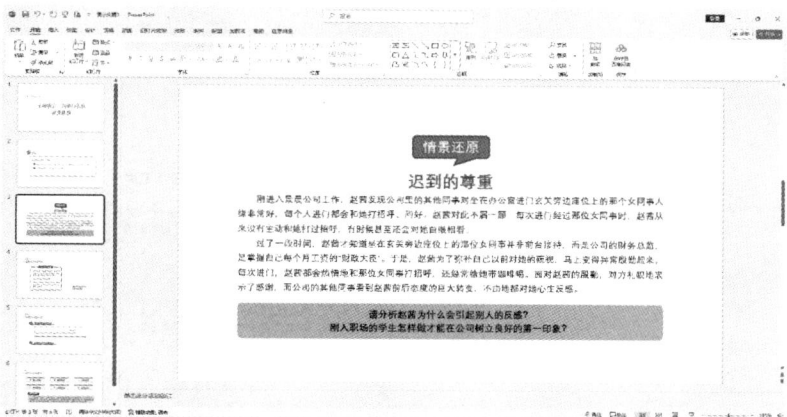

图 15-3　第三张幻灯片

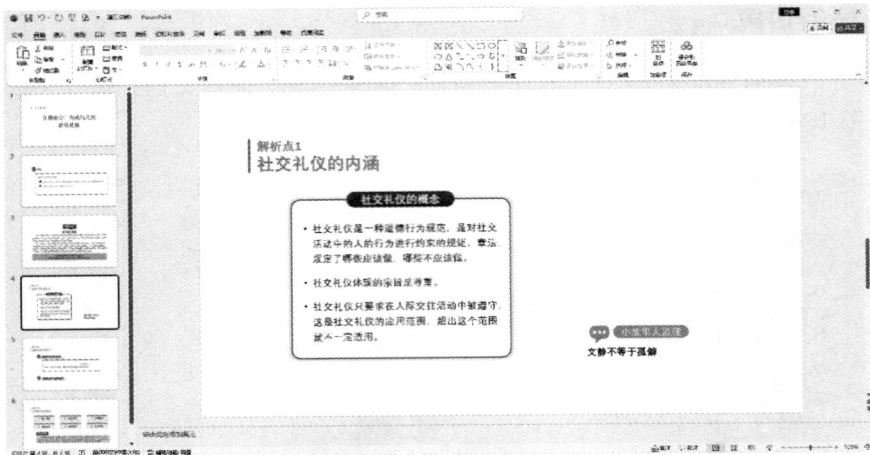

图 15-4　第四张幻灯片

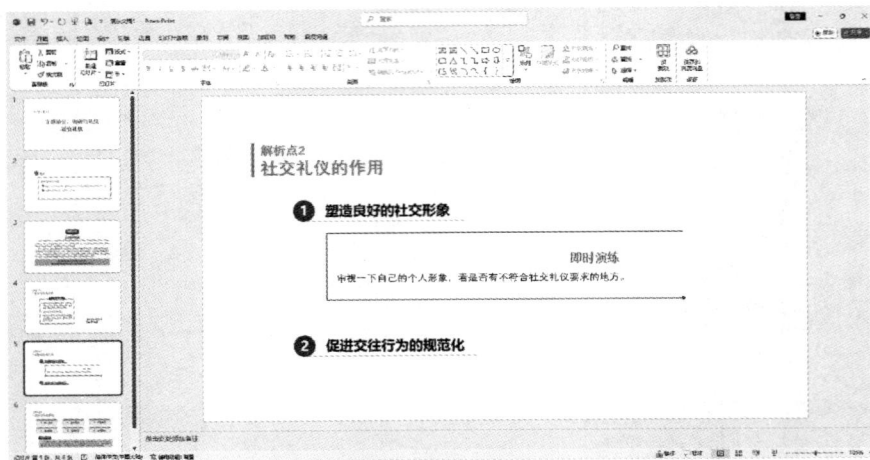

图 15-5　第五张幻灯片

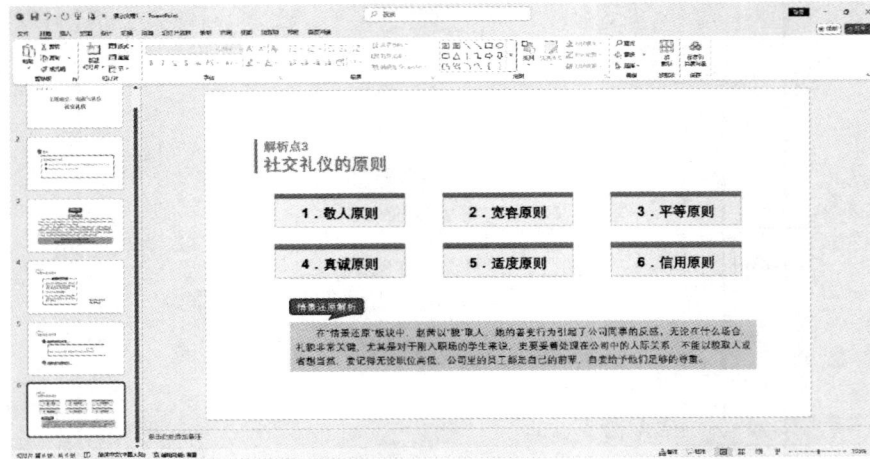

图 15-6　第六张幻灯片

② 单击"设计"选项卡，在"主题"下拉列表框中选择"丝状"选项，可以看到演示文稿中的幻灯片都应用了所选择的主题效果，如图 15-7 所示。

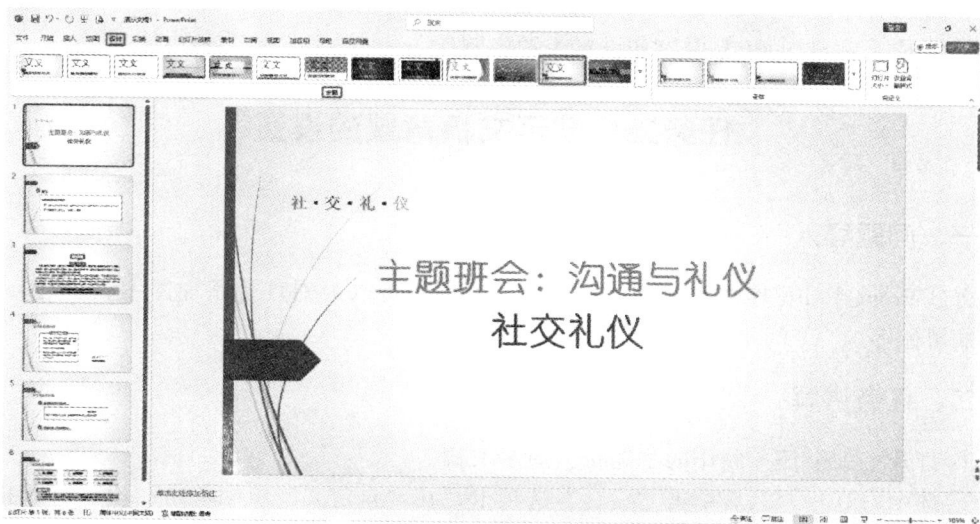

图 15-7　选择主题样式

③ 选中标题文字对象，然后单击"设计"选项卡，在"变体"组中的下拉列表中选择"字体"选项中的"黑体"，可以修改变体的字体为黑体，如图 15-8 所示。

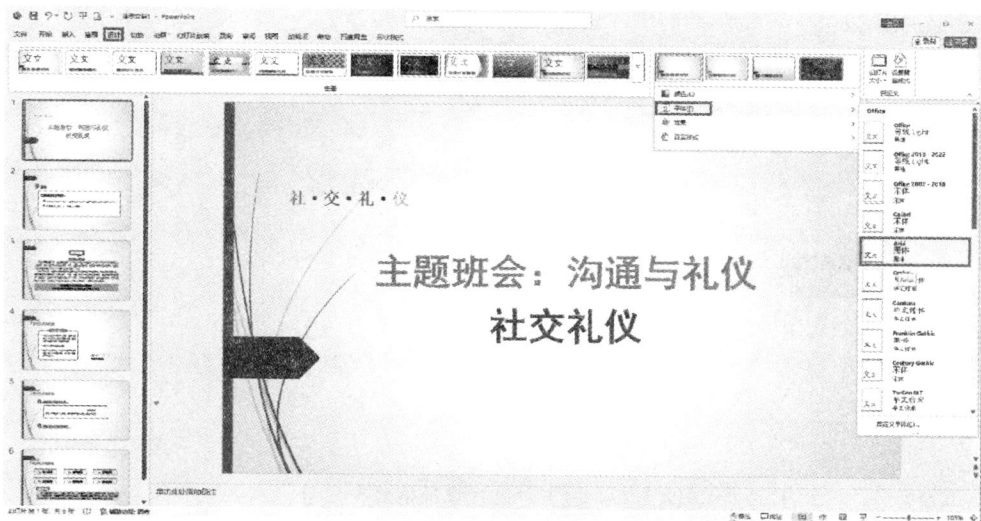

图 15-8　设置变体的字体

三、任务小结

PowerPoint 2024 提供了多种内置的主题效果，用户可以直接选择内置的主题效果为演示文稿设置统一的外观。如果对内置的主题效果不满意，还可以搭配使用内置的其他主题颜色、主题字体、主题效果等。

① 练习并掌握 PowerPoint 2024 设置幻灯片主题的操作。
② 完成主题班会 PPT 内容和设置主题的制作。

任务二　演示文稿背景的设置

一、问题导入

通过 PowerPoint 提供的幻灯片背景效果，用户可以为幻灯片添加图案、纹理、图片或背景颜色等。

二、任务讲解

① 打开上一个任务制作的主题班会演示文稿。
② 选中幻灯片，然后单击"设计"选项卡，在"自定义"组中单击"设置背景格式"按钮，如图 15-9 所示。

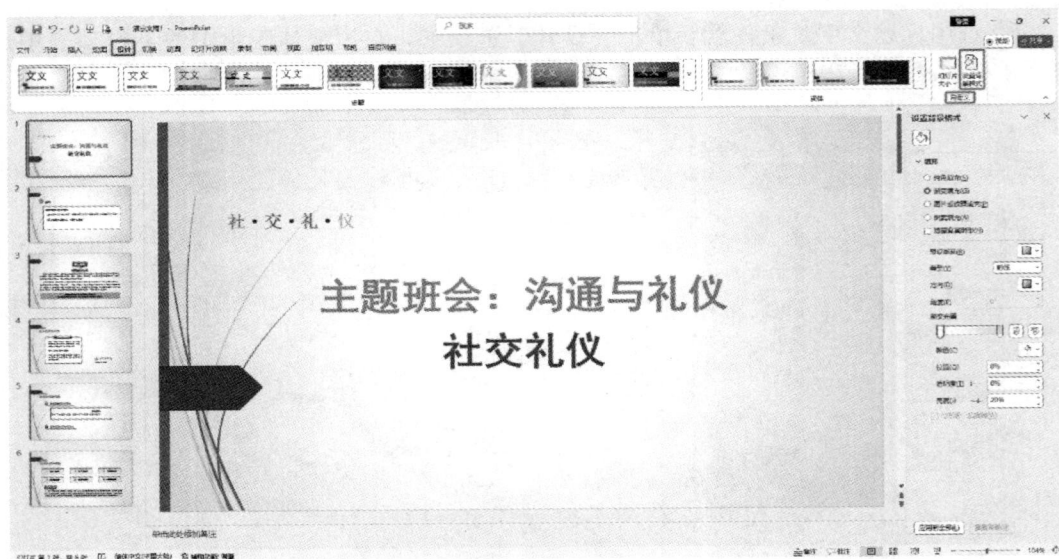

图 15-9　单击"设置背景格式"按钮

③ 在"设置背景格式"窗格，选中"渐变填充"单选按钮，可以设置背景为渐变色，如图 15-10 所示。
④ 在"设置背景格式"窗格中选中"图片或纹理填充"单选按钮，可以设置背景为图片或纹理效果，如图 15-11 所示。
⑤ 在"设置背景格式"窗格中选中"图案填充"单选按钮，可以设置背景为图案效果，如图 15-12 所示。

图 15-10　设置渐变色背景

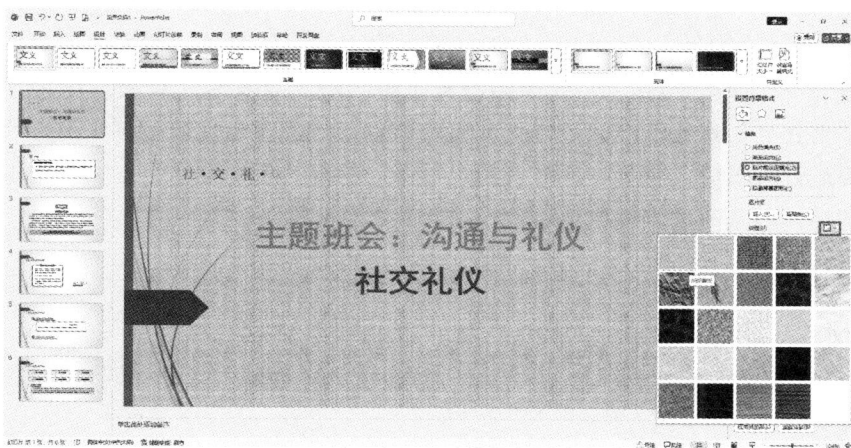

图 15-11　设置纹理填充背景

图 15-12　设置图案填充背景

三、任务小结

在 PowerPoint 2024 中，用户可以通过"设置背景格式"窗格进行幻灯片背景的设置，为幻灯片添加图案、纹理、图片或背景颜色等。在"设置背景格式"对话框中单击"全部应用"按钮，可以将设置的背景应用到所有的幻灯片中。

四、拓展提升

① 练习并掌握 PowerPoint 2024 设置背景的操作。

② 完成主题班会 PPT 背景的设置。

任务三　幻灯片母版的设置

一、问题导入

为了在制作演示文稿时可快速生成相同样式的幻灯片，从而提高工作效率，减少重复输入和设置，可以使用 PowerPoint 的幻灯片母版功能。具有同一背景、标志、标题文本及主要文字格式的幻灯片母版，可以将其模板信息运用到演示文稿的每张幻灯片中。

对母版进行编辑后，将影响所有使用该母版的幻灯片，因此，只有在设置幻灯片所共有的元素和样式时，才适宜修改母版。

二、任务讲解

① 启动 PowerPoint 2024 应用程序，打开主题班会演示文稿。

② 单击"视图"选项卡，然后在"母版视图"组中单击"幻灯片母版"按钮，如图 15-13 所示。

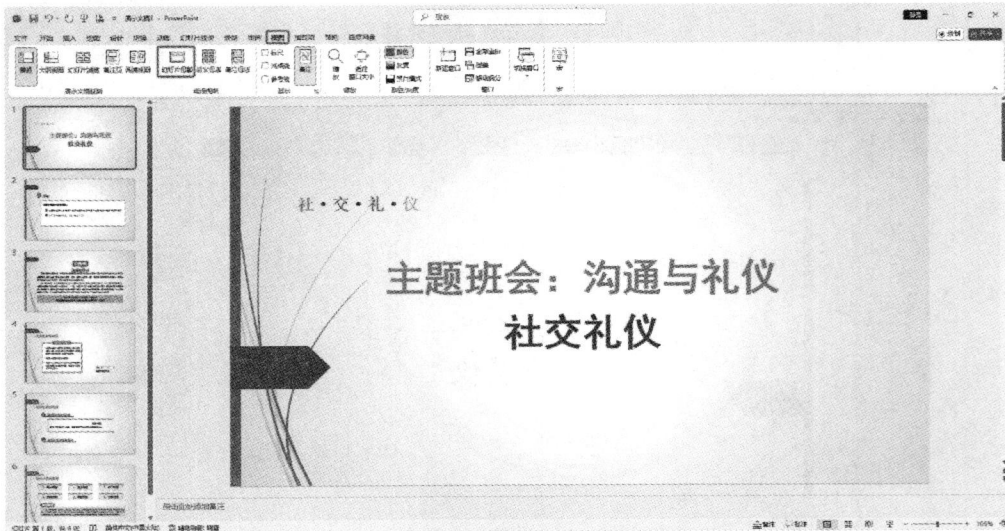

图 15-13　单击"幻灯片母版"按钮

③ 单击"插入版式"按钮，在当前母版中插入新的版式，如图 15-14 所示。

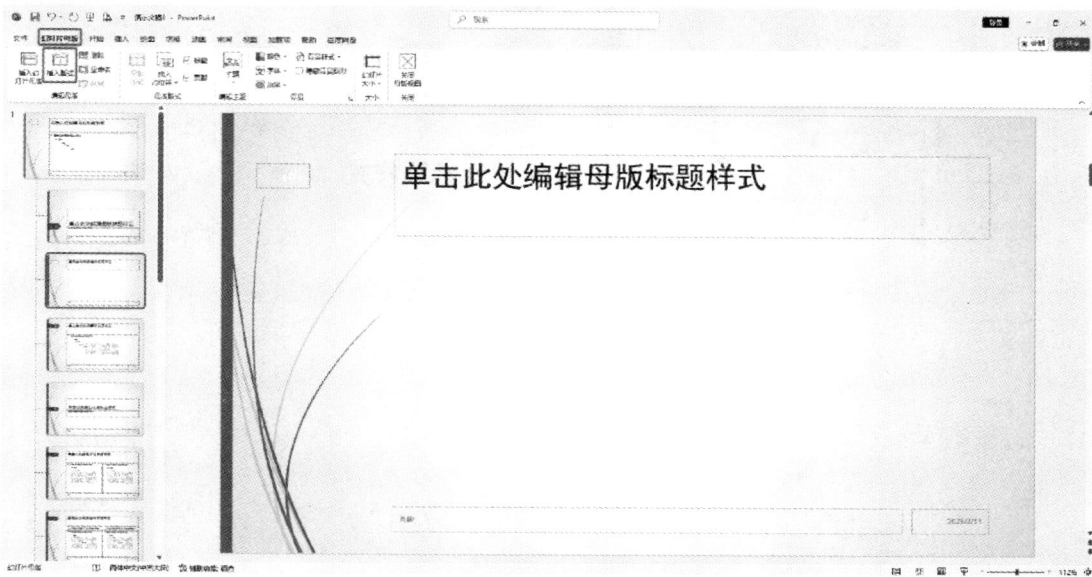

图 15-14　单击"插入版式"按钮

④ 单击"插入占位符"按钮，在弹出的下拉列表中选择"内容（竖排）"选项，然后在幻灯片中拖动鼠标绘制占位符区域，如图 15-15 所示。

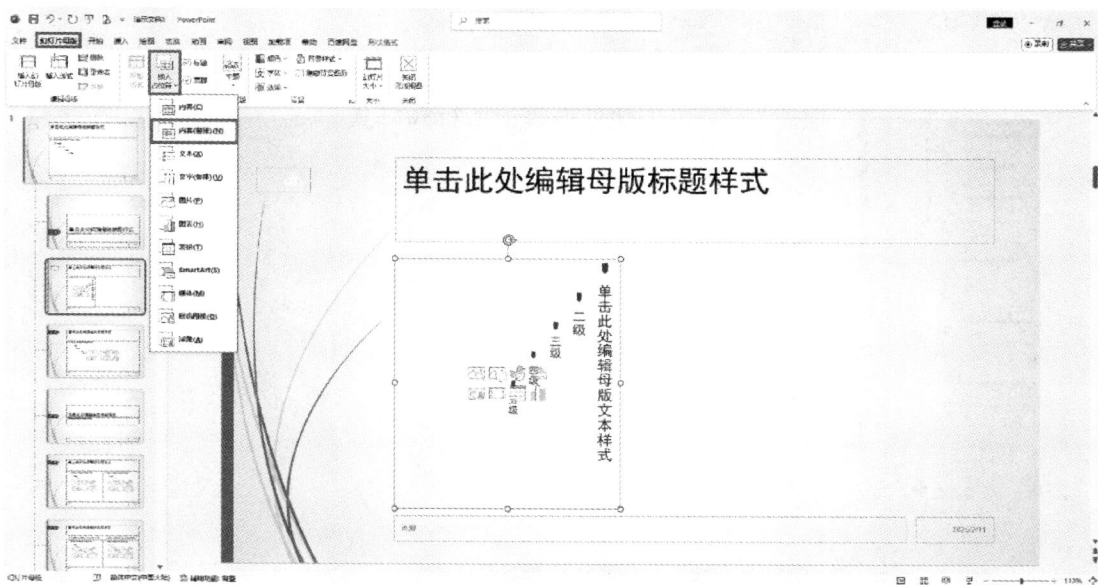

图 15-15　插入并绘制占位符

⑤ 在母版中新插入的版式可以应用于任何一张幻灯片。

⑥ 选中幻灯片母版，单击"插入"选项卡，单击"形状"按钮，选择"卷形：水平"，如图 15-16 所示。

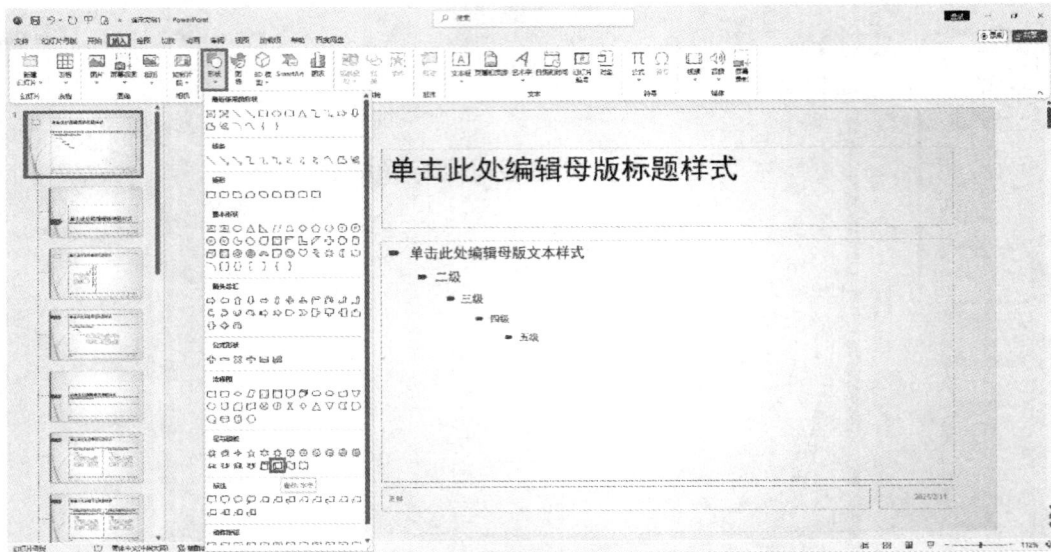

图 15-16　选择插入横卷形

⑦ 在幻灯片母版中拖动鼠标绘制横卷形，并调整位置，如图 15-17 所示。

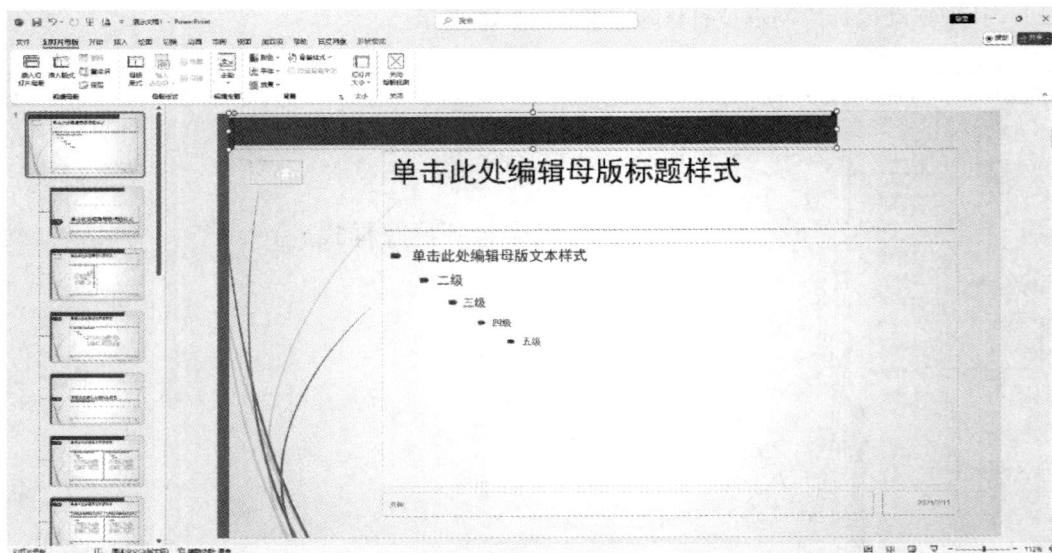

图 15-17　绘制横卷形

⑧ 单击"幻灯片母版"选项卡，在"关闭"组中单击"关闭母版视图"按钮，关闭母版视图。

⑨ 此时可以看到所有的幻灯片都已经应用上指定的版式，如图 15-18 所示。

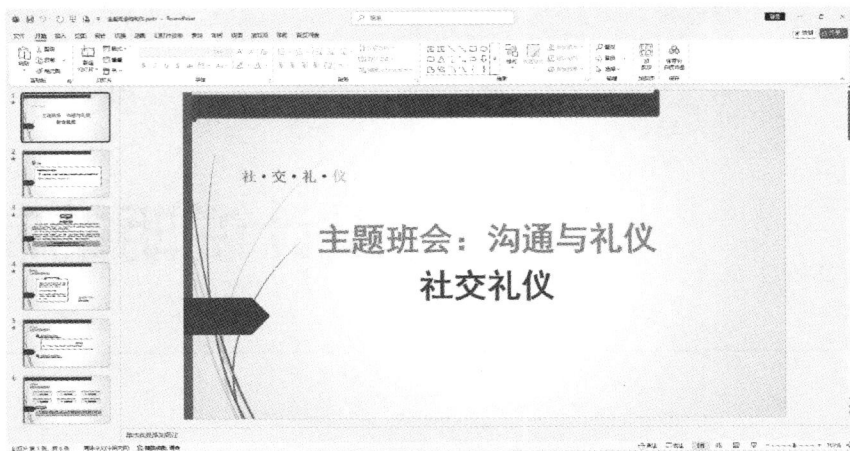

图 15-18　应用母版版式的效果

三、任务小结

母版是一类特殊的幻灯片，对母版的任何设置都将影响到每一张幻灯片，对母版的修改无法在普通幻灯片中更改。幻灯片母版在应用时，有几点共性：

① 每张幻灯片都显示的元素；

② 统一的版式设计、文本设计；

③ 统一的背景设计。

四、拓展提升

① 练习并掌握 PowerPoint 2024 编辑和应用幻灯片母版的操作。

② 使用母版完成主题班会 PPT 的制作。

项目十六

设计说明的制作

【教学目标】

专业能力： 能在 PowerPoint 2024 中插入声音、视频、3D 模型并设置相关效果，熟悉支持的文件格式。

社会能力： 通过多媒体展示，提升沟通表达与展示作品的能力。

方法能力： 能掌握多媒体元素操作方法，能依需求优化设置。

【学习目标】

知识目标： 了解 PowerPoint 2024 支持的音视频格式及 3D 模型插入途径。

技能目标： 掌握音视频、3D 模型的插入与效果设置操作。

素质目标： 培养严谨细致的态度和创新审美能力。

【教学建议】

（1）教师活动

讲解 PowerPoint 2024 插入声音、视频、3D 模型的操作步骤，展示案例，指导学生操作，解答疑问。

（2）学生活动

认真听讲，学习操作，练习插入声音、视频、3D 模型并设置效果，遇到问题及时请教。

任务一　有声幻灯片的制作

一、问题导入

使用 PowerPoint 2024 进行艺术作品设计说明时，如果只使用图片和文字进行展示说明，会显得相对乏味，在幻灯片中合理地加入声音和视频，会给评委和现场的观众带来全新的感受，作品设计说明的效果也会事半功倍。

二、任务讲解

1. 插入声音

（1）从文件中插入声音

① 选择"艺术作品设计说明"幻灯片，单击"插入"选项卡"媒体"组中的"音频"按钮，在弹出的下拉菜单中选择"PC上的音频"选项，如图 16-1 所示。

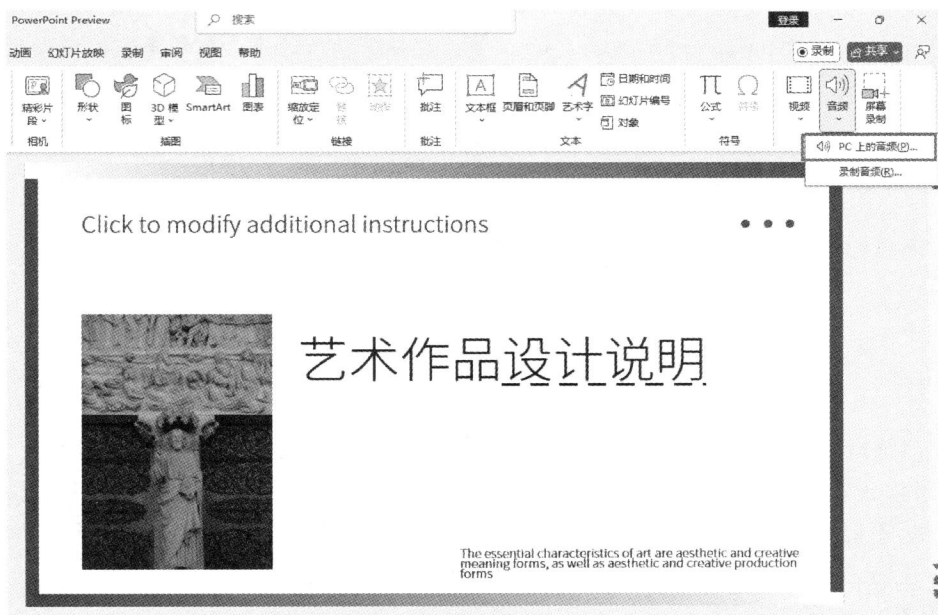

图 16-1　选择"PC 上的音频"选项

② 在弹出的"插入音频"对话框中选择要插入的声音文件"舒缓背景音乐.mp3"，如图 16-2 所示。

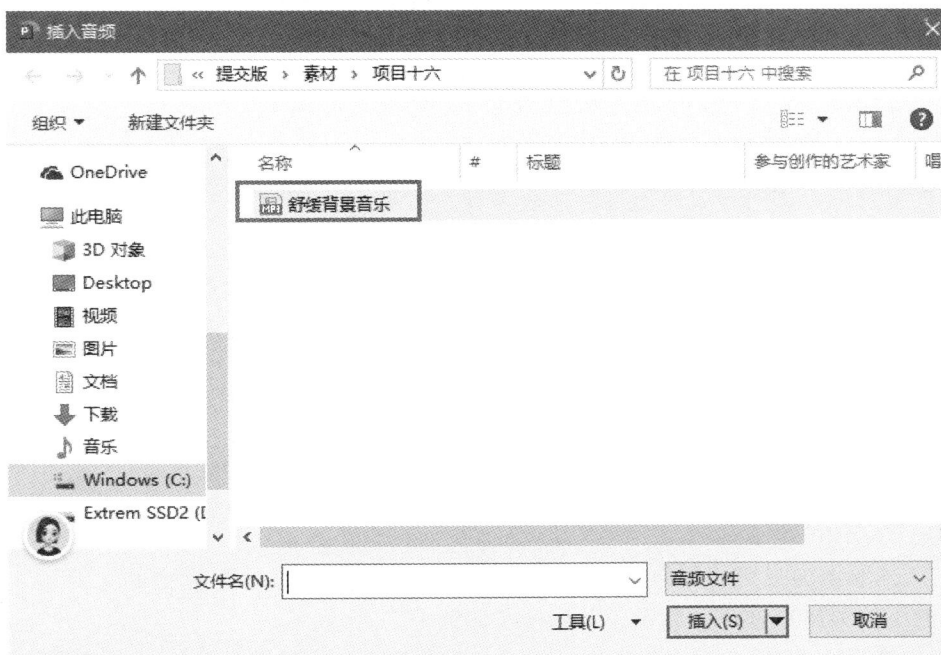

图 16-2　选择背景音乐素材

💡 **注意**：

PowerPoint 2024 支持的声音文件格式有 ADTS Audio、aiff、au、FLAC Audio、midi、MKA Audio、mp3、mp4 Audio、wav、wma 等，应确保插入的声音文件是这些格式的。

（2）设置声音效果

单击插入声音后的声音图标"🔊"，选择"播放"选项卡，如图 16-3 所示，可以设置各种声音效果。

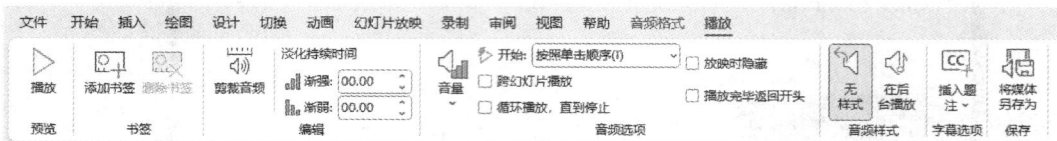

图 16-3　设置声音效果

① 预览声音。在"播放"选项卡的"预览"组中单击"播放"按钮，可以预览声音。

② 设置音量。在"播放"选项卡的"音频选项"组中单击"音量"按钮，在弹出的下拉菜单中选择音量的高低或静音，选中即表示生效，如图 16-4 所示。

③ 隐藏声音图标。在"播放"选项卡的"音频选项"组中，选中"放映时隐藏"复选框，可以隐藏声音图标。注意，只有将声音设置为自动播放，或者创建了其他类型的控件时，才可以使用该选项。

④ 循环播放。在"播放"选项卡的"音频选项"组中，选中"循环播放，直到停止"复选框，可以设置声音的循环播放。选择循环播放后，在放映幻灯片时，声音将连续播放，直到转到下一页幻灯片为止。

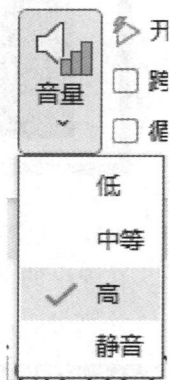

图 16-4　"音量"下拉菜单

⑤ 设置声音跨幻灯片播放。在"播放"选项卡的"音频选项"组中，选中"跨幻灯片播放"复选框，即可设置跨幻灯片播放声音，如图 16-5 所示。

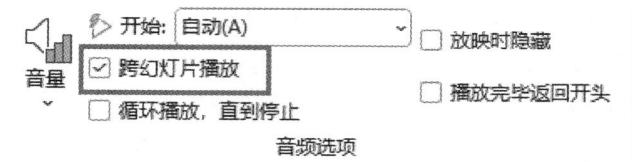

图 16-5　"跨幻灯片播放"复选框

2. 添加视频

（1）从文件中添加视频

① 选择要添加视频的幻灯片，单击"插入"选项卡"媒体"组中的"视频"按钮，在弹出的下拉菜单中选择"此设备"选项，如图 16-6 所示。

② 在弹出的"插入视频文件"对话框中找到要插入的视频文件，如图 16-7 所示，双击视频文件，该视频即插入幻灯片中，插入后可用鼠标拖动来调整视频图标的位置、大小。

图 16-6 选择"此设备"选项

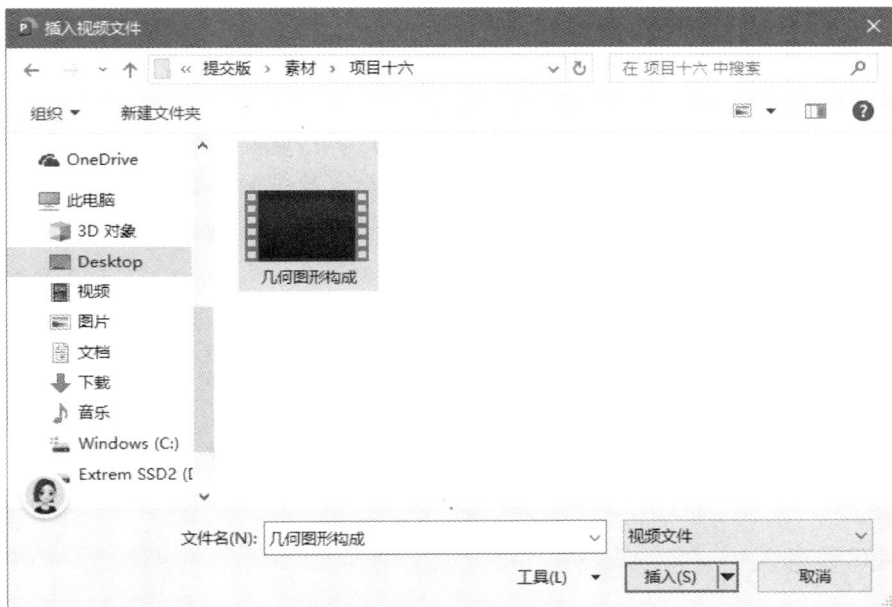

图 16-7 选择视频文件

注意： PowerPoint 2024 支持的视频文件格式有 asf、avi、MK3D Video、MKV Video、Quick Time Movie file、mp4 Video、mpeg、MPEG-2 TS Video、wmv，应确保插入的视频文件是这些格式的。

（2）设置视频效果

设置视频效果的操作方法与设置声音效果的操作方法类似，将声音换成了视频，增加了"全屏播放"和"播放完毕返回开头"两项设置，如图 16-8 所示。

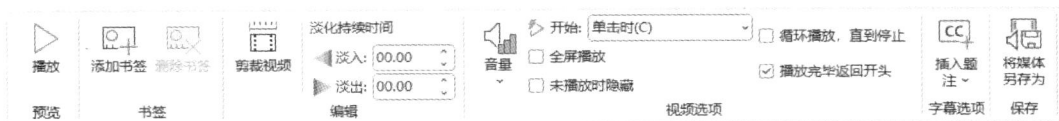

图 16-8 "播放"工具栏

① 预览视频。在"播放"选项卡的"预览"组中单击"播放"按钮，可以预览视频。

② 设置视频播放音量。在"播放"选项卡的"视频选项"组中单击"音量"按钮，在弹出的下拉菜单中选择音量的高低或静音，选中即表示生效。

③ 设置视频是自动播放或单击时播放。在"播放"选项卡"视频选项"组的"开始"下拉菜单中可以设置幻灯片放映时是"自动"还是"单击时"播放视频。此处设置成单击播放，则在"开始"下拉菜单中，选择"单击时"选项即可。

④ 设置全屏播放。在"播放"选项卡的"视频选项"组中勾选"全屏播放"复选框，可以设置视频的全屏播放。

⑤ 设置循环播放。在"播放"选项卡的"视频选项"组中勾选"循环播放，直到停止"复选框，可以设置视频的循环播放。

⑥ 设置视频播完后返回开头。在"播放"选项卡的"视频选项"组中勾选"播放完毕返回开头"复选框，则视频播完后返回开头。

三、任务小结

本任务主要介绍了在 PowerPoint 2024 中插入声音和视频的方法及效果设置，需要在学习过程中多加练习，掌握设置技巧。同时插入的声音和视频需为 PowerPoint 2024 支持的格式，否则无法插入。

四、拓展提升

① 在给定的幻灯片素材中插入相关的声音和视频。

② 制作一个介绍校园风光的幻灯片，在其中插入声音和视频，使文稿更加丰富。

任务二　3D 对象与动画的创建

一、问题导入

PowerPoint 可以将 3D 模型导入进来，动画设置后进行 360°展示，丰富多媒体元素的呈现方式，吸引观众的注意力，增加新鲜感。

二、任务讲解

① 打开"手表产品发布"幻灯片素材，选中第 2 页幻灯片，单击"插入"选项卡"插图"组中的"3D 模型"按钮，在弹出的下拉菜单中选择"库存 3D 模型"选项，如图 16-9 所示。

② 在弹出的"联机 3D 模型"中选择"Clothing"分类中的"手表"模型，插入幻灯片，如图 16-10 所示。

③ 将"手表"模型移动到幻灯片正中间位置，调整模型在幻灯片中的大小，角度调整为正前方水平，如图 16-11 所示。

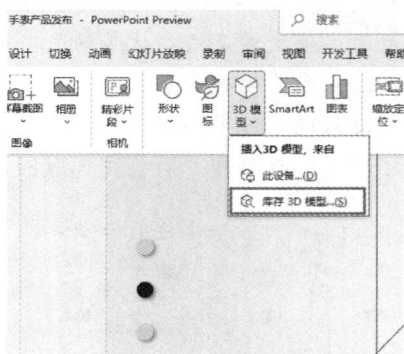

图 16-9　插入 3D 模型

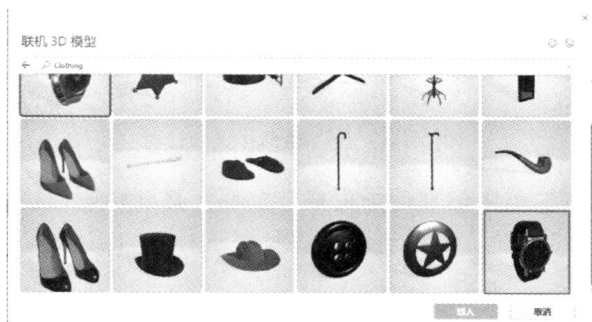

图 16-10　选择"手表"模型

图 16-11　调整"手表"模型大小、位置、角度

④ 为"手表"模型添加动画，单击"动画"组中的"进入"动画样式，"计时"组中的"开始"选择为"单击时"，如图 16-12 所示。

图 16-12　设置动画样式

⑤ 选中第 3 页幻灯片，再次插入"手表"模型，并调整模型的大小、位置和角度，如图 16-13 所示。

图 16-13　调整"手表"模型大小和位置

⑥ 为"手表"模型添加动画，单击"动画"组中的"转盘"动画样式，"计时"组中的"开始"选择为"与上一动画同时"，"持续时间"设置为"5 秒"，如图 16-14 所示。

图 16-14　设置动画样式和计时

⑦ 单击"高级动画"组中的"动画窗格"按钮，打开动画窗格右侧的下拉符号，单击"效果选项"选项，"设置"选项中的"数量"选择"自定义"，设置为"15°"，如图16-15 所示。

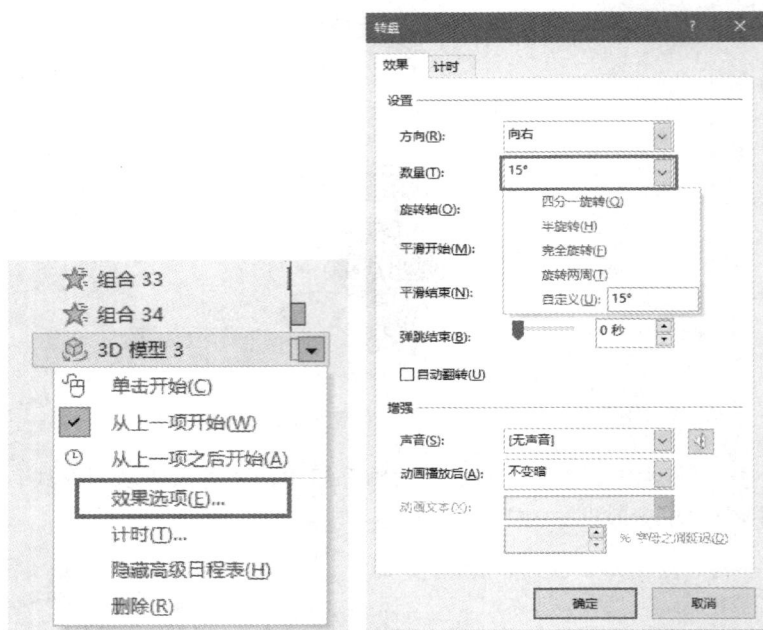

图 16-15　设置"效果选项"

⑧ 选中第 4 页幻灯片，再次插入"手表"模型，并调整模型的大小、位置和角度，如图 16-16 所示。

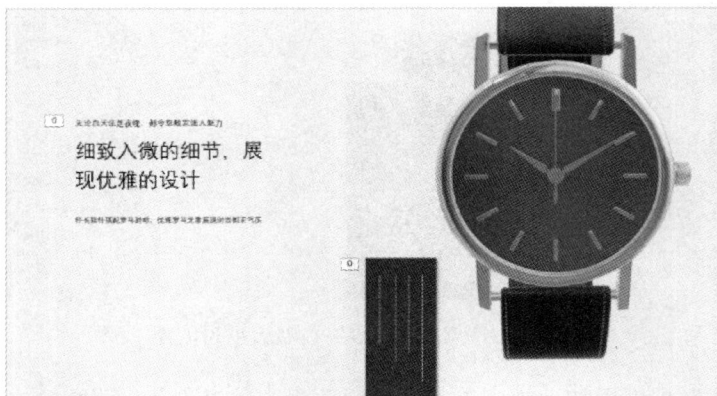

图 16-16　调整"手表"模型大小、位置、角度

⑨ 为"手表"模型添加动画，单击"动画"组中的"转盘"动画样式，"效果选项"中的"方向"选择为"向上"，"计时"组中的"开始"选择为"上一动画之后"，"持续时间"设置为"10秒"，如图16-17所示。

图16-17 设置动画

⑩ 单击"高级动画"组中的"动画窗格"按钮，打开动画窗格右侧的下拉符号，单击"效果选项"选项，"设置"选项中的"数量"选择"自定义"，设置为"30°"，如图16-18所示。

⑪ 单击"幻灯片放映"按钮，观看各幻灯片动画设置效果。

图16-18 设置
"效果选项"

三、任务小结

在幻灯片中插入3D模型时，自行制作的模型要注意PowerPoint支持的格式，导入后根据版式适当调整模型的大小、位置和角度，根据表达的需要选择设置3D动画还是2D动画，调整动画效果时注意选项设置，关注动画开始方式和持续时间，确保展示效果流畅。

四、拓展提升

① 利用PowerPoint制作一份"躺椅产品介绍"幻灯片，在其中至少3页幻灯片里插入"躺椅"3D模型，为每个模型设置不同的动画效果，包括进入动画、强调动画等，并合理设置动画的开始方式、持续时间及效果选项，完成后进行幻灯片放映并检查动画效果。

② 自选一个电子产品，使用PowerPoint创建一组幻灯片，在其中插入该产品对应的3D模型（若库存中无合适模型可自行选择类似替代），在不少于4页幻灯片中展示该模型，并通过动画效果从不同角度展示产品特点。

项目十七

校园文化展示的制作

【教学目标】

专业能力： 掌握 PowerPoint 2024 中幻灯片动画效果制作、超链接创建、放映设置、发布与打印等操作技能。

社会能力： 能够在演示文稿制作和展示过程中，清晰表达信息，增强沟通交流能力。

方法能力： 学会自主探索、总结归纳，在遇到问题时能独立思考并解决。

【学习目标】

知识目标： 了解 PowerPoint 中幻灯片切换、动画效果、超链接、放映设置、打包和打印等各种功能的作用。

技能目标： 熟练掌握设置幻灯片切换和对象动画效果、创建超链接、设置放映方式、打包和打印演示文稿的操作方法。

素质目标： 培养严谨认真的学习态度，提升审美能力和创新意识，增强信息素养。

【教学建议】

（1）教师活动

讲解各功能的操作方法和原理，展示操作步骤，解答学生疑问，指导学生完成拓展提升。

（2）学生活动

认真听讲，跟随教师演示进行操作练习，完成拓展提升，自主制作演示文稿并应用所学知识进行设置。

任务一　幻灯片动画效果的制作

一、问题导入

为了增加幻灯片的视觉效果，增加幻灯片的趣味性，使幻灯片的信息更加具有活力，可以给幻灯片添加动画效果，例如可以为幻灯片中的文字、图片、图形以及整页幻灯片等添加动画效果。

二、任务讲解

1. 设置幻灯片的切换效果

① 打开"校园文化建设 .pptx"素材，选择第一页幻灯片，在"切换"选项卡的"切换到此幻灯片"组中选择一种切换效果即可，如图 17-1 所示。用户还可以给这页幻灯片设置"切换声音""切换速度""换片方式"。另外，如果需要将所设置的切换效果应用到所有幻灯片，则需单击"全部应用"按钮，否则所设置的效果只用于所选的那页幻灯片。

② 更改幻灯片的切换效果。更改幻灯片的切换效果就是重新设置不同的切换效果，其操作与设置切换效果完全一样，不再重复讲述。

③ 删除幻灯片的切换效果。删除幻灯片的切换效果即将切换效果设为"无"。

2. 设置对象的动画效果

① 为对象添加"进入"动画效果。选择第一页幻灯片，选中页面上部的文本"校园文化建设"，单击"动画"选项卡"高级动画"组中的"添加动画"按钮，在弹出的下拉菜单中选择"进入"中的"飞入"选项，即可为文本"校园文化建设"设置"飞入"的动画效果，如图 17-2 所示。为图片或其他对象添加"进入"动画效果的操作与此处相同。

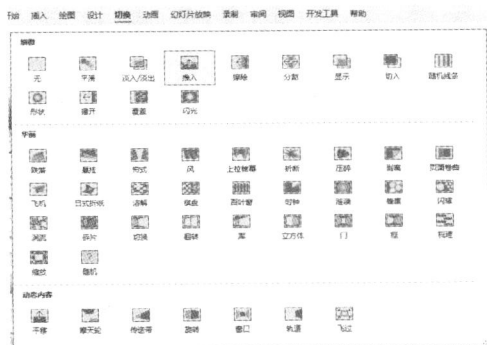

图 17-1　幻灯片切换效果

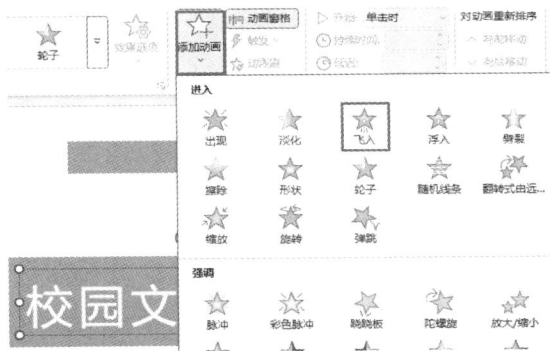

图 17-2　添加动画

② 为对象添加"强调"动画效果和"退出"动画效果。其操作与添加"进入"动画效果类似。

③ 为对象添加"动作路径"动画效果。

选择第二页幻灯片中的图片，单击"动画"选项卡"高级动画"组中的"添加动画"按钮，在弹出的下拉菜单中选择"其他动作路径"选项，如图 17-3 所示，弹出"添加动作路径"对话框，如图 17-4 所示，选择"等边三角形"，单击"确定"按钮，即为所选图片添加了等边三角形的动作路径。完成后，可以单击"预览"按钮进行预览，如图 17-5 所示。

如果一页幻灯片中有多个对象，并且这些对象都设置了动画，一般来说，各对象按顺序播放，用户也可以按住鼠标左键不放，拖动"动画窗格"中的对象动画设置对其顺序进行修改，如图 17-6 所示。

图 17-3　其他动作路径　　　　图 17-4　添加动作路径　　　　图 17-5　动画效果预览

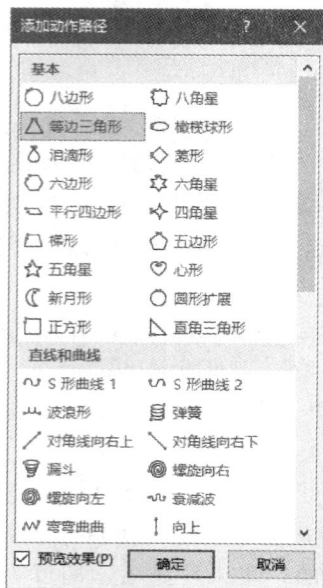

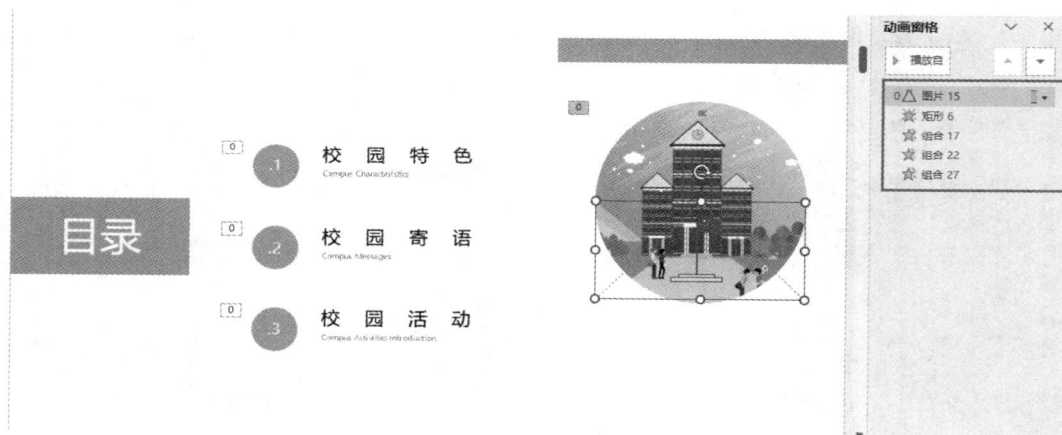

图 17-6　动画窗格中的动画顺序调整

三、任务小结

本任务主要介绍了在 PowerPoint 2024 中设置幻灯片切换效果和为页面中各对象添加动画效果，需要在学习过程中多加练习，掌握设置技巧。

四、拓展提升

① 完成所提供幻灯片中各页面切换效果和各对象动画效果的设置，给人耳目一新的感觉。

② 为自行制作的校园风光幻灯片添加切换效果和对象动画。

任务二　超链接的创建

一、问题导入

在 PowerPoint 中，超链接是从一页幻灯片到同一演示文稿中另一页幻灯片的链接，或是从一页幻灯片到不同演示文稿中另一页幻灯片、电子邮件地址、网页或文件的链接。当指针指到超链接处，就会变成"小手"形状，单击就会跳转或链接到相应的资料。

二、任务讲解

1. 为文本制作超链接

① 打开"校园文化建设.pptx"幻灯片素材，对第 2 页幻灯片中的 3 个文本分别制作超链接。先选取文本"校园特色"，单击鼠标右键，在弹出的快捷菜单中选择"超链接"选项，如图 17-7 所示。

② 在弹出的"插入超链接"对话框中单击"本文档中的位置"按钮，选中幻灯片 3，如图 17-8 所示。

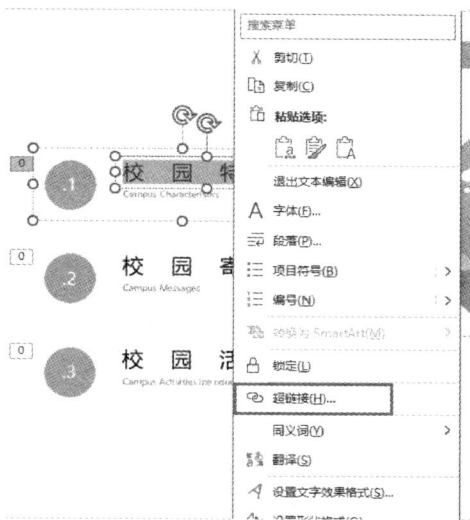

图 17-7　选择"超链接"选项　　　　图 17-8　选择"本文档中的位置"幻灯片 3

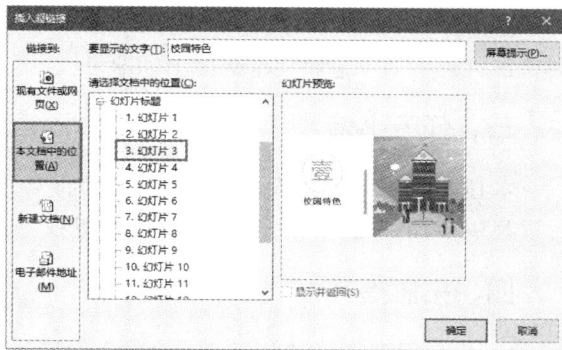

③ 单击"确定"按钮后，超链接文字下面多了一条下划线，如图 17-9 所示。

④ 用同样的方法分别给其他 2 个文本加上超链接，如图 17-10 所示。

2. 制作超链接图标

① 为了方便返回，在除第 1、2 页外的其他各页幻灯片右下角都插入一个"返回目录"的超链接图标🏠，如图 17-11 所示。

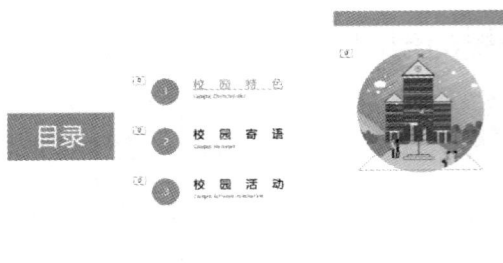

图 17-9 为"校园特色"添加超链接的效果 图 17-10 全部添加超链接后的效果

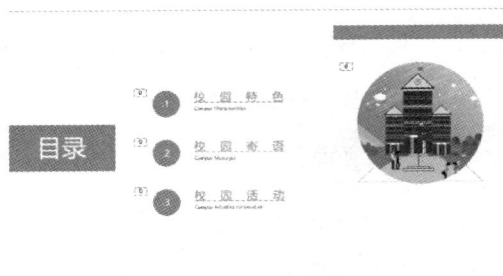

图 17-11 右下角添加"返回目录"图标

② 单击"插入"选项卡"插图"组中的"形状"按钮，找到 🏠 图标，插入幻灯片，并调整图标的大小、位置。

③ 超链接图标制作方法同为文本制作超链接。

④ 放映时，可在第二页单击超链接，直接跳转到相应的链接页。如果要返回目录，则单击"返回目录 🏠"超链接图标即可。

三、任务小结

本任务主要介绍了在 PowerPoint 2024 中为文本和图标创建超链接的方法，需要在学习过程中多加练习，举一反三，掌握设置技巧。

四、拓展提升

① 为自行制作的"躺椅产品介绍"幻灯片目录添加超链接，并在除第 1、2 页之外的所有页面创建"返回首页""返回目录"的超链接图标，修改图标颜色，与幻灯片整体风格相适应。

② 为自行制作的电子产品幻灯片目录添加超链接，并创建一个新的文档，将某一产品的使用说明书链接到新建"产品使用说明书"文本上。

任务三　演示文稿的放映

一、问题导入

演示文稿做好后，下一步就准备对演示文稿进行播放和展示了。

二、任务讲解

1. 开始放映幻灯片

① 从头开始放映幻灯片。幻灯片制作完成后，可以采用多种方式放映，最常用的一种是从头开始放映。在"幻灯片放映"选项卡的"开始放映幻灯片"组中单击"从头开始"按钮，如图 17-12 所示，可从头开始放映幻灯片，放映时单击鼠标左键即可切换到下一页。

② 从当前幻灯片开始放映。在"幻灯片放映"选项卡的"开始放映幻灯片"组中单击"从当前幻灯片开始"按钮即可。

③ 自定义幻灯片放映。在"幻灯片放映"选项卡的"开始放映幻灯片"组中单击"自定义幻灯片放映"按钮，弹出"自定义放映"对话框。在对话框中单击"新建"按钮，弹出"定义自定义放映"对话框，可以设定幻灯片放映名称，此处不做修改，用默认名称"自定义放映 1"，如图 17-13 所示。

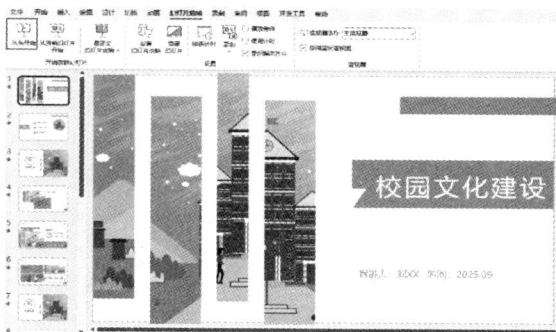

图 17-12 "从头开始"放映幻灯片

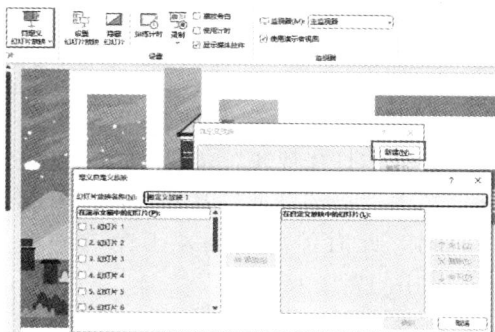

图 17-13 "自定义放映"幻灯片

选中一页需要放映的幻灯片，单击"添加"按钮，将其添加进自定义放映中，如图 17-14 所示，重复上述操作可以添加多页幻灯片。

也可以将已经添加的某页幻灯片从自定义放映中删除。选中一页已经添加但现在需要删除的幻灯片，单击"删除"按钮即可，如图 17-15 所示。重复上述操作可以删除多页幻灯片。

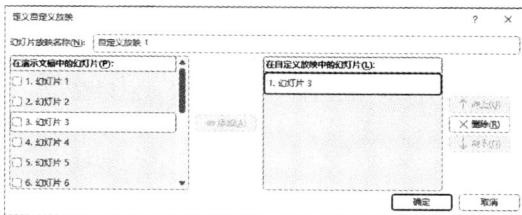

图 17-14 添加需要放映的幻灯片

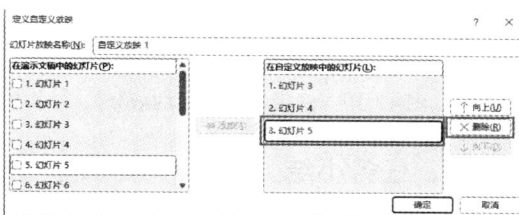

图 17-15 从自定义放映中删除不需要的幻灯片

设置完成后，在放映时选择"自定义放映 1"，单击右下角的"放映"按钮即可，如图 17-16 所示。

2. 设置幻灯片的放映方式

如果需要进行更进一步的放映控制，则可以设置幻灯片的放映方式。在"幻灯片放映"选项卡的"设置"组中单击"设置幻灯片放映"按钮，弹出"设置放映方式"对话框，如图 17-17 所示。通过该对话框能进行更为详细的放映方式设置，根据需要设置完毕后，单击"确定"按钮即可。

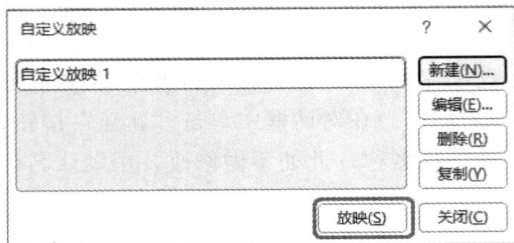

图 17-16　自定义放映

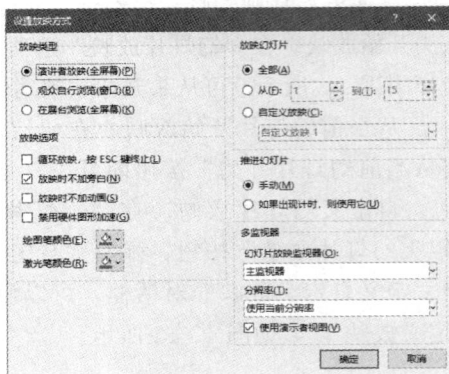

图 17-17　"设置放映方式"对话框

3. 排练计时的使用

在"幻灯片放映"选项卡的"设置"组中勾选"使用计时"复选框，如图 17-18 所示，单击"排练计时"按钮，即可开始试播并计时，此时播放界面左上角有一个计时条，如图 17-19 所示。

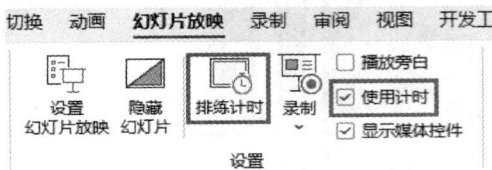

图 17-18　使用排练计时

排练结束后，弹出一个提示对话框，询问是否保留新的幻灯片排练时间，单击"是"按钮，如图 17-20 所示。

图 17-19　使用排练计时的效果

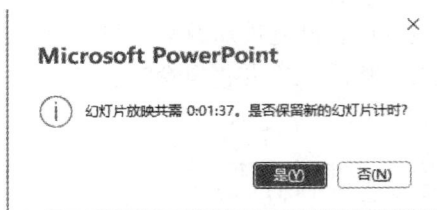

图 17-20　使用排练计时的提示对话框

三、任务小结

本任务主要介绍了在 PowerPoint 2024 中设置幻灯片放映的各类操作方法和技巧，特别值得注意的是排练放映演示文稿时，读稿语速要适中，不要出现录制时读稿过快，实际放映时还没有说完话就播放下一页的情形。

四、拓展提升

① 为自行制作的"躺椅产品介绍"幻灯片设置各种放映方式并各进行一次放映。

② 为自行制作的电子产品幻灯片通过排练计时的方式进行放映设置，同时使用"录制旁白"功能录制旁白。

任务四　演示文稿的发布与打印

一、问题导入

如果到了演示地点，所用计算机上没有安装 PowerPoint，这时如何播放展示制作好的演示文稿呢？PowerPoint 2024 提供了将演示文稿打包成 CD 的功能，即使没有安装 PowerPoint，该 CD 也能在安装了 Windows 操作系统的计算机上运行，以保证演示文稿的正常播放展示。需要播放时，双击运行 play.bat 文件即可。通过 PowerPoint 2024 还可以将演示文稿打印出来，便于携带和使用。

二、任务讲解

1. 将演示文稿打包成 CD

① 打开需要打包发布的演示文稿"校园文化建设 .pptx"，选择"文件"菜单中的"导出"命令，单击"将演示文稿打包成 CD"选项，单击右侧的"打包成 CD"按钮，如图 17-21 所示，弹出"打包成 CD"对话框，可修改 CD 命名，如图 17-22 所示。

图 17-21　单击"打包成 CD"按钮

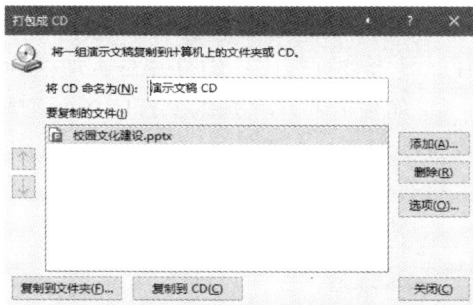

图 17-22　"打包成 CD"对话框

② 如果演示文稿比较重要，播放前为防止泄密，可以单击"选项"按钮，为演示文稿设置密码，如图 17-23 所示。

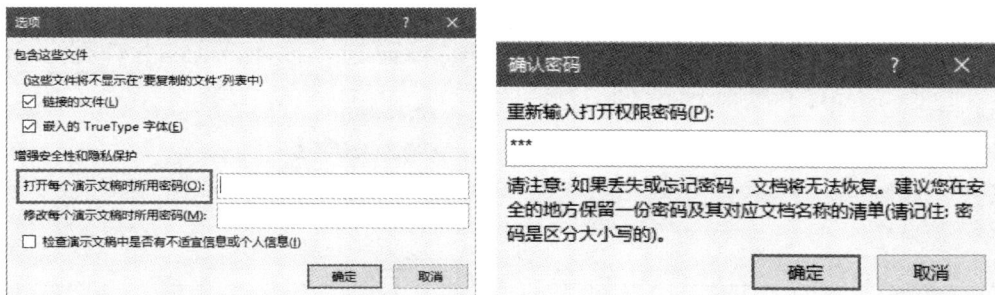

图 17-23　设置演示文稿打开权限

③ 点击"复制到 CD"，询问是否将链接文件打包，选择"是"按钮即可，如图 17-24 所示。

④ 接下来可以看到正在打包的提示信息，等待打包完成即可。用户可以将打包文件夹里的文件刻盘或者用移动硬盘存储，需要放映时只要带着刻好的光盘或者移动硬盘，在没有安装 PowerPoint 的计算机上也能播放（操作系统必须为 Windows 2000 以上版本）。

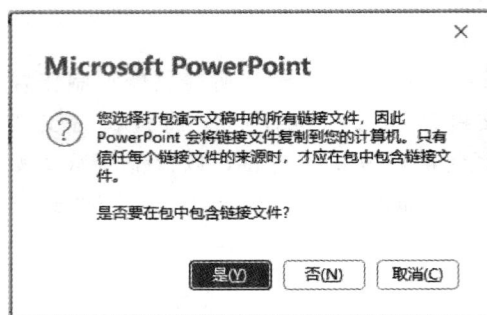

图 17-24　询问链接文件是否打包

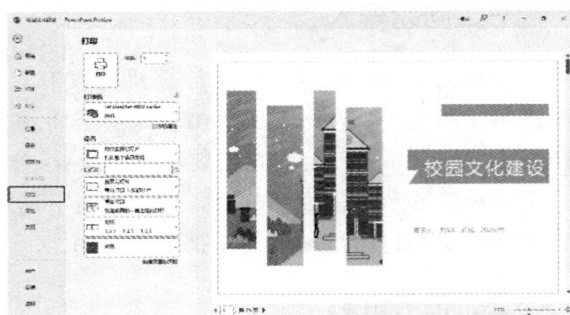

图 17-25　演示文稿打印窗口

2. 演示文稿的打印设置

① 单击"文件"菜单，选择"打印"选项，窗口右侧显示如图 17-25 所示的打印预览效果。

② 用户可以通过如图 17-26 所示的功能选项进行相关设置，如打印全部还是部分幻灯片、是否整页打印、幻灯片是否加框等。

③ 如果需要在一张纸上打印多页幻灯片，则单击"整页幻灯片"右下方的"9 张水平放置的幻灯片"选项，如图 17-27 所示，即可得到如图 17-28 所示的效果，打印时每页纸上将有 9 页幻灯片的内容。

图 17-26　功能选项设置

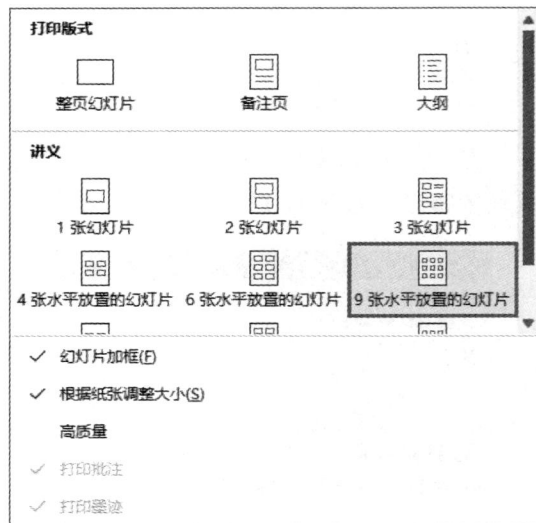

图 17-27　一张纸上多张幻灯片打印设置

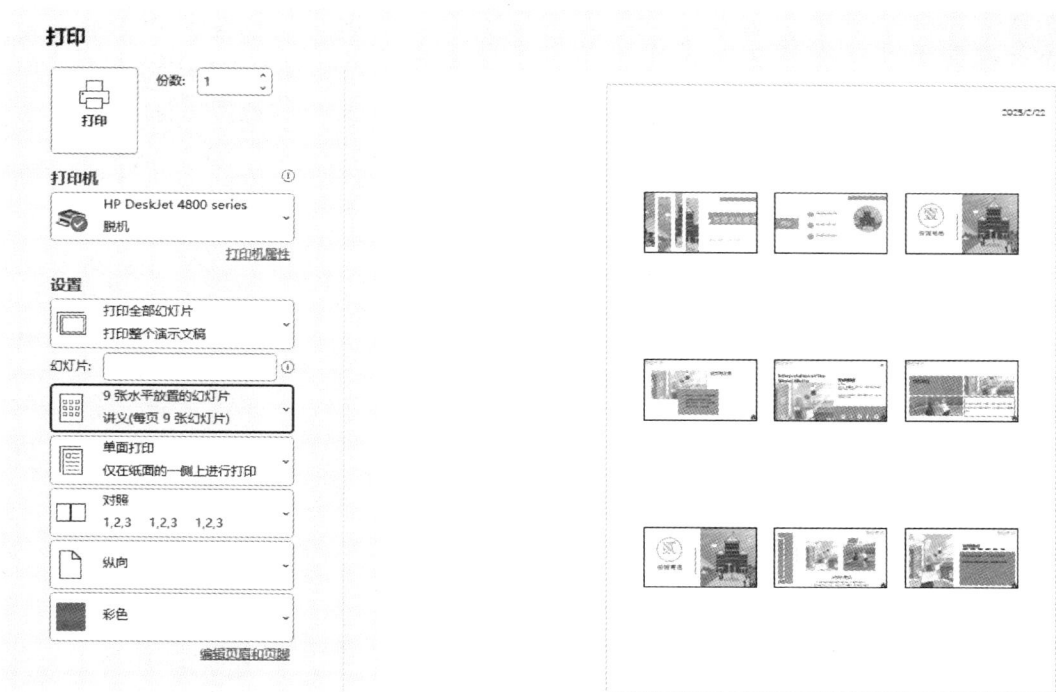

图 17-28　一张纸上打印多张幻灯片排版效果

三、任务小结

本任务主要介绍了在 PowerPoint 2024 中如何将演示文稿打包成 CD，以及如何进行演示文稿的打印设置，在学习过程中需实际训练，举一反三，掌握设置技巧。

四、拓展提升

① 将自行制作的"躺椅产品介绍"幻灯片演示文稿进行打包设置，将其输出为一个视频。

② 为自行制作的电子产品幻灯片演示文稿进行打印设置，将其分别设置排列为一张纸上 2 张幻灯片和一张纸上 4 张幻灯片，并打印观看效果。

第五篇
综合应用篇

Office 2024 中的 Word、Excel、PowerPoint 软件会经常一起使用，这样能够取长补短，更好地发挥 Office 软件的优势。

项目十八

集成文档的创建

【教学目标】

专业能力：熟练掌握在 Word 中链接 Excel 数据及数据更新、编辑操作，能将 PowerPoint 幻灯片准确转换为 Word 文档并设置版式，精通 Word 邮件合并功能，运用其调用 Excel 数据完成证书打印。

社会能力：了解 Word、Excel 与 PowerPoint 的混合使用，掌握表格插入、数据更新、演示文本打印、邮件合并的技巧，提高综合运用、精确运用相关软件的能力。

方法能力：提高举一反三能力，以及创造性思维能力。

【学习目标】

知识目标：了解 Word 链接 Excel 数据原理、方法，掌握幻灯片转 Word 流程及版式意义，理解邮件合并功能及操作流程。

技能目标：熟练操作 Excel 和 Word，实现数据准确链接与更新，完成幻灯片到 Word 转换并正确设置版式，独立完成邮件合并各操作，准确插入并打印。

素质目标：养成严谨态度，确保文档数据处理准确，提升解决问题的能力，增强应对复杂任务的信心，培养创新意识，提高文档处理效率。

【教学建议】

（1）教师活动
① 讲解操作原理及流程，演示数据链接、文档转换等操作。
② 解答疑问，课堂巡视指导，解决学生问题。
③ 批改作业，总结共性问题并集中讲解。
（2）学生活动
① 听讲并同步操作，熟悉软件功能流程。
② 积极实践，主动解决问题。
③ 独立完成作业，应用知识，反思总结提升。

任务一　文档中 Excel 数据的链接

一、问题导入

在公司各类年度汇报中，经常需要插入各种数据报表，用 Word 制作汇报文件后，将

Excel 数据插入其中，减少了重新制作表格的烦琐，而且当源文件发生变化时，链接的表格数据还能更新。

二、任务讲解

将 Excel 数据链接到 Word 中，可以按照以下步骤操作。

① 启动 Excel 2024，打开含有目标数据的工作簿"营收报表.xlsx"。

② 选择要链接的电子表格数据，并复制数据，如图 18-1 所示。

	本报告期	上年同期	本报告期比上年同期增减
营业收入（元）	5,516,755,762.64	4,852,333,909.76	13.69%
归属于上市公司股东的净利润（元）	2,231,417,577.26	1,403,446,442.81	59.00%
归属于上市公司股东的扣除非经常性损益的净利润（元）	1,971,863,375.05	1,079,743,404.69	82.62%
经营活动产生的现金流量净额（元）	3,431,678,792.34	2,676,503,837.86	28.21%
基本每股收益（元/股）	0.1545	0.0972	58.95%
稀释每股收益（元/股）	0.1545	0.0972	58.95%
加权平均净资产收益率	12.83%	7.35%	5.48%
	本报告期末	上年度末	本报告期末比上年度末增减
总资产（元）	22,812,174,017.92	25,238,766,516.08	-9.61%
归属于上市公司股东的净资产（元）	15,145,641,312.15	16,948,889,697.69	-10.64%

图 18-1　复制 Excel 数据

③ 启动 Word 2024，打开"公司年报.docx"，在需要数据的地方设置插入点。

④ 单击"开始"选项卡"剪贴板"组中的"粘贴"按钮，从下拉菜单中选择"链接与保留源格式"选项，如图 18-2 所示。单击"确定"按钮，即插入 Excel 数据。

⑤ 当 Excel 数据发生变化时，只需要在 Word 的插入表格上右键单击"更新链接"，如图 18-3 所示。

图 18-2　链接与保留源格式　　　　　图 18-3　更新链接

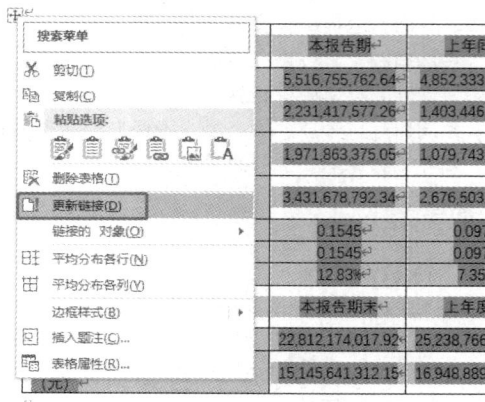

⑥ 当在 Word 中需要修改 Excel 数据时，在表格上右键单击"链接的对象"下拉菜单中的"编辑链接"即可打开 Excel 表格，如图 18-4 所示。

三、任务小结

通过本任务的学习，已经初步了解了文档中链接 Excel 表格的方法。通过对链接 Excel 的插入、更新、编辑等功能的操作学习，对 Word 文档中 Excel 表格的链接有了全面的理解和掌握。

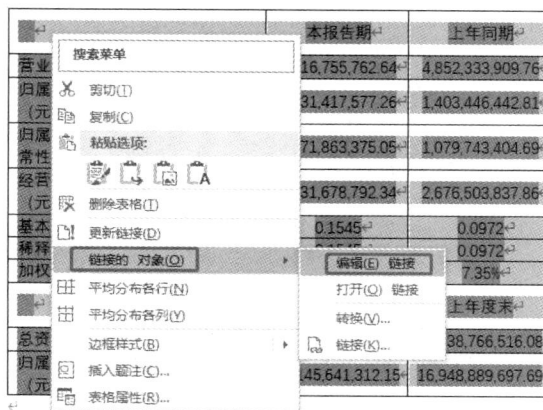

图 18-4　编辑链接

四、拓展提升

完成在 Word 文档中插入 Excel 表格的操作，并对数据修改更新。

任务二　演示幻灯片转为 Word 文档

一、问题导入

在公司各部门年度汇报后，办公室经常需要将各部门的演示幻灯片转换成图文并茂的 Word 文档，以更好地进行汇总。

二、任务讲解

将演示幻灯片转换为 Word 文档，可以按照以下步骤操作。

① 启动 PowerPoint 2024，打开要转换的演示文稿。此处打开 pptx 格式文件。

② 单击"文件"菜单，选择"导出"，点击"创建讲义"，如图 18-5 所示。

③ 在弹出的"Microsoft Word 使用的版式"中选择需要的版式，单击"确定"，即可将 PPT 内容以讲义形式发送到 Word 文档，如图 18-6 所示。

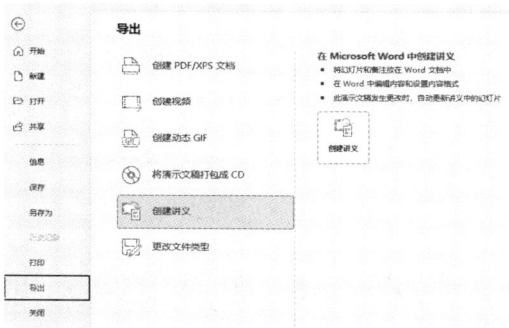

图 18-5　幻灯片导出为讲义

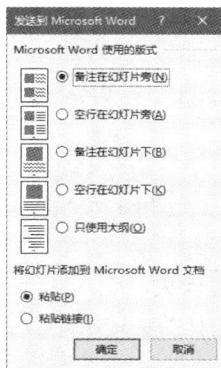

图 18-6　选择需要的布局

三、任务小结

本任务主要介绍了演示文稿转为 Word 文档的方法。通过对转换幻灯片版式功能的操作学习，可以将精心制作的幻灯片转换为图文并茂的文档。

四、拓展提升

将自己之前制作完成的一个幻灯片转为 Word 文档，并正确设置转换版式和内容。

任务三　获奖证书的打印

一、问题导入

如何将技能大赛获奖同学的姓名、名次等内容迅速放置到每一张证书上进行打印，是大赛组委会面临的一个难题。通过本任务"邮件合并"知识的学习，我们可以解决这一难题。

二、任务讲解

1. 设置 Word 文档

① 打开 Word 文档"证书模板 .DOCX"，内容包括赛项、奖项、参赛选手、参赛单位、指导教师（教练）、工作单位等。从 Excel 中调用数据的位置已用特殊的标记"[赛项]""[奖项]"等进行标注，如图 18-7 所示。

② 切换到"邮件"选项卡，在"开始邮件合并"组中选择"开始邮件合并"下拉菜单中的"信函"选项，以启动邮件合并功能，如图 18-8 所示。

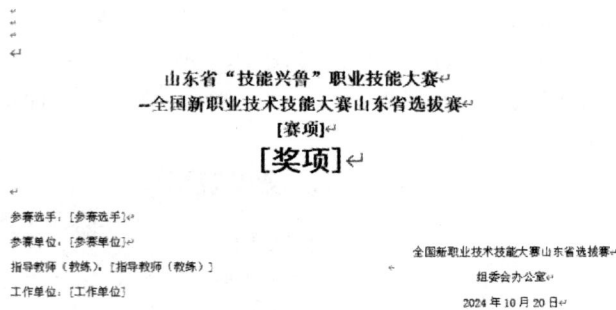

图 18-7　证书模板

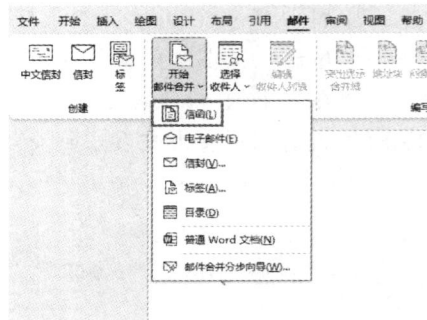

图 18-8　开始邮件合并

2. 选择收件人

① 在"邮件"选项卡中，点击"选择收件人"下拉菜单，选择"使用现有列表"，如图 18-9 所示。

② 在弹出的"选取数据源"对话框中，找到并选择素材文件夹中的 Excel 文件"获奖名单.XLSX"，点击"打开"，如图 18-10 所示。

③ 在"选择表格"对话框中，选择包含获奖人信息的工作表，点击"确定"，如图 18-11 所示。

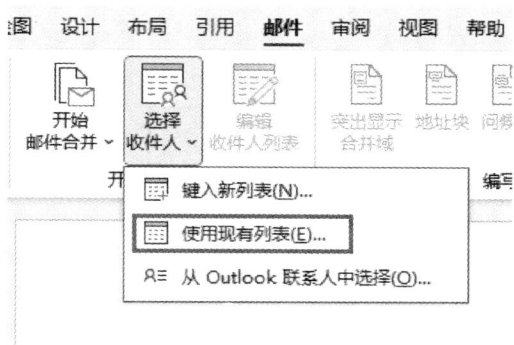

图 18-9　选择收件人

图 18-10　选择"获奖名单.XLSX"文件

3. 插入合并域

① 用光标全选预留的需要调用数据的位置，如"[赛项]"处，如图 18-12 所示。

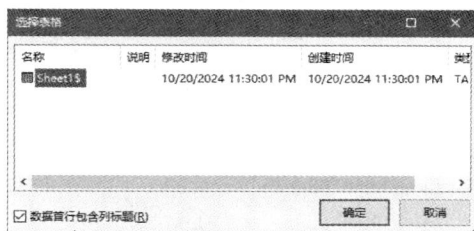

图 18-11　选择表格

图 18-12　全选预留位置的文本

② 在"邮件"选项卡中，点击"插入合并域"下拉菜单，选择对应的字段，如"赛项"，如图 18-13 所示。

③ 重复上述步骤，为其他需要调用数据的位置插入相应的合并域，如图 18-14 所示。

图 18-13　插入合并域

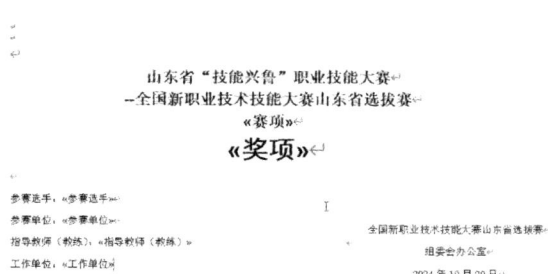

图 18-14　各位置插入合并域

4．预览结果

在"邮件"选项卡中，点击"预览结果"，可以查看不同记录的合并效果，如图 18-15 所示。通过点击"预览结果"组上方的左右箭头可以切换查看不同的获奖人证书，如图 18-16 所示。

图 18-15　预览结果

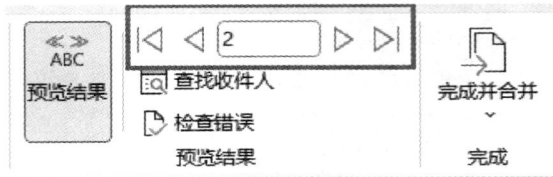

图 18-16　切换预览结果

5．完成合并并打印

① 确认预览结果无误后，点击"完成并合并"下拉菜单，选择"打印文档"，如图 18-17 所示。

② 在弹出的"合并到打印机"对话框中，选择打印的范围，如"全部"，然后点击"确定"，即可开始打印获奖证书，如图 18-18 所示。

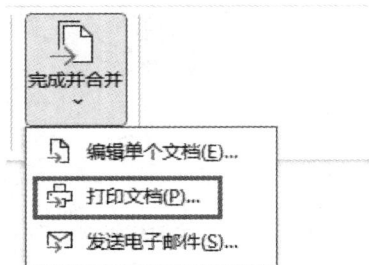

图 18-17　完成并合并

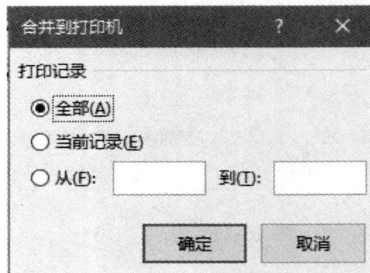

图 18-18　"合并到打印机"设置

通过以上步骤，就可以在 Word 中方便地调用 Excel 数据打印获奖证书了。

三、任务小结

本任务主要介绍了使用 Word、Excel 文件通过"邮件合并"方式相互协作将庞大的数据信息快速插入模板中进行打印的方法，通过练习，真正掌握邮件合并的设置技巧，熟练运用相关操作。

四、拓展提升

① 根据提供的素材文件完成技能证书的邮件合并设置。

② 自行制作毕业证书模版并创建 Excel 数据，通过邮件合并的方式正确设置并打印毕业证书。

参考文献

［1］ 龙马高新教育. 2016办公应用从入门到精通. 北京：北京大学出版社，2016.

［2］ 张应梅. Office 2016办公应用从入门到精通. 北京：电子工业出版社，2017.

［3］ 王闻. Office 2013办公软件使用教程. 北京：清华大学出版社，2019.